第一章

Chapter

1

事前准备最重要

可爱馒头哪里来？
先从认识器材开始！
从工具介绍到调色、揉面，
一步一步引你入门，
踏入缤纷的馒头世界！

来认识器材吧！

“工欲善其事，必先利其器”，想要做好馒头，我们该准备好哪些工具呢?

揉面工具

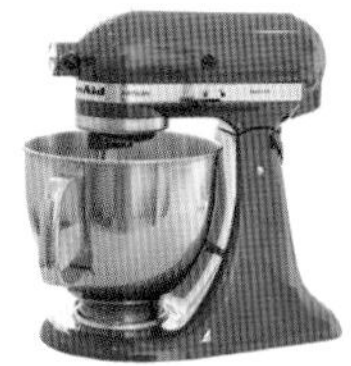

搅拌机

节省时间和力气的好帮手，先用机器打面团，再取出手揉整形，事半功倍。

面包机

使用面团模式搅打面团，再取出手揉整形，能节省时间。

蒸制工具

蒸锅

使用瓦斯炉蒸馒头，可以用蒸锅、金属蒸笼。金属蒸笼虽无保养的问题，但有滴水的风险，可用棉布包裹锅盖，防止滴水。

电锅

一般家用电锅可蒸馒头，而且不需要调控火力，非常方便。

竹蒸笼

竹蒸笼蒸馒头，不会滴水且馒头会有竹子的香气，但竹蒸笼需要保养，保养较麻烦。

竹蒸笼保养方法

- **保养方式**：使用前先泡水 40 分钟，再空蒸 20 分钟。
- **保养次数**：每使用竹蒸笼 6 ~ 8 次须保养 1 次，否则竹蒸笼会裂开。
- **注意事项**：使用后必须放在阴凉处阴干，不可晒太阳（会裂开），也不能用塑料袋包起来（会发霉）。

造型工具

擀面杖

能将面团擀平、制作割包时的必备工具。

切面板

可快速裁出需要的方形面皮、可切断面团，方便后续造型。

圆（花）形切模

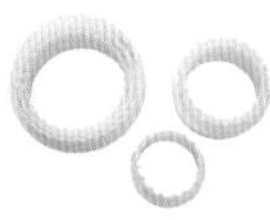

可快速裁出需要的圆形面皮，翻面则可裁出花边。

饼干压模

可快速裁出需要的面皮形状。

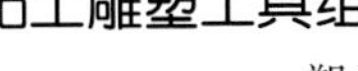

黏土雕塑工具组

塑形用，可在实体店或网店购买，价格相对便宜。

翻糖雕塑工具组

能协助细小部位的造型，可在烘焙用品店购买。

牙签

随手可得的居家物品，可以用于雕塑馒头细部造型。

剪刀

可准备一把大剪刀和一把小剪刀，用于修剪多余的面皮以及当作小夹子使用。

其他工具

棉布

用来包裹蒸笼锅盖，防止滴水。

揉面垫

揉面团的时候，面团与桌面之间需要铺揉面垫来增加摩擦力。若是不锈钢或大理石桌面，则可直接在桌上揉面。

馒头纸

主要用来垫在馒头底部避免粘黏，一般 50 ~ 70g 的造型馒头可使用边长 10cm 的方形馒头纸，也可用烘焙纸代替。

喷水瓶

造型馒头各个部位需要用水黏合，建议到美妆用品店购买装化妆水的喷水瓶。

抹油刷

制作刈包时，需要将内侧抹油，避免面皮黏合。

计时器

用来控制揉打面团和蒸制时间。

电子秤

制作造型馒头，酵母需要精准称重，细小造型的称重单位较小，建议使用能称到 0.1g 的电子秤。

※ 市售的电子秤较难称出 0.5g 以下的面团重量，因此本书中小于 0.5g 的面团，将用绿豆、米粒、芝麻等常见谷物作为大小参考，方便读者进行面团造型。（大小顺序：黄豆 > 绿豆 > 米粒 > 芝麻）

该准备哪些食材？

想要做好一个馒头，该准备的食材有以下 5 项！

中筋面粉

一般做馒头、刈包都使用中筋面粉，也可用低筋面粉与高筋面粉各半混合制作。不同品牌的面粉具有不同的吸水率，建议制作面团时先添加面粉重量 55% 的鲜奶。若尚有干粉无法结成团，再将鲜奶一滴一滴加进去；若面团成团，就不再加鲜奶了。

全脂鲜奶

使用全脂鲜奶香气较重，注意鲜奶必须是凉的，以避免面团终温过高。面团温度越高发酵速度越快，也会导致馒头气孔粗大、组织粗糙，打（揉）好的面团终温应控制在 28℃以下较佳。水分越高的面团，馒头成品口感越为松软，但水分多少也影响馒头外观的挺立度，愈软的面团蒸后愈塌。

酵母

本书使用速发酵母，直接加入面团中使用即可，不需要事先溶解。若使用新鲜酵母，用量为速发酵母的 3 倍。酵母开封过后必须密封起来放冰箱冷藏保存，否则会失去活性导致馒头发不起来。

白色细砂糖

白色细砂糖可增添馒头的风味，同时也是酵母的养分。

油

使用家里做菜的油即可，不需要购买特殊油品。

一起来做面团吧！

准备好器材与食材后，下一步就是做最重要的面团了。我们先从最基础的白面团开始学起，接着进入调色步骤，然后就进入重要的造型课程了！

馒头基础制作流程

※ 做造型的要点：1. 体积大的先做。2. 同样的动作要一次性做完。假设要做 5 个元气兔馒头，顺序为：滚出 5 个头部的圆形 ⇨ 制作 5 对耳朵、5 个嘴、5 个鼻、5 双眼睛和若干装饰品。

机器来帮你做面团

投料顺序：鲜奶 ⇨酵母 ⇨面粉 ⇨砂糖 ⇨油

用搅拌机或面包机来制作面团时，搅拌机使用低速打 10 分钟，面包机则以纯搅拌的功能（勿进入加热阶段）打 10 分钟。打好的面团取出后用手仔细揉、排气泡，揉好的面团需表面光滑，无白色颗粒，若看到白色颗粒，则代表气泡没排干净，必须再用手揉压面团。

白面团配方

食材	重量	百分比	备注
中筋面粉	100g	100%	本书使用日本面粉
速发酵母	1g	1%	夏天可减至 0.7%
全脂鲜奶	55 ～ 65g	55% ～ 65%	面粉吸水率、面粉新鲜度、空气干湿度都会影响鲜奶用量，每次制作面团时须以实际手感调整鲜奶量
细砂糖	12g	12%	可依个人口味调整（建议 5% ～ 20% 之间）
油	1 ～ 2g	1% ～ 2%	—
总计	约 170g	—	—

※ 制作馒头时可以烘焙百分比计算食材用量，即以面粉的重量换算其他材料的重量，也就是固定将面粉的重量设定为 100%，再依照其他材料占面粉的百分比计算。

制作馒头的基本功——白馒头

数量： 3 个

食材： 中筋面粉 100g、鲜奶 60 ± 5g（依实际吸水率及手感调整）、酵母 1g、砂糖 12g、油 1g

※ 手揉面团会比机器揉面消耗更多的水分，因此可在揉面过程中多准备 5 ~ 10g 的鲜奶，只要面团变干硬就随时补充鲜奶。

手工揉面团

1 先将面粉、酵母、砂糖、鲜奶混合成团，再加入油。

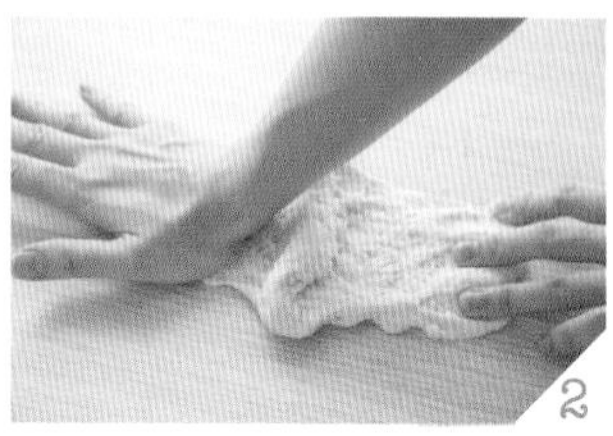

2 像洗衣服一样搓揉，一手压住面团下方，另一手将面团推出，全程 15 ~ 20 分钟（双脚一前一后弓形步站立较省力）。

3 面团会越揉越柔软光滑，揉到“三光”（双手干净、面团干净、面盆或桌面干净）即可。

滚圆

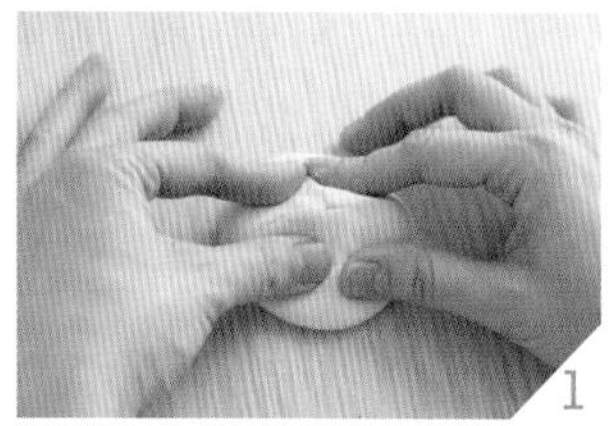

1 面团光滑面朝下，将面团周围收起略呈圆形。

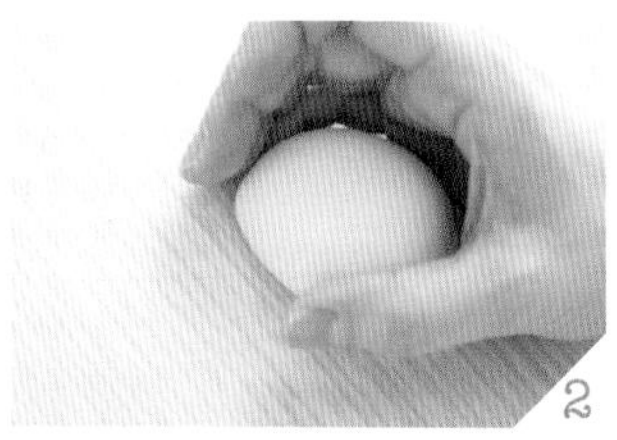

2 将面团翻转（光滑面朝上），手掌、大拇指与小指围绕成圆（无须扣紧，只要形状是圆形即可）。

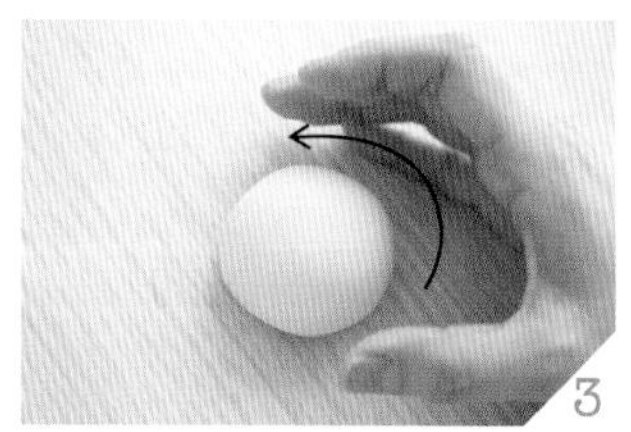

3 将面团置于手围绕的圆中间，手在桌上以同一方向画大圈，画圈的同时大拇指与小指轻轻往内收，将面团底部收起，形成 1 个立体圆形，收好的圆形面团表面光滑，不能有缝隙。

面团要在什么时候染色

这是一个在课堂中经常出现的问题。假设要做的馒头主体都是粉红色，例如元气粉红兔（P.23），则要将红曲粉在一开始即和面粉一起投入搅拌机内搅打，做成整团的粉红色面团。

若馒头需要多种颜色，可以先制作白色面团，再从白色面团取出需要染色的部分，分别加入色粉揉匀调色。做好的面团放入保鲜盒或塑料袋内盖起来，以免水分流失使面团变干硬，干硬的面团必须添加水分再次揉到柔软才能使用，这样会浪费许多时间。

用新鲜食材染色

生活中有许多现成的新鲜食材可以用来调色，同时也可以帮馒头增加不少风味，这里举两个食材为例，让我们学习调制好吃又好看的天然彩色面团吧！

新鲜食材调色四大注意事项

用新鲜食材染色的同时，要注意面团水分的掌控。新鲜食物泥本身含有水分，而且水分不一致，用食物泥染色时必须减少鲜奶用量，鲜奶从少量开始慢慢加入，控制面团的水分与手感。此外若使用新鲜食物泥染色，馒头蒸熟后的颜色多会褪色，较难掌控馒头的颜色。

有哪些新鲜食材可以进行染色?

生活中有许多天然食材可以染出美丽的彩色面团，以下列举几种食物：

南瓜面团的基础配方

蒸好的南瓜块

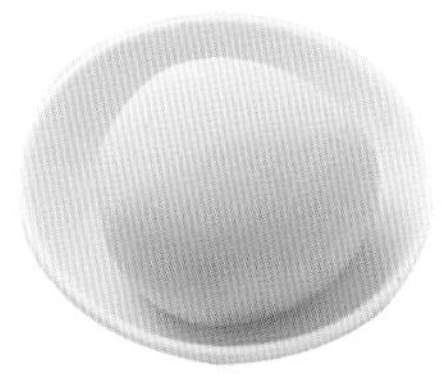

染色成功的南瓜面团

食材	重量	百分比	备注
中筋面粉	100g	100%	—
速发酵母	1.2g	1.2%	—
全脂鲜奶	36g	36%	依实际吸水率及手感调整
新鲜南瓜泥	24g	24%	南瓜去皮、去籽蒸到软烂，水沥干，冷藏后再使用
细砂糖	12g	12%	—
油	1 ~ 2g	1% ~ 2%	—
总计	约 175g	—	—

芝麻面团的基础配方

新鲜芝麻粉

染色成功的芝麻面团

食材	重量	百分比	备注
中筋面粉	100g	100%	—
速发酵母	1.2g	1.2%	—
全脂鲜奶	60 ~ 65g	60% ~ 65%	依实际吸水率及手感调整
芝麻粉	10g	10%	—
细砂糖	12g	12%	—
油	1 ~ 2g	1% ~ 2%	—
总计	约 185g	—	—

用天然色粉染色

学会用新鲜食材染色后，接下来让我们认识一下目前市面上最常使用的天然色粉，这些色粉都是由天然食材制成的，除了可以安心食用之外，颜色的掌控度也相对稳定。

常见天然色粉

本书所介绍的都是纯天然食材干燥后磨制成的色粉，在食品材料行或是烘焙用品店都可以买得到，下列色粉是目前我的经验中使成品较不会褪色的建议色粉。

红色	红曲粉。有些红曲粉显色较慢，面团揉匀后隔3～5分钟颜色会加重，也有遇到某些品牌的红曲粉加到面团中，刚揉好的时候是橘色，制作的过程中面团的颜色才慢慢由橘转红	
黄色	栀子花粉或南瓜粉，栀子花粉较显色，鲜艳	
绿色	抹茶粉	
蓝色	栀子花粉，颜色鲜艳，用量少	
紫色	紫薯粉，颗粒较粗，使用时可先以紫薯粉：鲜奶＝1：2和匀，再揉入面团中	
咖啡色	可可粉	
黑色	竹炭粉	

※ 使用这些基础颜色，可以调出更多心中所要的颜色！

原理就像水彩一样

面团调色和画水彩调色原理相同！举例来说，如果画水彩时橘色颜料用光了，会使用红色加黄色调成橘色。调制面团颜色时，就是把颜料换成色粉就对了！

调色 3 步骤

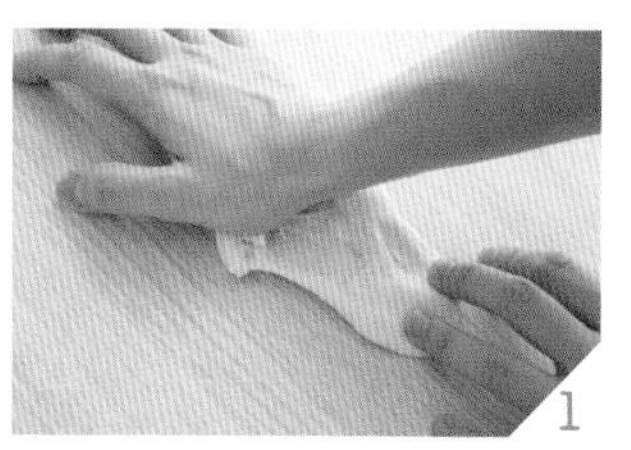

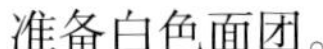

准备白色面团。

色粉以少量多次的方式加入。

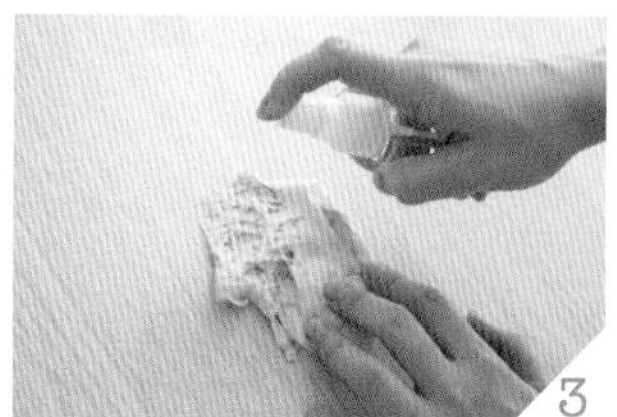

适时补充水分。

调色注意事项

1. 色粉少量多次慢慢加

面团染色必须由浅至深。例如粉红色与正红色都是使用红曲粉调色，差别在于粉红色用的红曲粉较少。只要是同一个色系都可以用同一种色粉调色。染色的时候先加少量的色粉到白色面团中，揉匀之后若觉得颜色不够深，再加入色粉继续揉，以眼睛看到的颜色为准，若不小心色粉加太多，可再加入白色面团揉匀调淡颜色。

2. 适时补充鲜奶或水

若是加入了太多色粉，则要补充水分（鲜奶或是饮用水）来维持面团的手感。有的时候为了调制较深的颜色，可能需要加入很多的色粉，导致面团变干硬，因而产生面团开裂或是蒸熟后口感干硬的问题。因此染色的时候，也要记得帮面团补充水分，维持面团的手感。

3. 无须死记色粉用量

每个牌子的色粉上色度、鲜艳度都不一样，因此无须死记色粉的用量，每次调色都以眼睛看到的面团颜色为准，若更换色粉品牌，也要重新再试验一下。

4. 色粉本身也有味道

调色时请考虑色粉本身是否带有味道，例如使用可可粉会有巧克力味，使用抹茶粉会有抹茶味，只要色粉味道彼此不冲突，都可以随心所欲地加在一起，创造属于自己的色彩。

5. 可以使用色膏染色吗

市售的色膏不是天然的食材，若不介意，也可选用，调色原理和方法与天然色粉一样。

简单做造型——花卷馒头

学会了调色技巧之后，让我们来学做单色与双色的花卷馒头吧！当然，若想调制更多颜色，都是可以自由发挥的！

花卷打结示意图

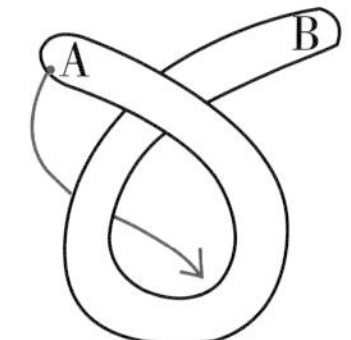

单色四瓣花卷

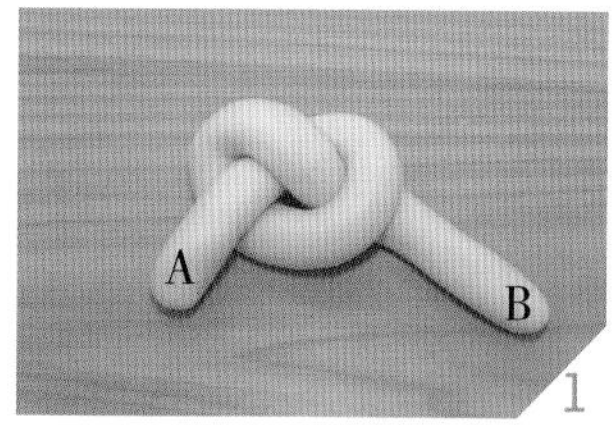

取白色面团 50g 搓成粗细均匀的长条状，长度约 26cm，将面团打结，尾端分 A、B（B 端较长）两端。

把 B 端穿入中间孔洞收起。

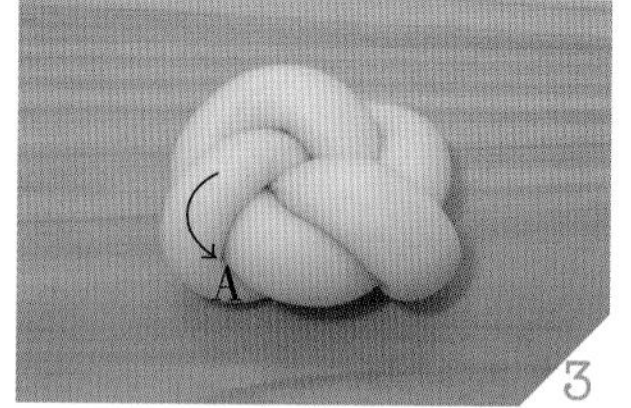

把 A 端也塞到面团底部，就完成了。

单色五瓣花卷

取白色面团 50g，搓成粗细均匀的长条状，长度约 32cm，打结，尾端分 A、B（B 端较长）两端。

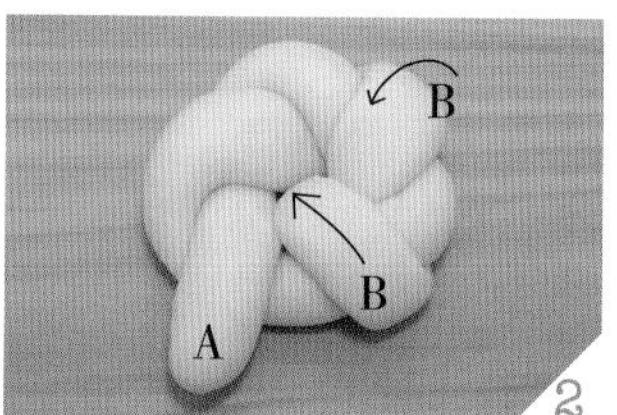

把较长的 B 端穿入中间孔洞后，将多余线段再次穿入中间孔洞。

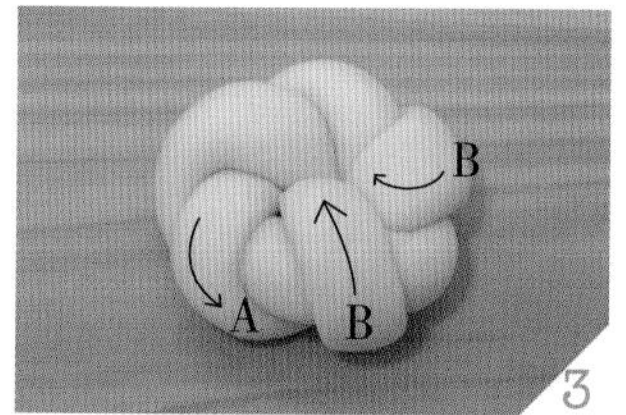

把 A 端塞到面团底部，完成五瓣花卷。

双色四瓣花卷

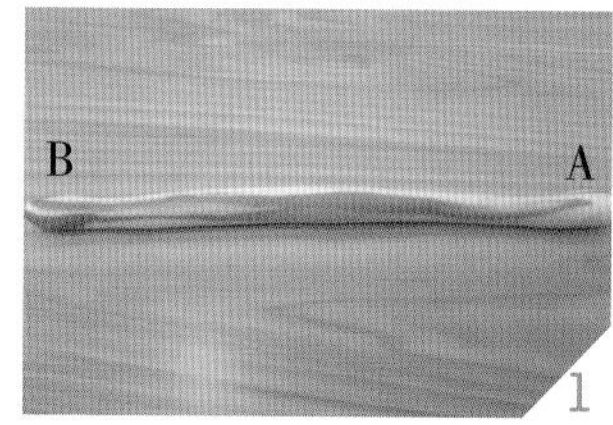

取白色面团 35g 与桃红色面团 15g，将 2 个面团随意搓揉成混色长条面团。

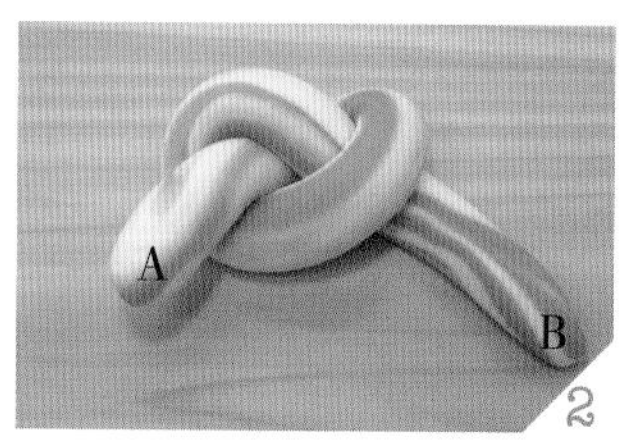

将混色长条面团打结，尾端分 A、B（B 端较长）两端。

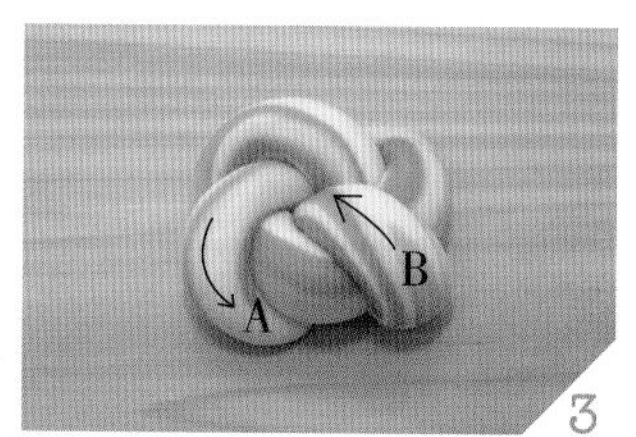

重复单色四瓣花卷的步骤 2、步骤 3 之后，将 A、B 两端分别收入底部，完成双色四瓣花卷。

关键步骤——发酵

在进入蒸笼之前，面团还有一个最关键的步骤，那就是发酵，这是让馒头变得松软又好吃的关键！

发酵判断：小量杯判断法

发酵不是以时间来判断的，而是看“馒头长大的程度”，以面团刚揉好时的大小为“原始大小”（1 倍大），当面团长大 1.5 ~ 2 倍的时候，最适合进入蒸笼蒸制，这个状态蒸出来的馒头都会漂亮而且好吃。因此必须在馒头发酵完成前将造型做完，发酵完成后必须马上蒸熟才能定型并保存。

但是我们该怎么判断馒头已经长大 1.5 ~ 2 倍呢？教大家“小量杯判断法”。

1 取一小块和主体相同的面团塞入小量杯，将面团压平对齐 1cm。

2 小面团最高点由 1cm 长高至 1.7 ~ 2cm 的时候，代表馒头发酵完成。

※ 测量时机：馒头主体（动物的身体、甜甜圈的圆、刈包的皮等）完成时，就可以进行此判断法。以粉红元气兔为例，在兔子的头部滚圆后，就可以捏一小块面团塞入小量杯中了！（不可等到所有造型都完成才进行测量）

发酵完成时，馒头会变轻！

用来判断发酵的小面团在制作的过程中，全程都必须与对应的馒头处于同样的环境下发酵。假设要做 5 个元气兔馒头，5 个馒头主体完成后（5 颗头滚圆后），取 1 块小面团塞入小量杯，再继续完成 5 对兔耳朵和表情。当小面团由 1cm 长至 1.7 ~ 2cm 时，代表手上的 5 个元气兔馒头也发酵好了。

发酵好的馒头除了外观看起来变大，用手拿会感觉变轻，因为发酵好的馒头里面充满了气体，虽然实际重量没有减少，却会有轻盈感。

发酵过度或不足

❶发酵不足 ✕

馒头还没长大到1.5倍就拿去蒸，蒸出来的馒头体积较小、口感较硬，有时表皮会出现透明感，透明的地方叫作死面，吃起来特别硬，就是因为面团没有发酵完成。

❷完美发酵 ◎

在馒头发酵程度达到1.5～2倍大时，蒸出来的馒头漂亮且好吃。

❸发酵过度 ✕

馒头发酵至超过2倍大时才蒸制，面皮因发酵过度被撑得太大，失去表面张力，馒头会皱缩。过度发酵程度轻微的馒头吃起来仍然蓬松，但会有一股酸味（酒精味），且气孔粗大。

最佳发酵温度：30～35℃

温度低时，酵母的活性也减弱。有时天气太冷，气温低于20℃，馒头造型做好时，面团却完全没有长大，此时要营造一个温暖且适合发酵的环境，让环境的温度在30～35℃之间，才不用等太长时间。

加速发酵靠这2招

1

2

1. 在家用烤箱底部放一盆冒气的热水，烤箱中间放烤盘，面团放在烤盘上，烤箱留微缝勿完全关闭，烤箱内部因为有热水就会变温暖，帮助面团发酵。
2. 将蒸锅的水加热至45～55℃，锅盖留缝，把面团放在蒸锅的蒸笼中进行发酵。

最后一步——进蒸笼

不同的蒸制工具有不同的注意事项，选好工具后，一起来蒸馒头吧！器材部分，不管是电饭锅、蒸锅或水波炉还是蒸炉，只要有温度到达 100℃的蒸汽都能够蒸馒头！

电饭锅

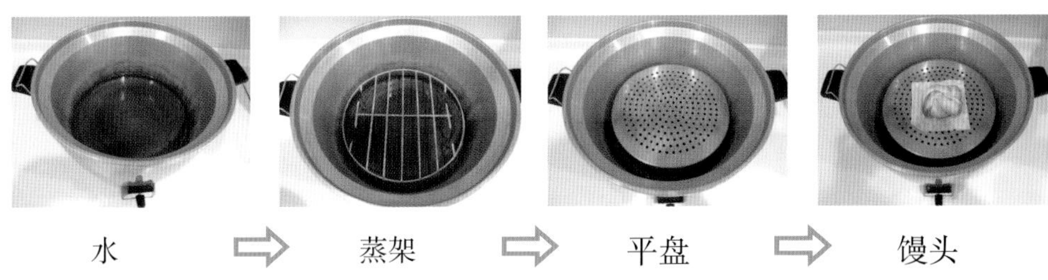

水 ⇨ 蒸架 ⇨ 平盘 ⇨ 馒头

1.以量米杯装冷水约1.5杯（约270mL），倒入外锅。
2.放上蒸架与平盘（离锅底约3cm）之后，再放上馒头，按下开关，锅盖留缝。
3.计时15分钟，时间到便拔插头。
4.闷5分钟再慢慢开盖，避免热胀冷缩。

小步骤

可用果酱抹刀夹在锅盖旁，保持留缝状态。

电饭锅（向上叠蒸）

1.在电饭锅内部倒入深3cm的水，煮滚后再把竹蒸笼架上。
2.蒸1层计时15分钟，蒸2层计时20分钟，时间到便可拔插头。
3.闷5分钟再慢慢开盖，避免馒头热胀冷缩。
4.每往上堆叠一层蒸制时间增加5分钟。

小步骤

蒸笼与电饭锅若完全密合可直接往上叠加，若不密合，必须用抹布围绕电饭锅一圈将缝隙填满，以免蒸汽外泄，蒸不熟馒头。

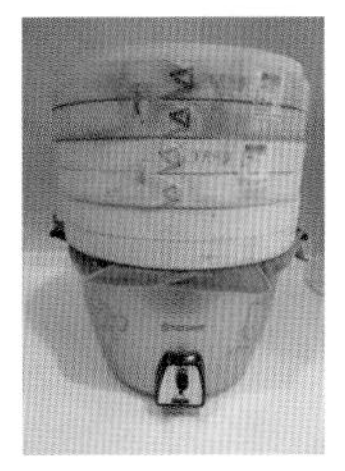

金属蒸锅

1.先用大火将水（水量约为锅身1/5）煮到冒气、冒泡，再转中火并将馒头放上。
2.10分钟后，检查锅盖缝隙是否冒气，观察气量来控制火力。没冒气表示火力太弱，冒大气则表示火力太强有皱皮风险，全程控制锅盖缝隙冒出徐徐缓缓的气。

3.自锅盖旁冒气起，再计时10分钟，时间到即可熄火。

4.熄火后，闷5分钟再慢慢开盖，避免馒头热胀冷缩。

小步骤

1

2

1.锅盖要包布，避免滴水。

2.蒸笼内部放上一层薄薄的吸水布（或纸巾），可吸收蒸笼底部聚集的水气，避免馒头吸水而软烂。

蒸馒头的注意事项

1. 馒头蒸制时间不够不会熟

本书的馒头重量皆为 100g 以下，100g 以内的馒头蒸 25 分钟一定会熟，若蒸大型馒头，时间可延长至30 ~ 40分钟（当蒸的时间加长，锅内的水也要增加，以免烧干）。

2. 馒头闷好就要取出

不可放在电饭锅内部保温，因为电饭锅保温模式会将馒头表面的水分蒸发，让馒头变干硬、底部变厚、泛黄。

3. 蒸熟才能出炉

蒸好的馒头表面呈现亮面，若开盖时看到馒头是雾面的，表示尚未熟成，须立刻将盖子盖上继续蒸。若还没有熟，馒头就离开热源，即使再回锅蒸，永远也不会变熟。

怎么保存？怎么吃？

1. 用置凉架放凉，密封保存

馒头蒸出炉后使用置凉架完全放凉，不要直接放在桌上（底部会潮湿，容易软烂或发霉），凉透后使用塑料袋或保鲜盒密封起来（纸类包装无法密封），密封的状态下可常温保存 3 天、冷藏 7 天、冷冻 30 天。

2. 冷冻为最佳保存方式

最佳保存方式是冷冻。因为只有冷冻，馒头的水分才会被锁住，再一次蒸来吃时口感才会跟刚出炉的时候一样；若放常温或冷藏，也许 3 天之后馒头没有坏，但水分已流失，口感变干变硬。冷冻过后的馒头无须退冰、直接蒸，蒸 10 分钟，闷 5 分钟再慢慢开盖。

第二章

Chapter 2

先从可爱动物开始吧

想要天天去动物园？没问题！
兔子跳上桌，
狮子也缓缓走向盘里，
可爱小猪、乳牛出现在你的手上……
打造自己的馒头动物园吧！

元气粉红兔

数量：3 个

材料

中筋面粉 100g、牛奶 60g、酵母 1g、砂糖 12g、油 1g、色粉（红、黑、紫、黄）适量

面团

粉红色 150g、黑色 3g、紫色 3g、黄色 4.5g、红色 2g

工具

黏土（或翻糖）工具组、小剪刀（或牙签）、喷水瓶、10cm × 10cm 馒头纸、电子秤

做法

取粉红色面团 42g，滚圆后，放在馒头纸上备用。

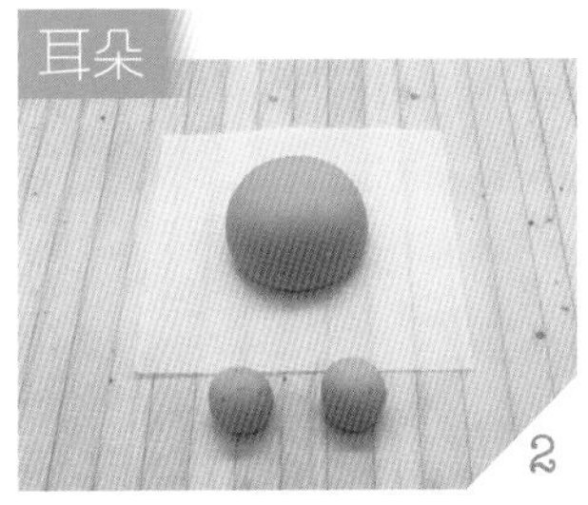

取粉红色面团 4g 共 2 个，并捏成圆球。

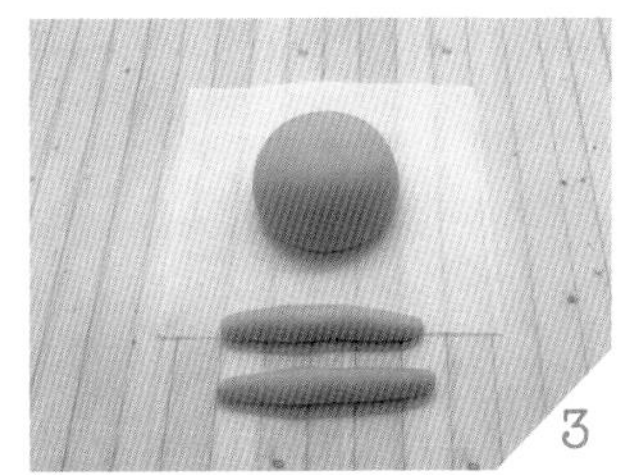

用手掌搓成约 6cm 的长条状，做成兔子的耳朵。

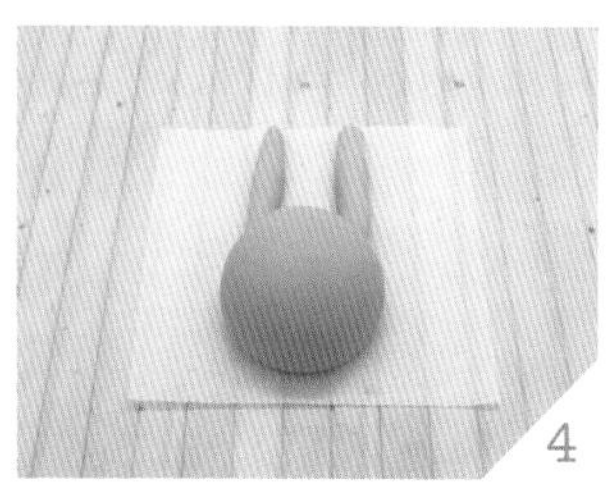

将2只耳朵置于头部上方，耳朵与头部重叠的地方用水粘贴。

嘴巴

取黑色面团1g，将尾端搓成细线，再截取2cm。

用小剪刀将黑色线条从中间挑起，将线条顶点固定在头部中心点。

再用小剪刀调整嘴部线条弧度。

鼻子

取黑色面团（约米粒大小），搓圆。

蘸水贴在嘴巴线条顶点上，完成鼻子。

眼睛

取黑色面团（约绿豆大小）共2个，搓圆。

在桌上略微压扁。

兔子脸部眼睛处，喷水，将压扁的黑面团贴上，再轻轻按压粘紧，完成眼睛。

提示 在制作五官的时候先做中心点，中心点定位后才能知道剩下的五官要放哪里，贴上去后以中心点为基准检查五官是否对称。

发带

取紫色面团1g，捏圆后再搓成纺锤状，长约4cm。

将纺锤状面团在桌面上按压扁平。

蘸水粘在兔子额头，完成发带。

花朵

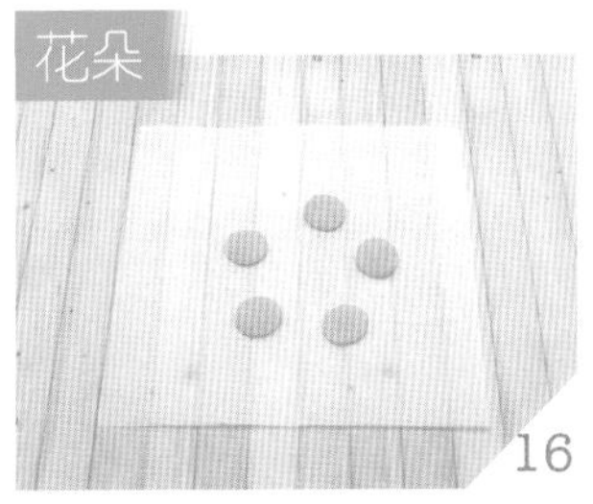

取黄色小面团（约黄豆大小）共5个，捏圆后压扁。

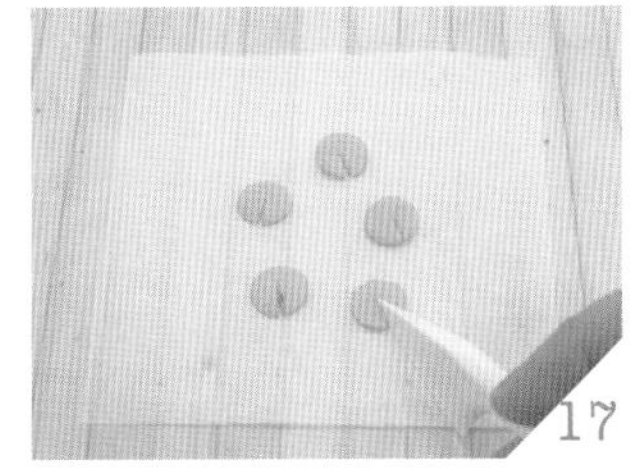

分别用工具将每个黄色圆形切半刀。

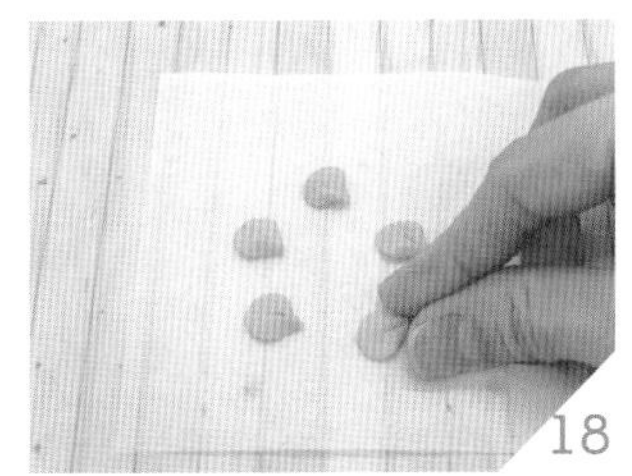

将切半刀的那端，用手指从两边往中间捏紧，形成5片花瓣。

将5片花瓣蘸水贴在紫色发带上，组成1朵小黄花。

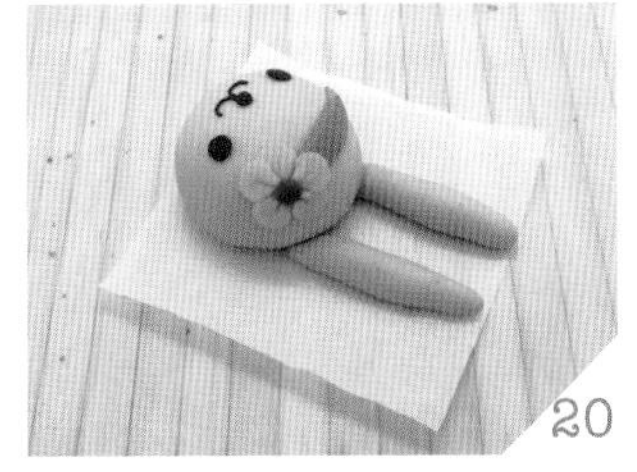

取红色面团（约绿豆大小），搓圆，在小黄花中心轻轻粘紧，待发酵完成，即可进行蒸制。

提示 花瓣一定要靠拢粘紧，中间不能有空隙，否则发酵或蒸熟时会因为膨胀而分开。

黑白萌乳牛

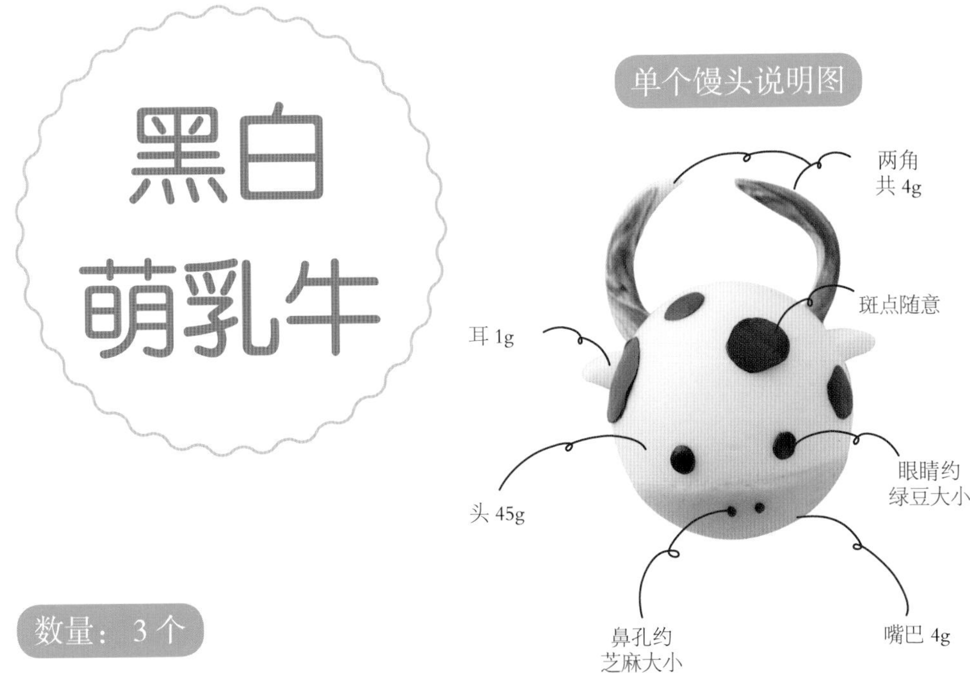

数量：3 个

材料

中筋面粉 110g、牛奶 66g、酵母 1.1g、砂糖 13.2g、油 1g、色粉（红、黑）适量

面团

白色 152g、粉红色 12g、黑色 5g

工具

黏土（或翻糖）工具组、喷水瓶、10cm × 10cm 馒头纸、电子秤、擀面杖

做法

取白色面团 45g，滚圆后，放在馒头纸上备用。

取粉红色面团 4g，捏圆。

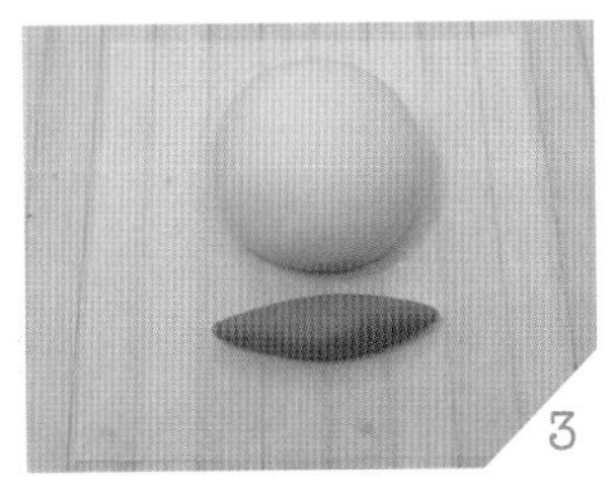

搓成纺锤状，长约 4cm。

将纺锤状的粉红色面团横放，用擀面杖以同方向将其上下擀平，力道需均匀。

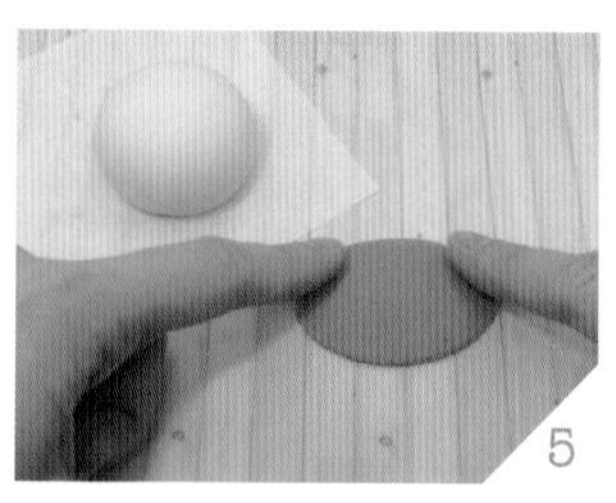

用手指调整面皮形状，完成1个横向的椭圆形。

用喷水瓶在白色头部面团上喷薄水，将粉红色面皮贴上，完成嘴巴。

牛角

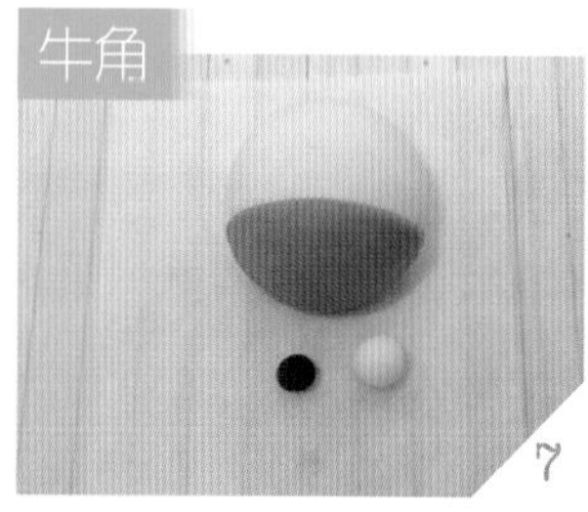

取黑色面团 0.5g，白色面团 3.5g。

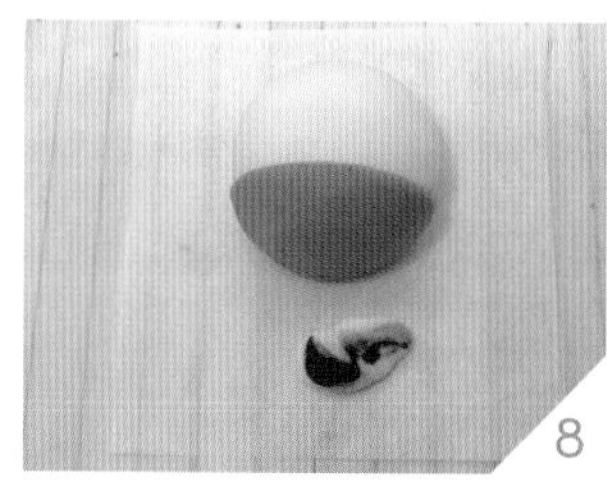

将黑、白两色面团随意搓揉，颜色不需均匀，可当作牛角不规则的颜色纹路。

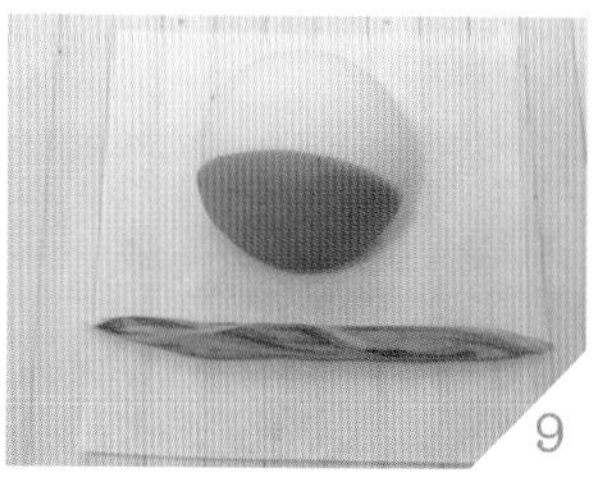

将面团搓成两头尖的长条状，长度约 12cm。

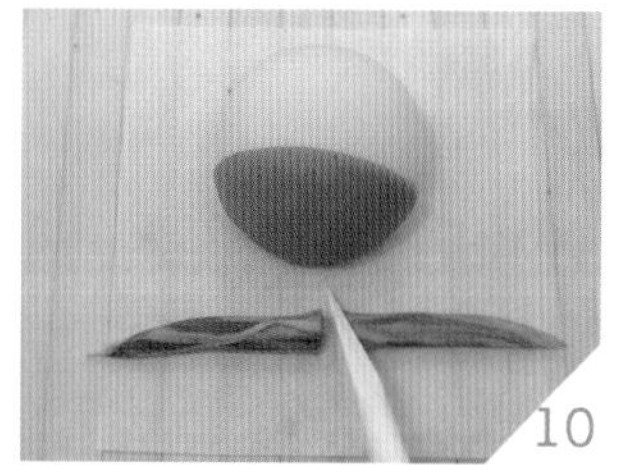

从中间切断，制成牛角。

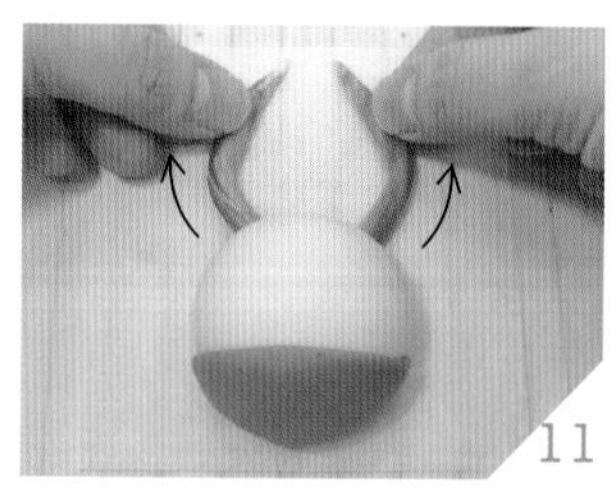

将牛角放在头部底下，并用手调整牛角弧度。

耳朵

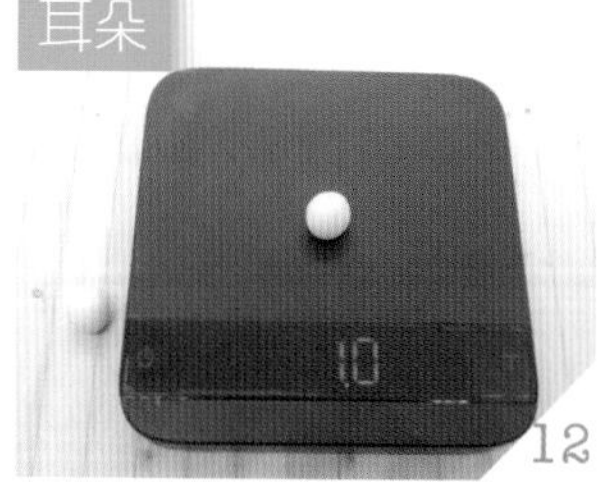

取白色面团 1g，共 2 个，分别捏圆。

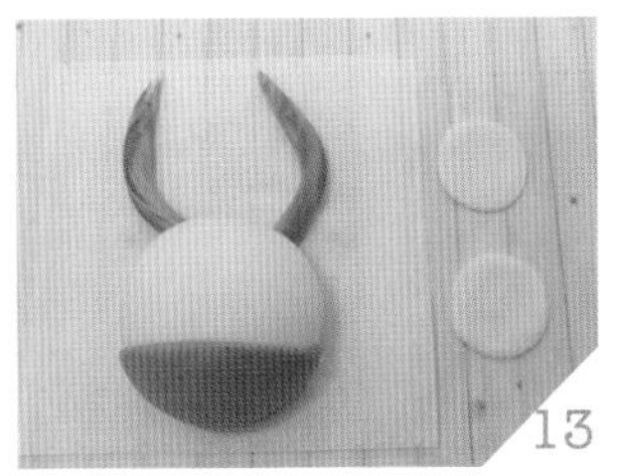

压成直径约 2.2cm 的 2 个圆形。

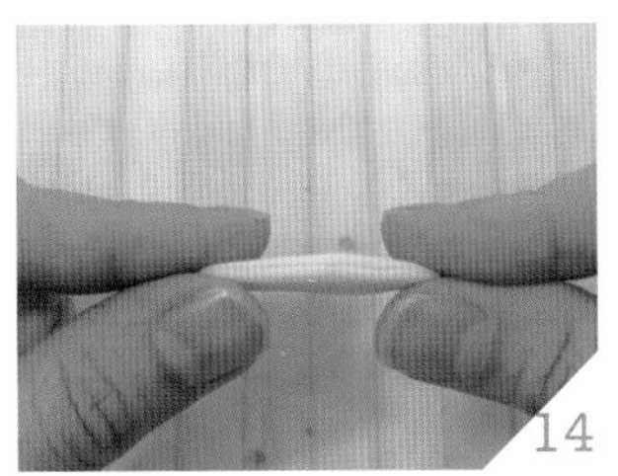

将 2 个白色圆形往中间对折，两边捏紧并且拉长至 3cm，当作牛耳。

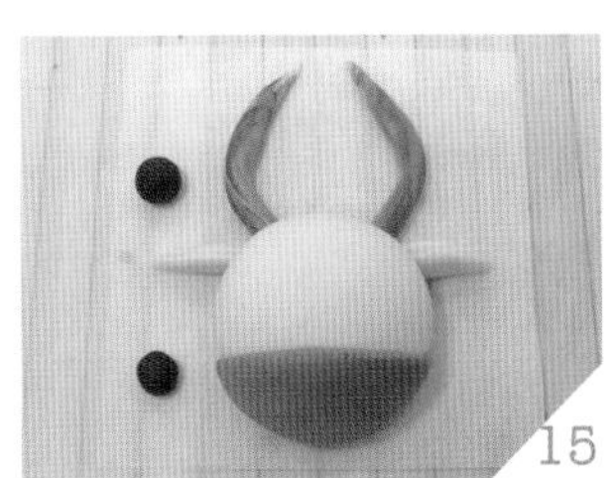

把 2 个牛耳折口面朝上，压在头部下面，重叠部位蘸水贴上，完成牛耳。

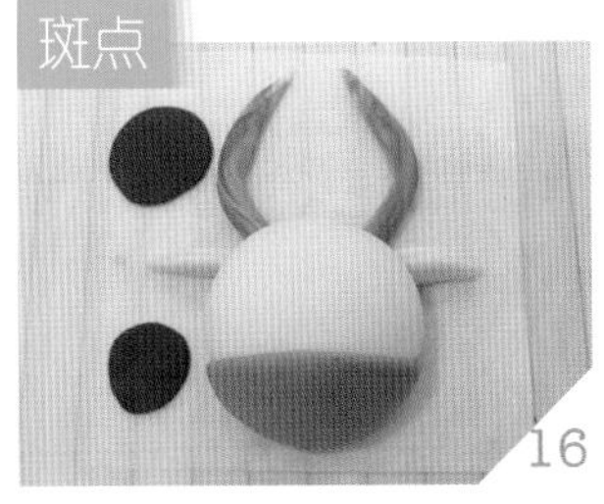

取黑色面团（小于 1g 的随意大小）共 2 个，捏圆并压扁成不规则的圆形。

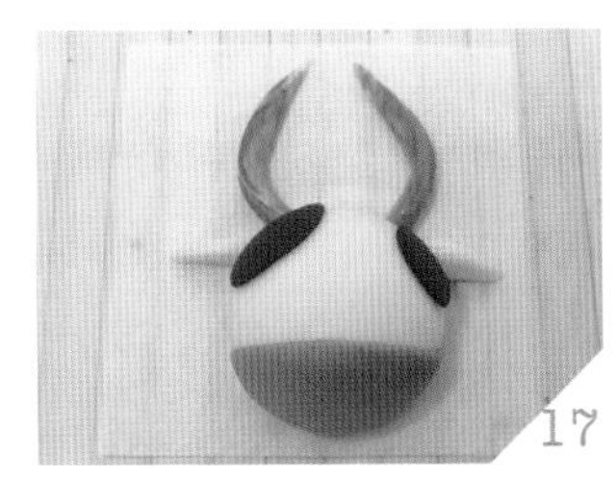

用喷水瓶在头部喷上薄水，将压扁的不规则黑色圆形贴上，完成斑点。

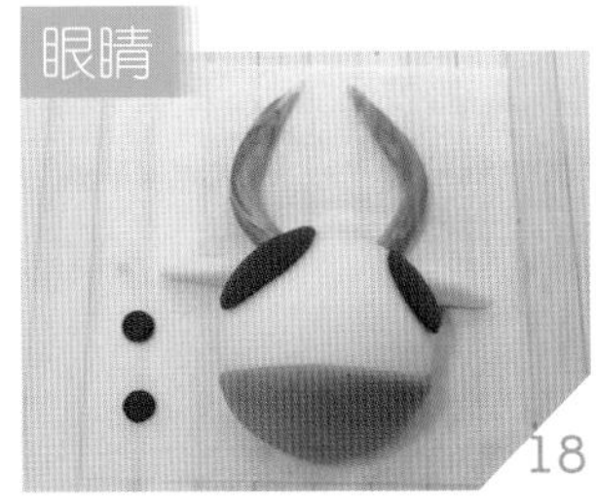

取黑色面团（约绿豆大小）共 2 个，捏圆后压扁。

将 2 个黑色圆形蘸水贴在头部上，完成眼睛。

取黑色面团（约芝麻大小）共 2 个。

将黑色面团蘸水贴在嘴巴处，当作鼻孔，待发酵完成后，即可进行蒸制。

乖巧哈士奇

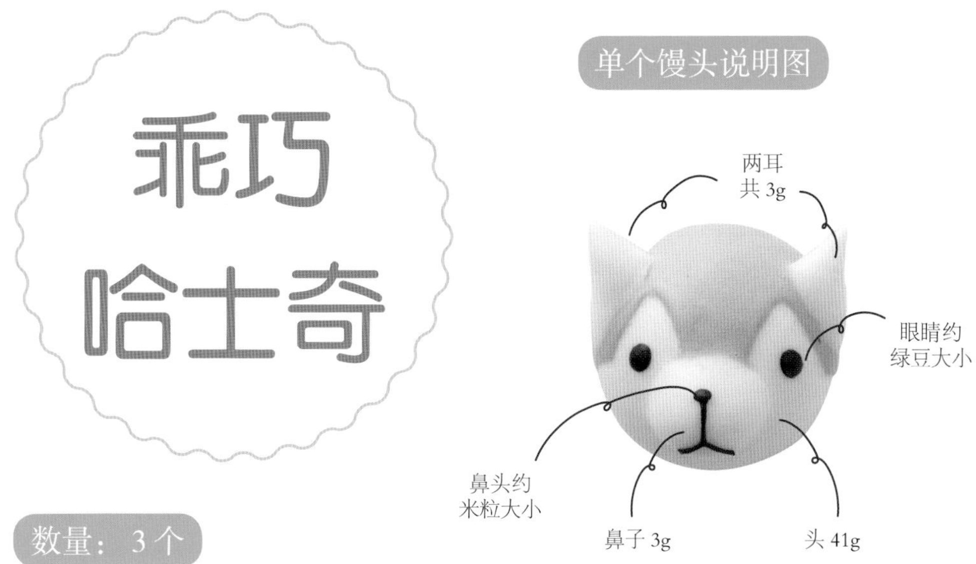

数量：3 个

材料

中筋面粉 120g、牛奶 72g、酵母 1.2g、砂糖 14.4g、油 1g、黑色色粉适量

面团

白色 141g、灰色 30g、黑色 3g

工具

黏土（或翻糖）工具组、小剪刀（或牙签）、切面板、喷水瓶、10cm × 10cm 馒头纸、电子秤、擀面杖

做法

取白色面团 41g，滚圆后放在馒头纸上备用。

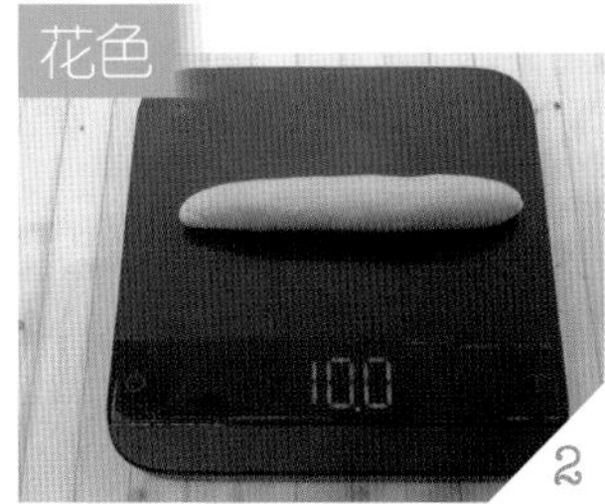

取灰色面团 10g，搓长至 8cm。

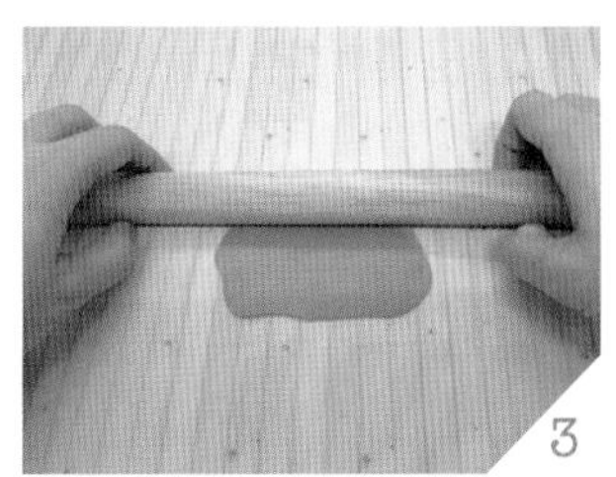

将面团横放，用擀面杖同方向上下擀平，需注意力道均匀，推成 1 张厚薄平均，长约 10cm、宽约 5cm 的灰色长方形。

用切面板在灰色长方形面皮的底部切出 1 条直线。

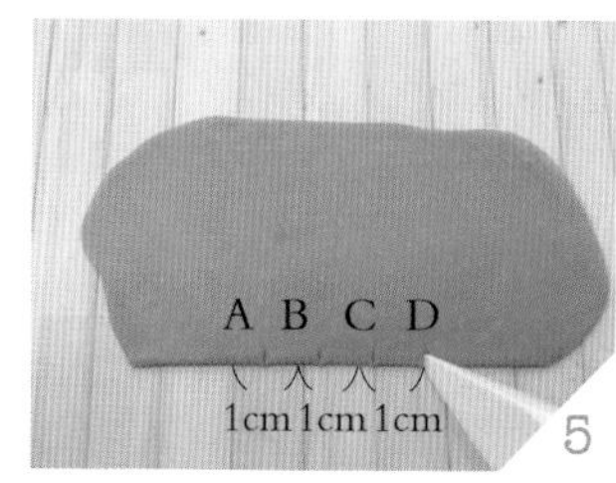

用工具在直线上取 A、B、C、D 共 4 个点做记号，每两个点距离 1cm。

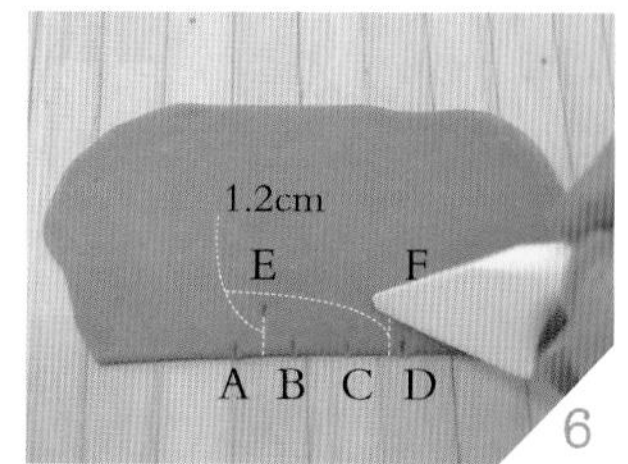

用工具在距离长方形底边 1.2cm 处（A、B 之间与 C、D 之间），取 E、F 共 2 个点做记号。

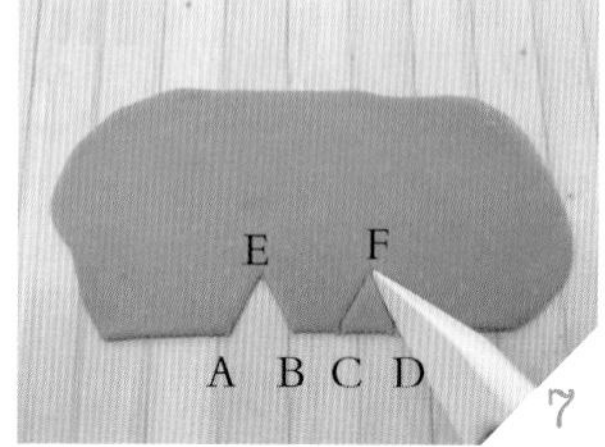

将 AE、BE、CF、DF 之间以工具切出直线，形成 2 个三角形。

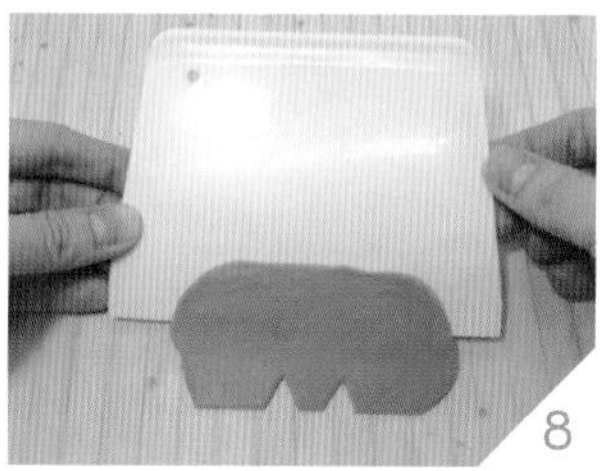

将切好形状的灰色面皮用切面板从不规则的长边慢慢挑起。

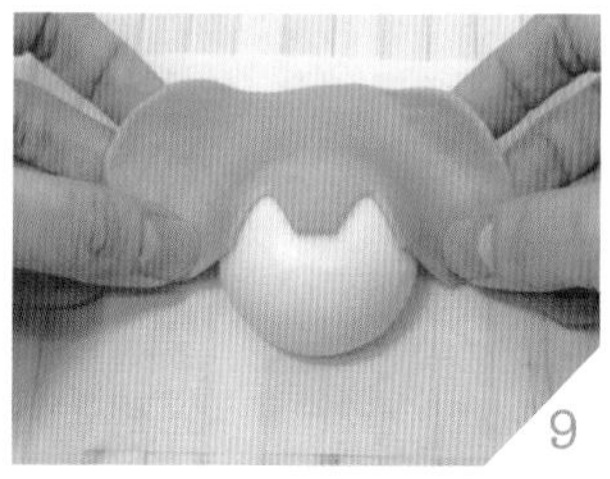

在白色头部面团上喷上薄水，并贴上灰色面皮，底边对齐白色头部面团的中线。

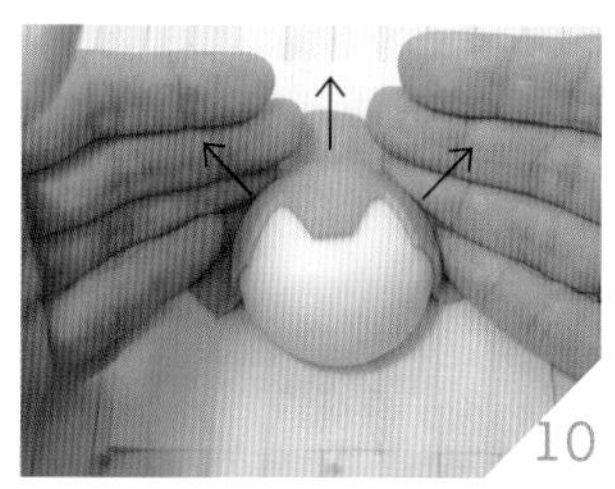

用手把灰色面皮从头部中间慢慢往外围轻轻按压顺平。

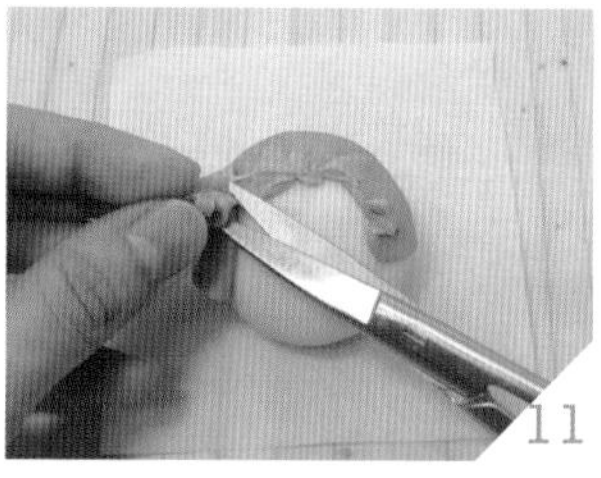

将头部翻转，并用剪刀把多余的灰色面皮剪掉，底部要平顺，馒头才不会倾斜。

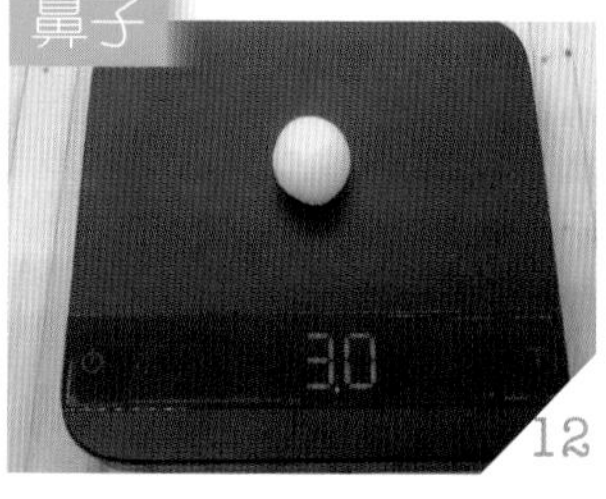

取白色面团 3g，捏圆，当作鼻子。

提示

1. 面团一定要先搓长，才容易成长方形，尽量控制在长 10cm、宽 5cm 为宜。面积太大代表面皮太薄，蒸熟后容易起泡；面积较小则表示面皮太厚，蒸熟后容易与头部分离并出现裂痕，且将无法把头部完整包覆。
2. 灰色面皮一定要包到底部，否则馒头发酵膨胀后，会露出白色的头皮。

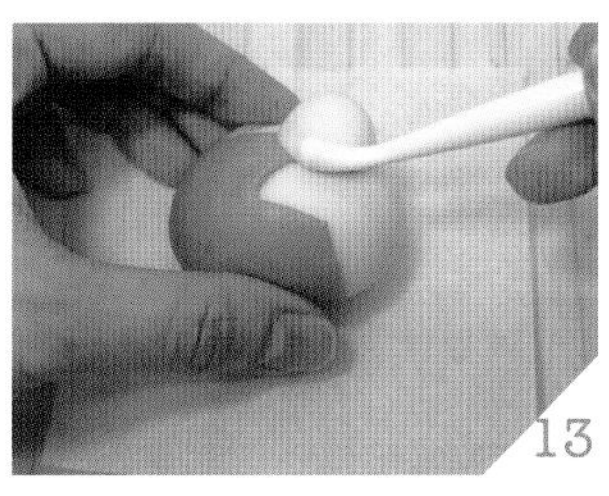

用喷水瓶在脸上喷薄水，把鼻子贴上，并用圆头工具沿着鼻子与头部交接处沿边压实。

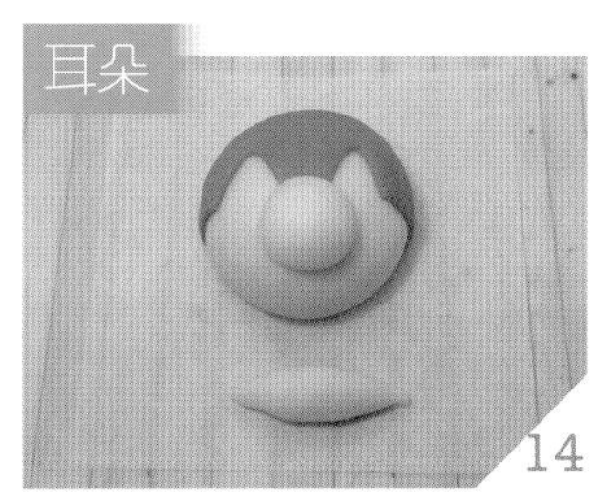

取白色面团 3g，捏圆并搓成纺锤状，长约 3cm。

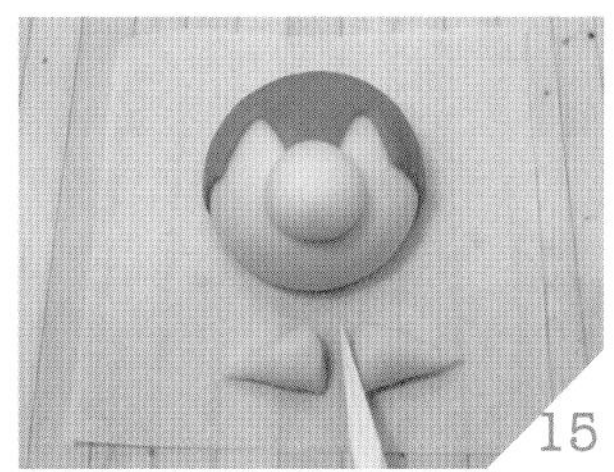

用工具从中间切开，形成 2 个三角锥。

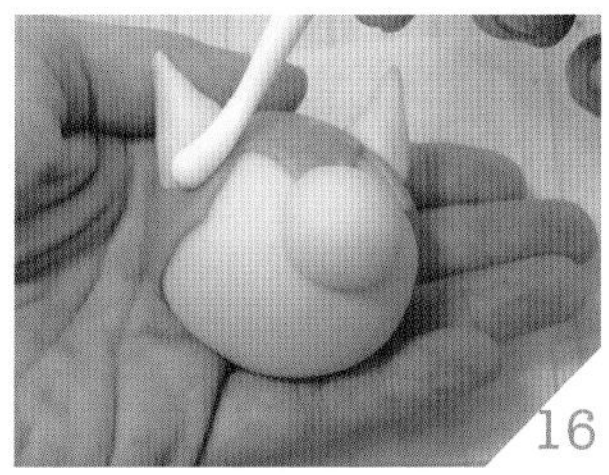

将三角锥的切面蘸上薄水，贴在头部当作耳朵，并用圆头工具沿边压实，粘紧。

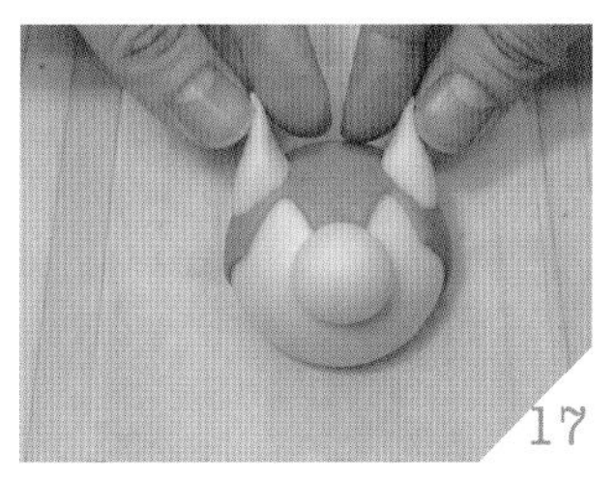

用手指调整形状和方向，完成耳朵。

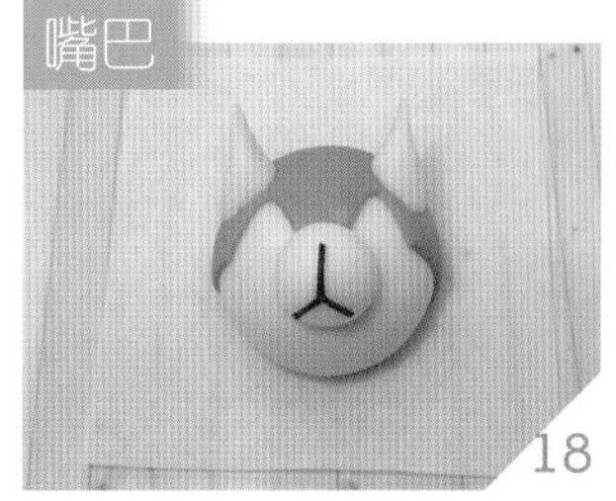

取黑色面团 1g，搓成细线，裁切一段并蘸水贴上，作为嘴部线条。

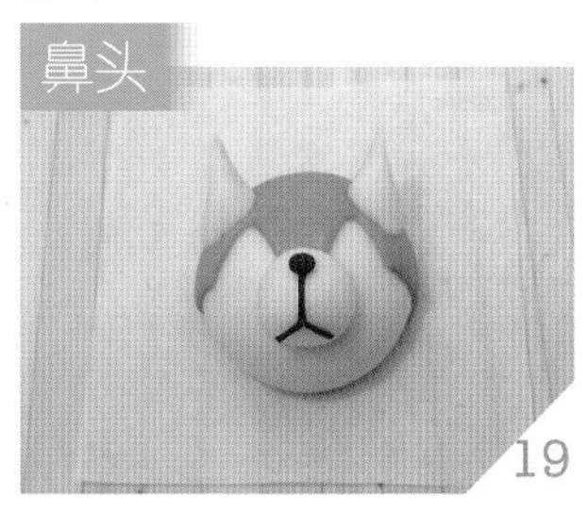

取黑色面团（约米粒大小），搓圆后蘸水贴在鼻部上，当作鼻头。

取黑色面团（约绿豆大小）共 2 个，搓圆后压扁。

在白色三角形处喷薄水，并将黑色圆面团贴上，轻轻按压，当作眼睛。待发酵完成后，即可进行蒸制。

俏皮绅士猪

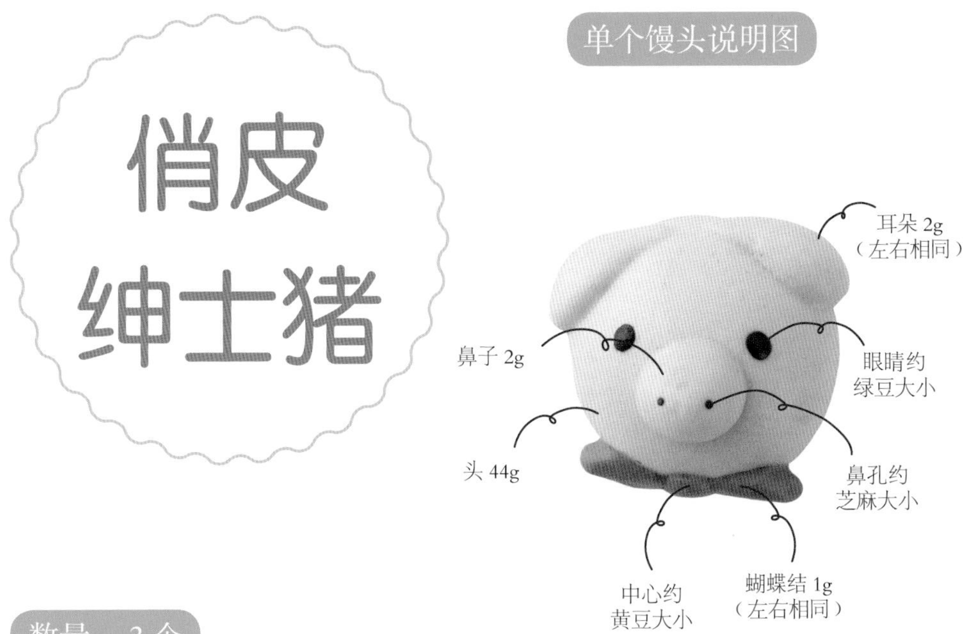

数量：3个

材料

中筋面粉 100g、牛奶 60g、酵母 1g、砂糖 12g、油 1g、色粉（红、黑）适量

面团

粉红色 150g、黑色 3g、红色 7.5g

工具

黏土（或翻糖）工具组、喷水瓶、10cm×10cm 馒头纸、电子秤

做法

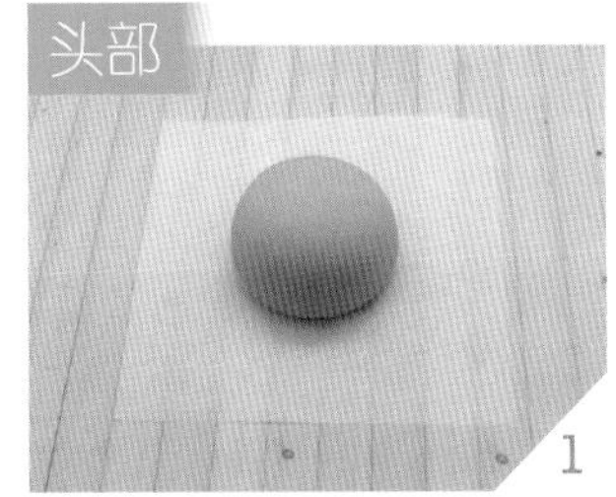

取粉红色面团 44g，滚圆，放在馒头纸上备用。

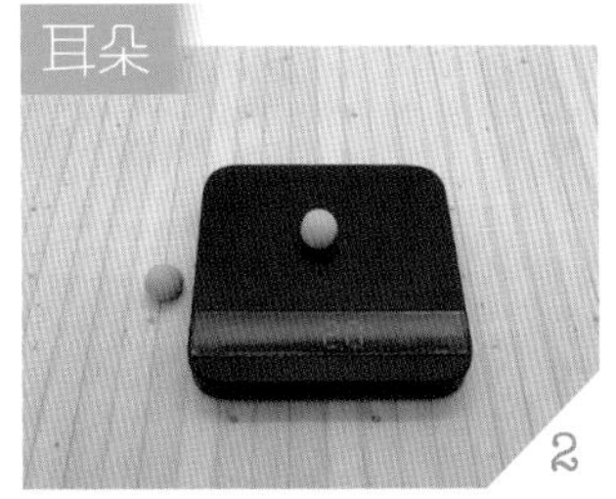

取粉红色面团 2g 共 2 个，捏圆。

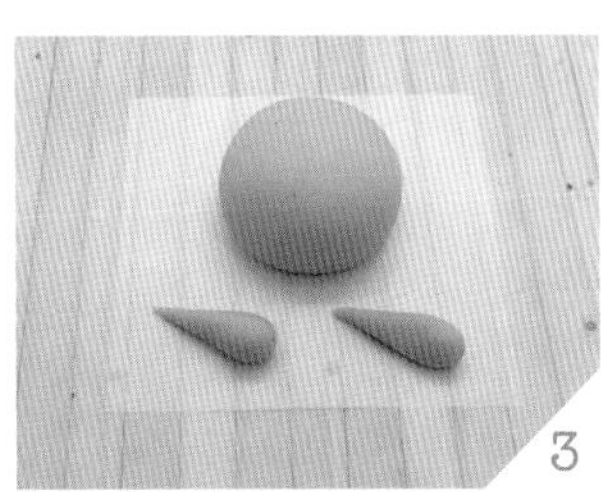

搓成水滴状，长约 3cm。

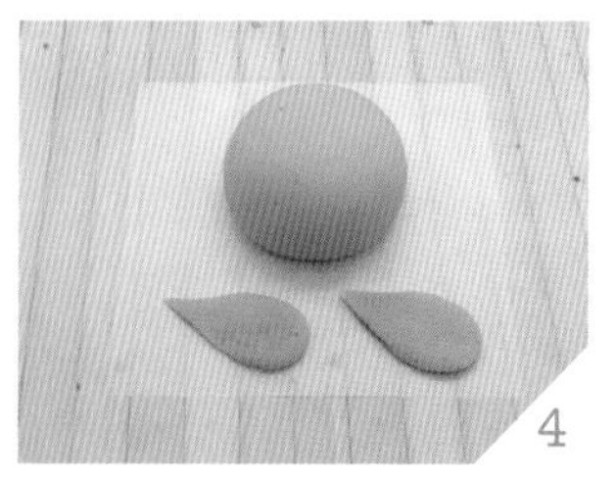

在桌上按压扁平。

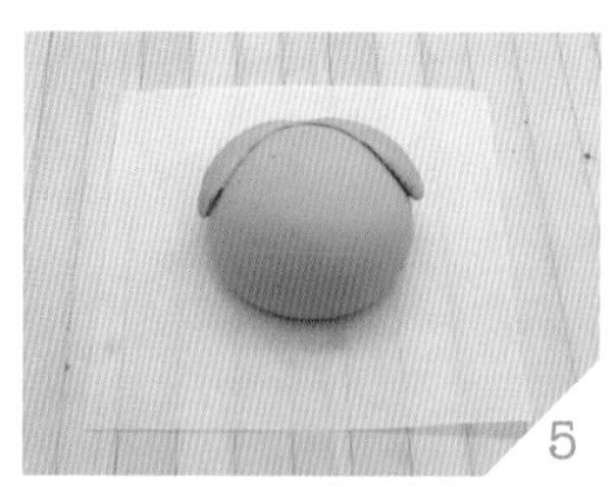

粘贴在头部上方，轻轻按压粘紧，完成耳朵。

鼻子

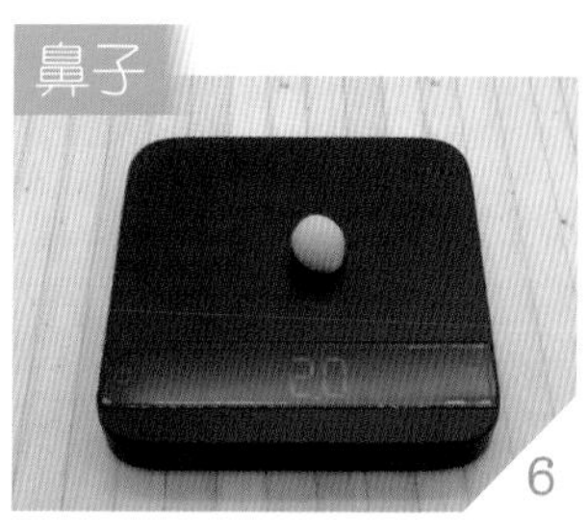

取粉红色面团2g，捏圆。

将粉红色面团蘸水贴在脸上，轻轻按压粘紧。

眼睛

取黑色面团0.3g（约绿豆大小）共2个，搓圆。

先在桌上略微压扁。

在猪脸部眼睛处喷微量的水，将黑色面团贴上再轻轻粘紧，完成眼睛。

鼻孔

取黑色面团（约芝麻大小）共2个，搓圆。

将鼻子表面喷水，把2个黑色面团贴上，完成鼻孔。

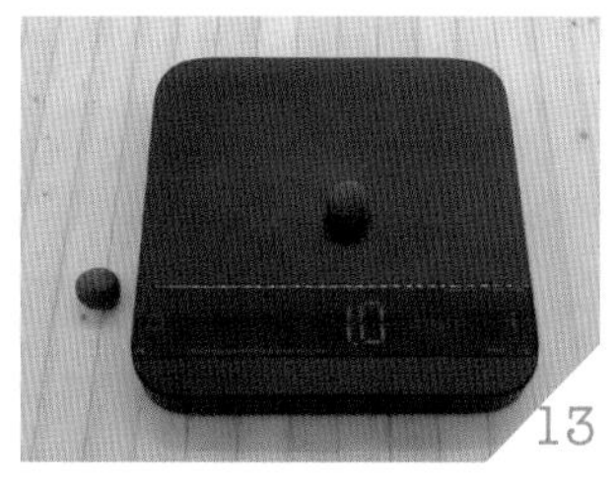

取红色面团 1g 共 2 个，分别捏圆。

搓成水滴状，长约 1cm。

将水滴状红色面团在桌上按压扁平，形成 2 个扇形。

用工具在尖端处压出线段痕迹。

将 2 个扇形蘸水贴在脖子处当领结，尖端要并拢粘紧。

取红色面团（约黄豆大小）。

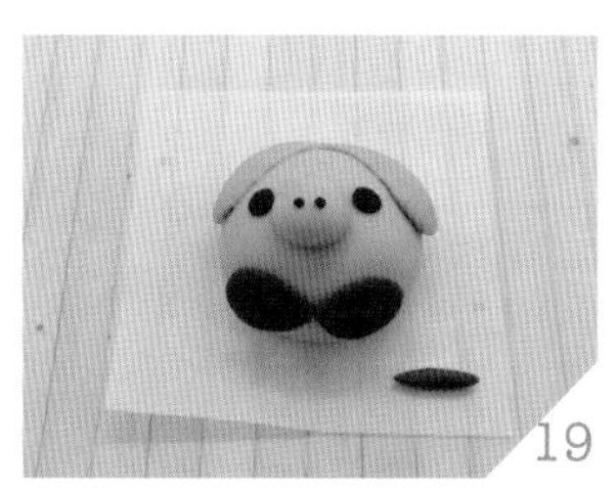

搓成椭圆形。

在步骤 17 的 2 个扇形交接处喷水，将椭圆形红色面团贴在修饰交接处。

用工具把椭圆形红色面团的尖端向内收边，待发酵完成后，即可进行蒸制。

提示 | 蝴蝶结的尖端需靠紧，稍微重叠粘贴，发酵膨胀后才不会分开。

草原奶油狮

数量：3 个

单个馒头说明图

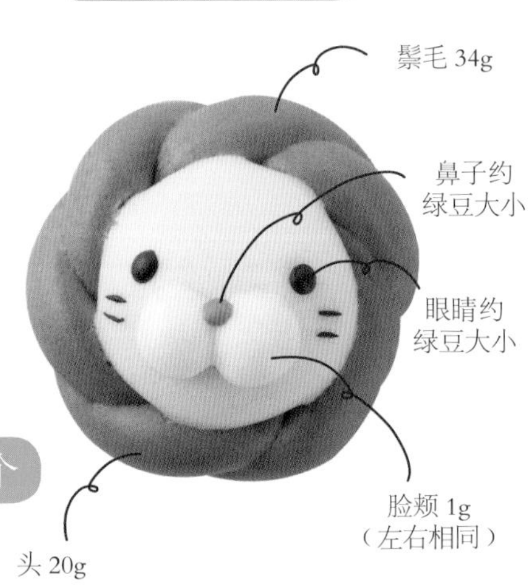

材料

中筋面粉 110g、牛奶 66g、酵母 1.1g、砂糖 13.2g、油 1g、色粉（黄、咖啡、红、黑）适量

面团

黄色 60g、咖啡色 102g、白色 6g、红色 1g、黑色 2g

工具

喷水瓶、10cm × 10cm 馒头纸、电子秤

做法

取黄色面团 20g 并滚圆。

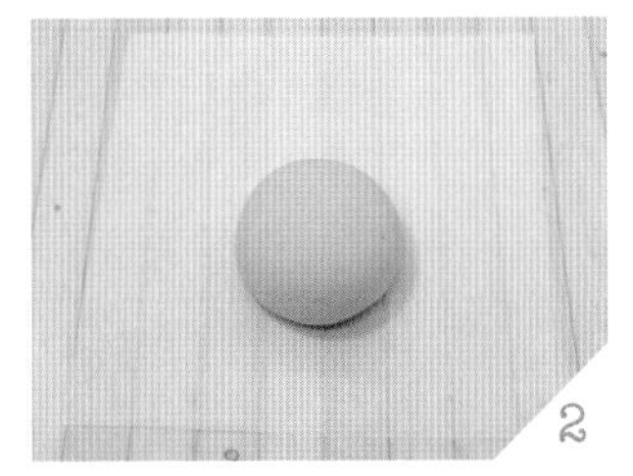

放在馒头纸上备用。

取咖啡色面团 17g 共 2 个。

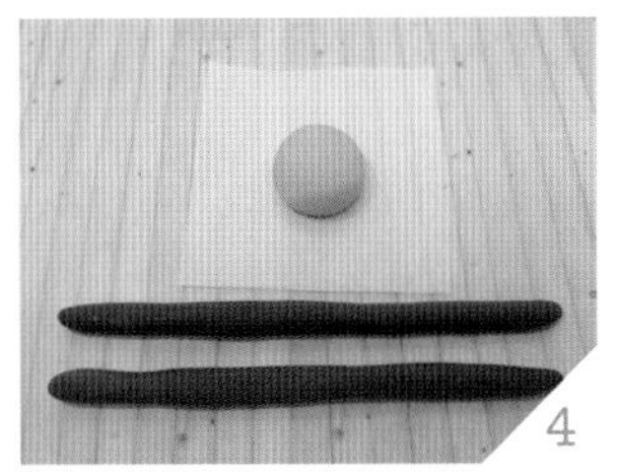

分别搓长至 20cm。

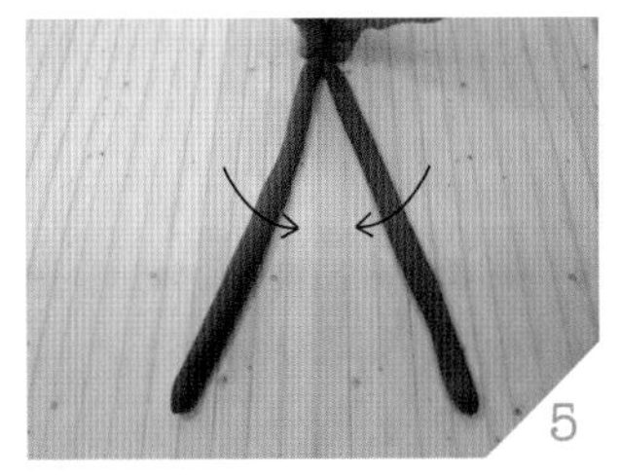

将 2 条面团的一头并拢，并捏紧固定，作为起点，然后交互旋转。

旋转后，使之成为麻花状。

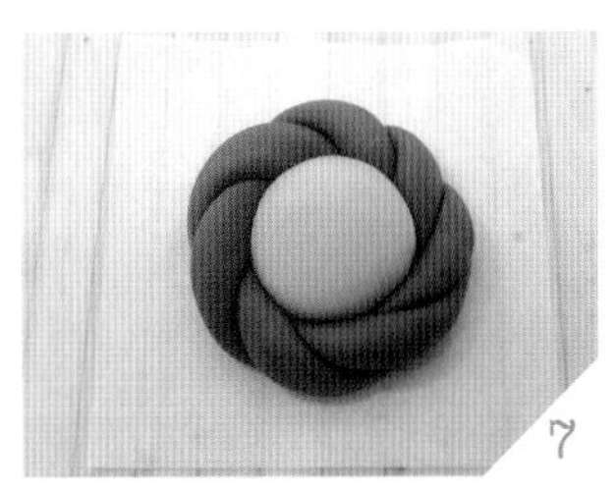

围绕头部一圈，完成鬃毛。

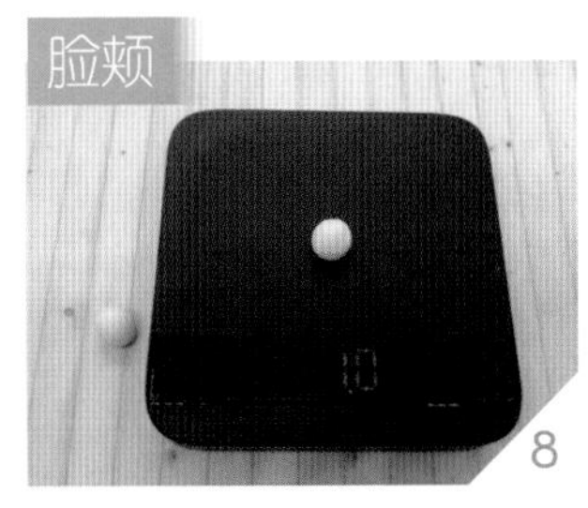

取白色面团 1g 共 2 个，分别捏圆。

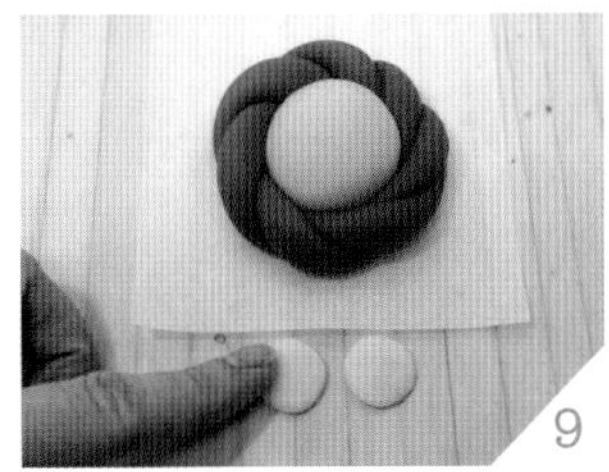

将圆形白色面团在桌上略微压平。

鼻子

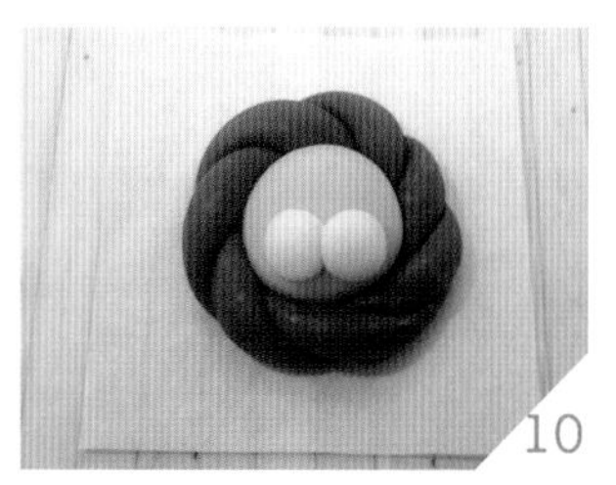
10

用喷水瓶在黄色面团上喷薄水，将2个白色面团贴上且并拢贴紧，完成脸颊。

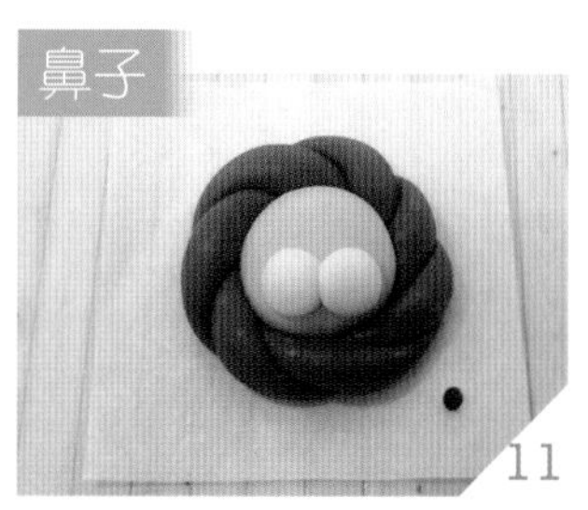
11

取红色面团（约绿豆大小），搓圆。

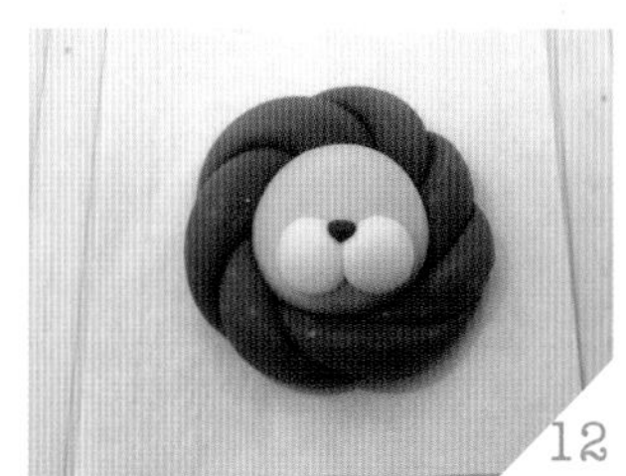
12

在2个白色脸颊中间喷薄水，将红色小圆面团贴上，完成鼻子。

眼睛

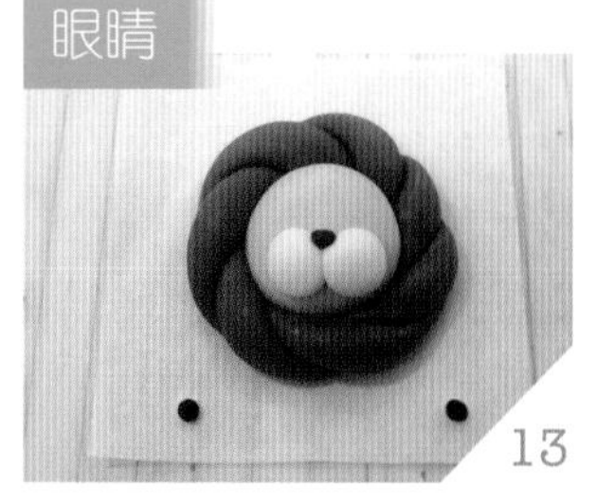
13

取黑色面团（约绿豆大小）2个，搓圆。

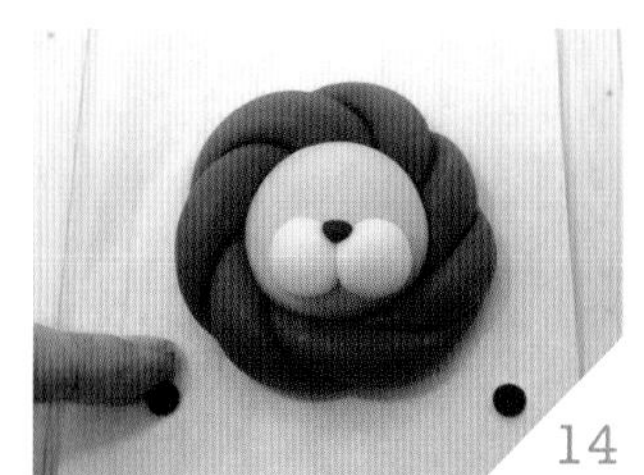
14

在桌上用手指压扁。

15

将2个黑色面团蘸水贴上，当作眼睛，待发酵完成后，即可进行蒸制。

提示

1. 麻花卷若卷得太紧，鬃毛会太短，无法围成圈；若卷得太松，则鬃毛会过长。可以多试几次，就能掌握到最适当的长度。
2. 要把卷好的麻花卷头尾往下藏才好看。

第三章

Chapter 3

跟孩子一起做出萌萌世界

萌萌馒头超简单！
精选 7 款简易造型，
太阳、星星、蝴蝶结……
步骤简易，轻松上手，
一起跟孩子动手做做看吧！

浪漫五瓣花

数量：3个

材料

中筋面粉 110g、牛奶 66g、酵母 1.1g、砂糖 13.2g、油 1g、色粉（黄、红、黑）适量

面团

黄色 18g、粉红色 150g、黑色 1g

工具

黏土（或翻糖）工具组、喷水瓶、10cm × 10cm 馒头纸、电子秤

做法

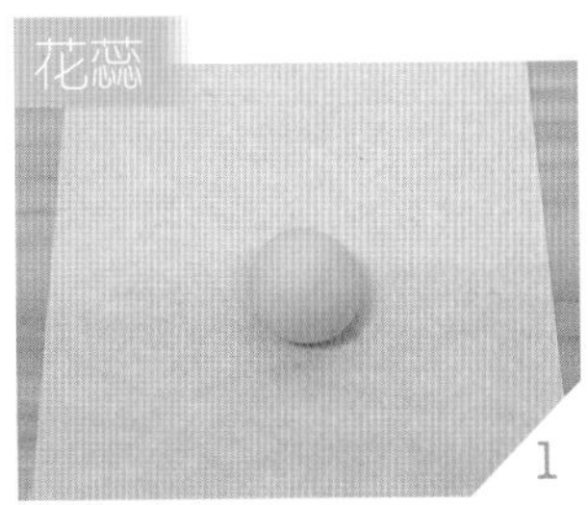

取黄色面团 6g，捏圆，放在馒头纸上备用。

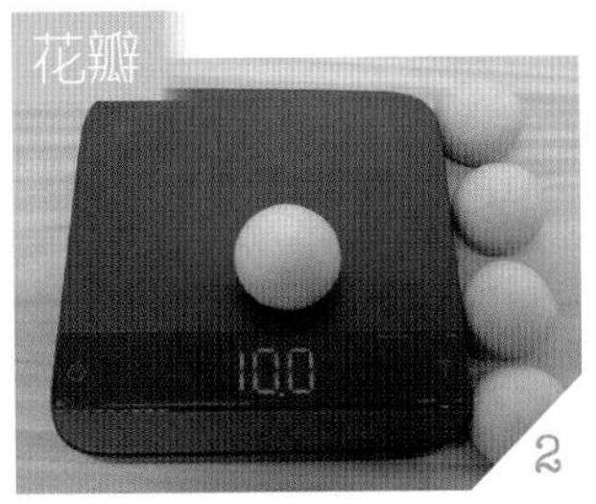

取粉红色面团 10g 共 5 个，捏圆。

将花蕊周围喷薄水，用粉红色面团围绕。

用工具在粉红色面团上压出线条，待发酵完成后，即可进行蒸制。

将粉红色花瓣外侧捏尖。

以少量黑色面团，自由创作表情。

闪亮小星星

数量：3个

材料

中筋面粉60g、牛奶36g、酵母0.6g、砂糖7.2g、油1g、色粉（黄、黑、红）适量

面团

黄色100g、黑色3g、红色1g

工具

黏土（或翻糖）工具组、喷水瓶、10cm×10cm馒头纸、星星形状模型、电子秤、擀面杖

做法

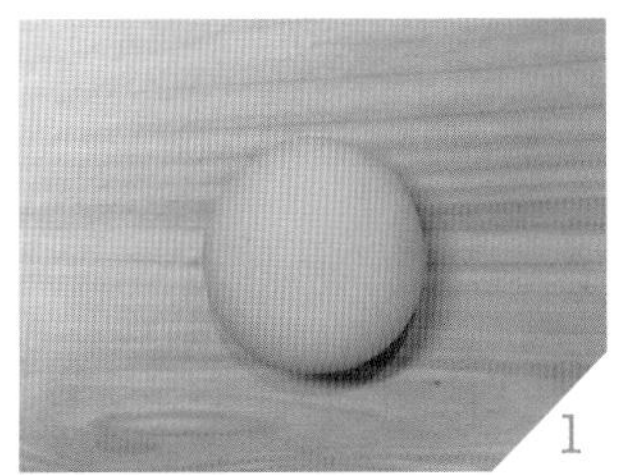

1 将黄色面团滚圆。

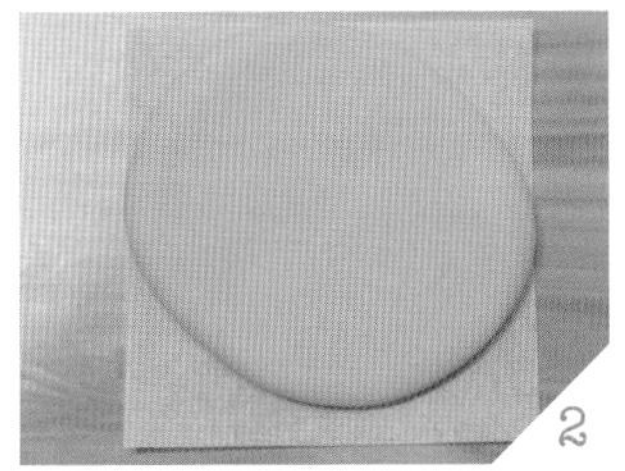

2 用擀面杖擀平（厚度约1cm），放在馒头纸上。

3 使用模型，将黄色面团压出星星形状。

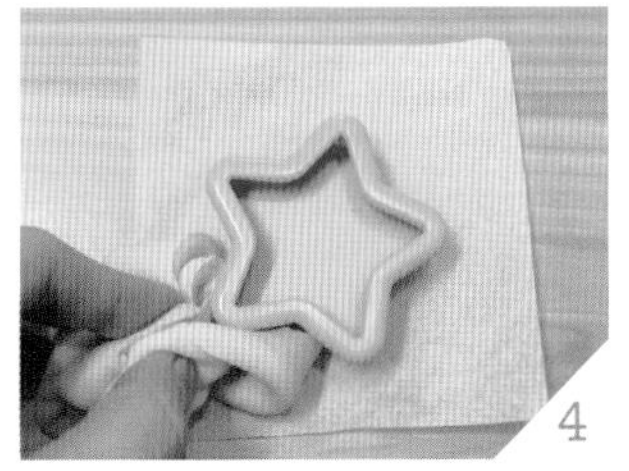

4 剩下来的面团可再次揉光滑擀平，继续制作星星。

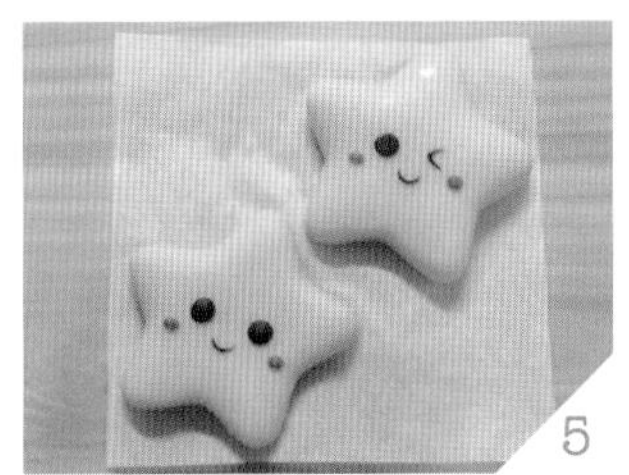

5 使用黑色与红色面团妆点表情，待发酵完成后，即可进行蒸制。

提示 大小不同的模型，能裁切出的星星数量不一样；每次裁切出的星星厚度至少要有1cm，才不会太薄。

甜美蝴蝶结

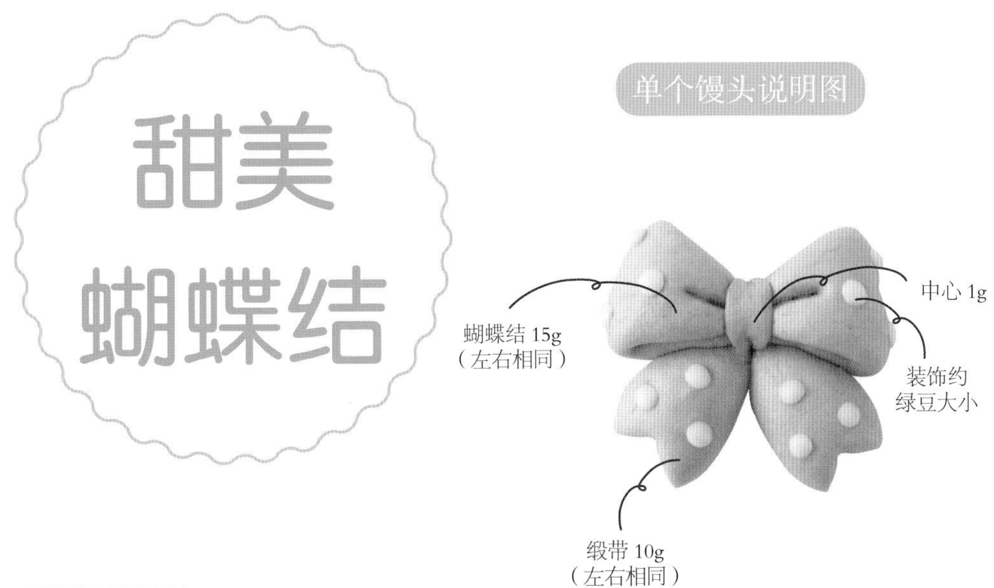

数量：3 个

材料

中筋面粉 100g、牛奶 60g、酵母 1g、砂糖 12g、油 1g、紫色色粉适量

面团

紫色 150g、白色 12g

工具

黏土（或翻糖）工具组、喷水瓶、10cm × 10cm 馒头纸、电子秤

做法

取紫色面团 10g 共 2 个，分别捏圆。

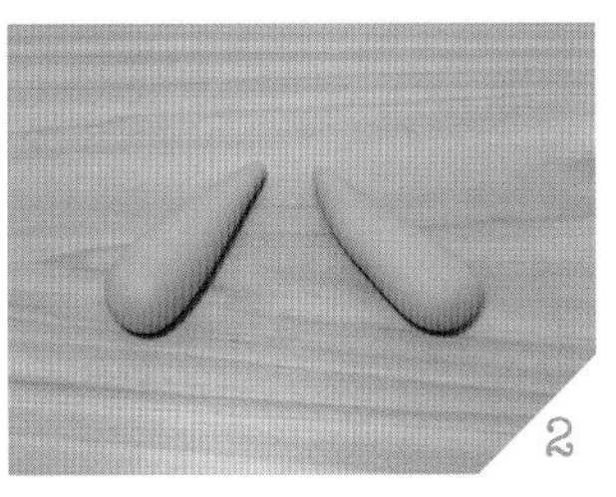

分别搓成长形水滴状，长度约 6cm。

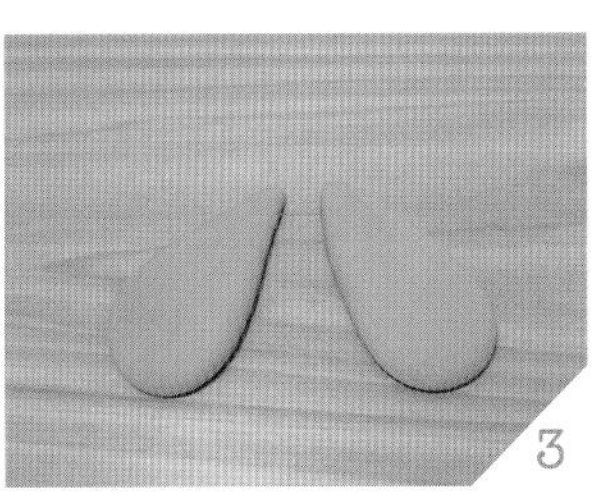

用手按压，让面团扁平。

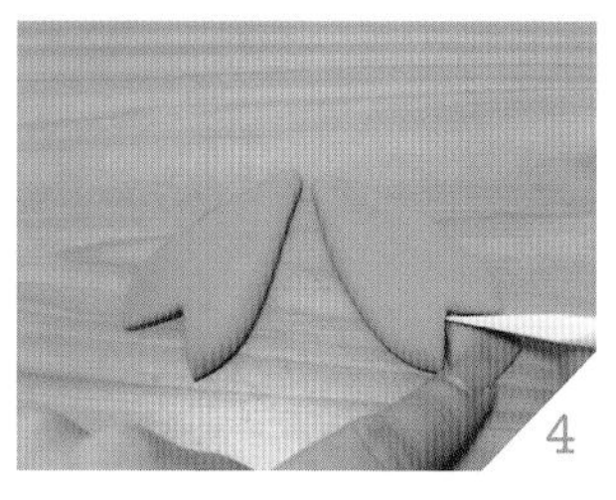

用工具在圆头端分别切出三角形。

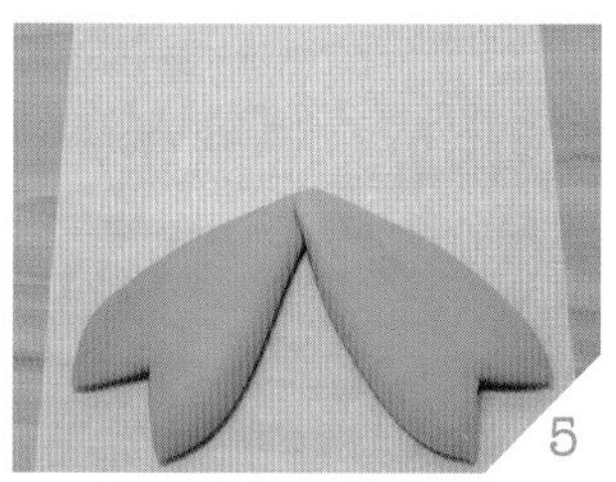

将尖角处重叠，放在馒头纸上，完成下方缎带。

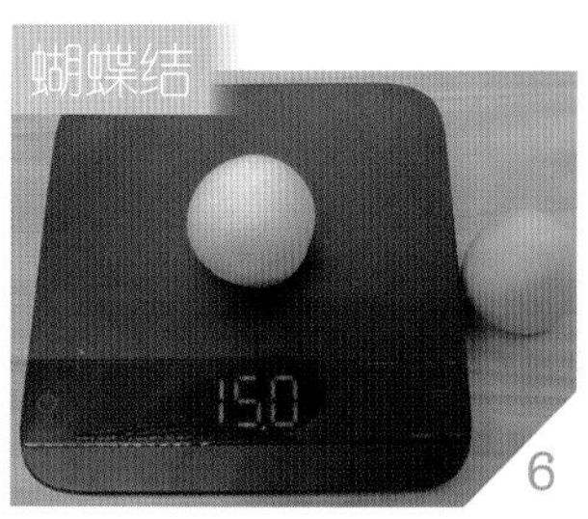

取紫色面团 15g 共 2 个，分别捏圆。

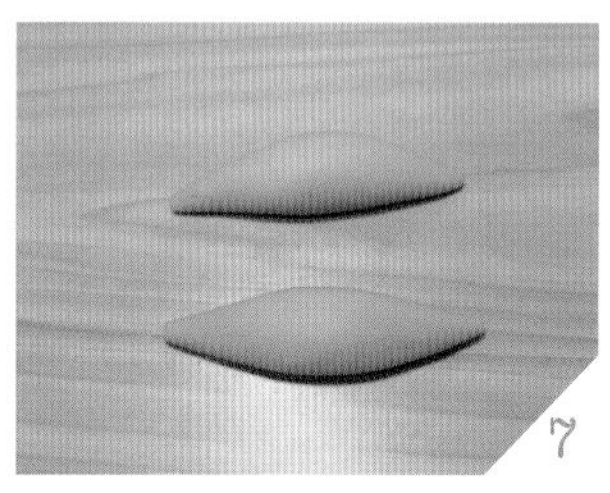

分别搓成纺锤状，长度约 9cm。

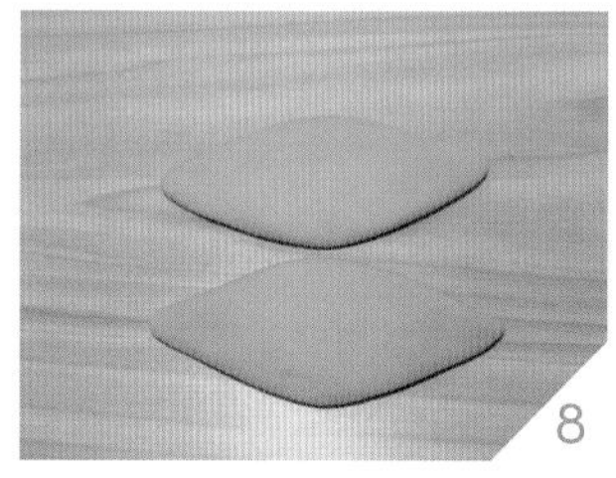

用手压扁，成为两个菱形。

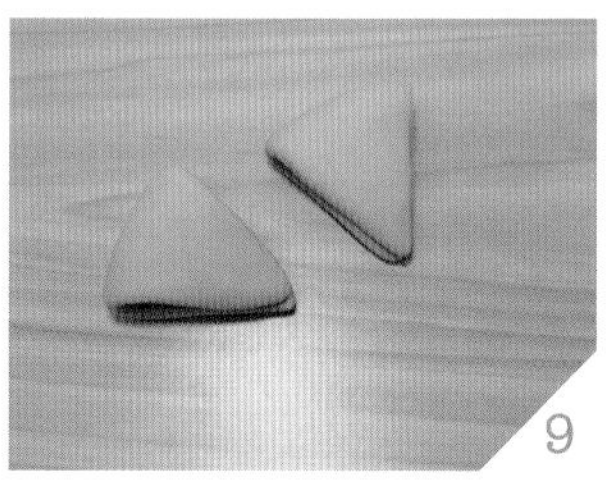

将 2 个菱形分别对折，变成 2 个三角形。

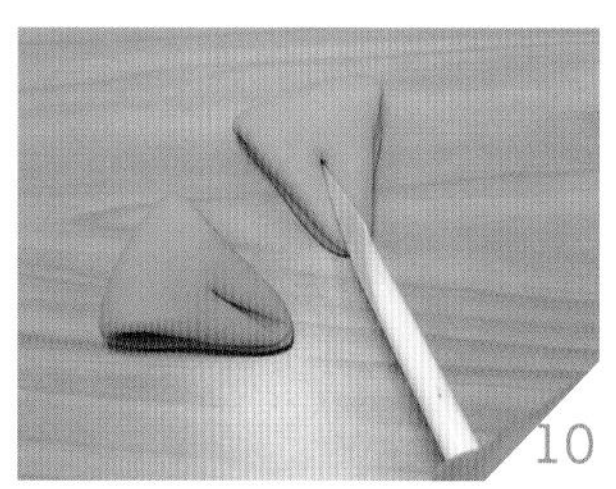

用工具分别在 2 个三角形的尖端处按压痕迹（不可切断）。

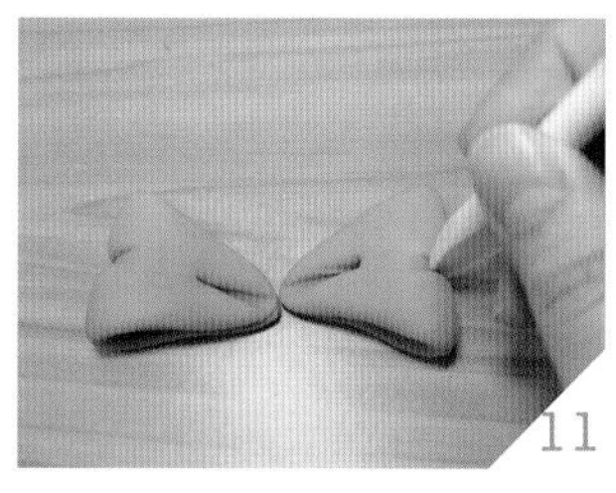

用工具分别将 2 个三角形的底边往内推。

于 2 个三角形尖端处喷水，并移到步骤 5 完成的缎带上方组装，完成蝴蝶结雏形。

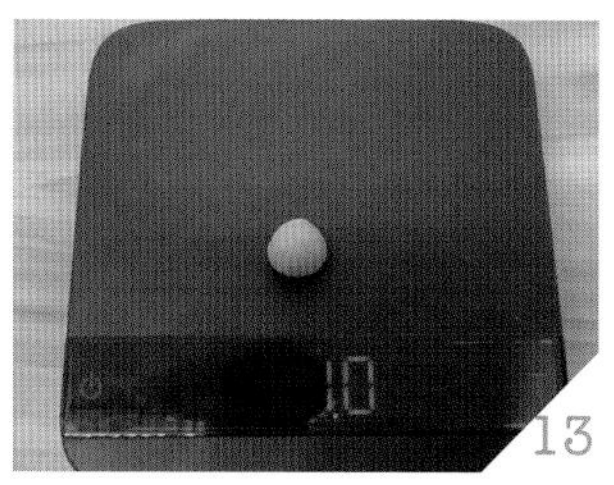

取紫色面团 1g，捏圆。

搓成椭圆形。

用手压扁。

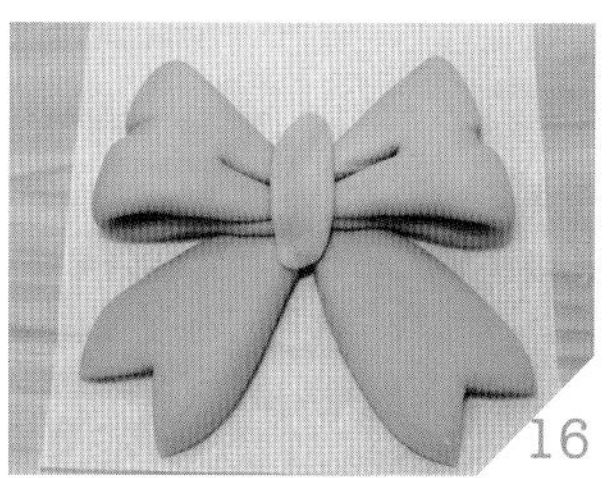

将扁平的紫色椭圆形面团蘸水，贴在蝴蝶结雏形的尖端交接处。

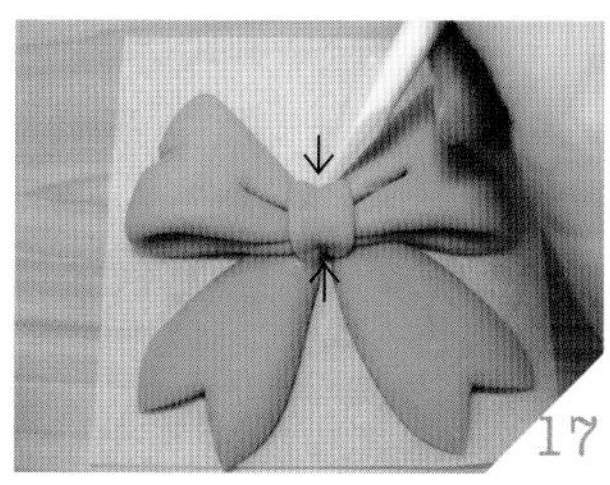

用工具将紫色椭圆形的两端向内收起，完成蝴蝶结。

取白色面团（约绿豆大小）12 个，捏圆。

分别压扁后，蘸水贴在蝴蝶结上装饰，待发酵完成后，即可进行蒸制。

编织棒棒糖

单个馒头说明图

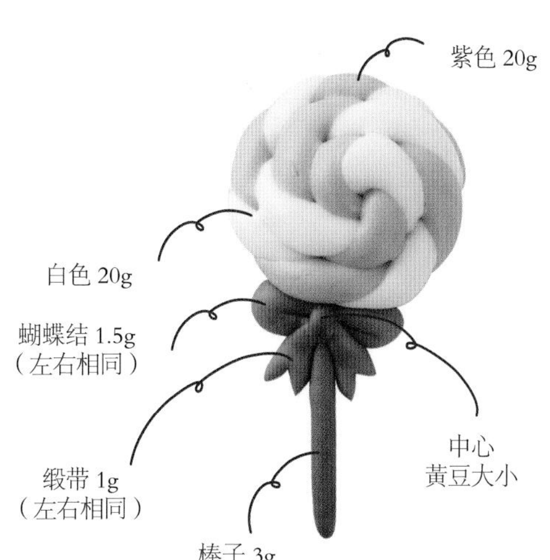

数量：3 个

材料

中筋面粉 100g、牛奶 60g、酵母 1g、砂糖 12g、油 1g、色粉（红、咖啡、紫）适量

面团

紫色 60g、白色 60g、红色 18g、咖啡色 9g

工具

黏土（或翻糖）工具组、喷水瓶、12cm×14cm 馒头纸、电子秤

做法

棒子

取咖啡色面团 3g，捏圆。

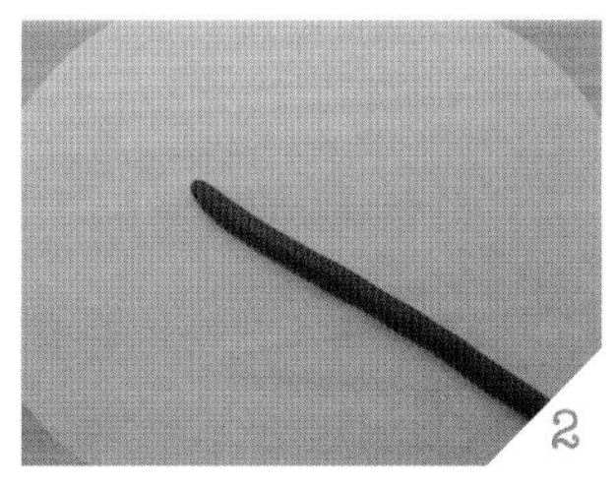

将咖啡色面团搓成约 10cm 的长条，当作棒子，放在馒头纸上备用。

糖果

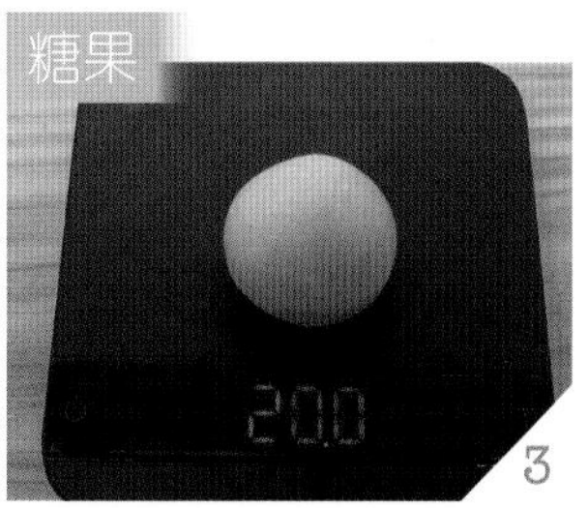

取紫色面团 20g，捏圆。

取白色面团 20g，捏圆。

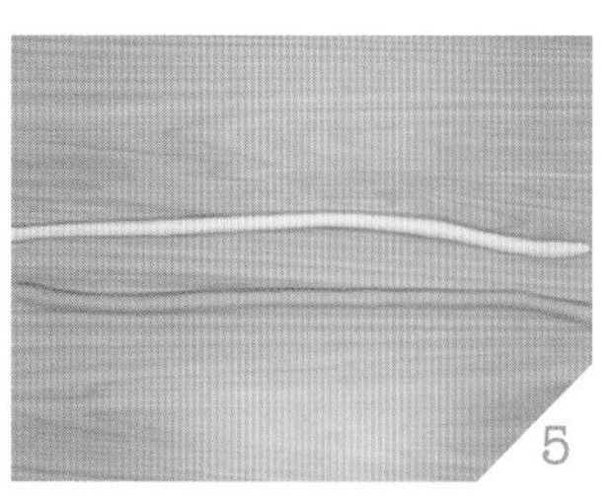

分别将紫色面团和白色面团搓成 35cm 的长条状。

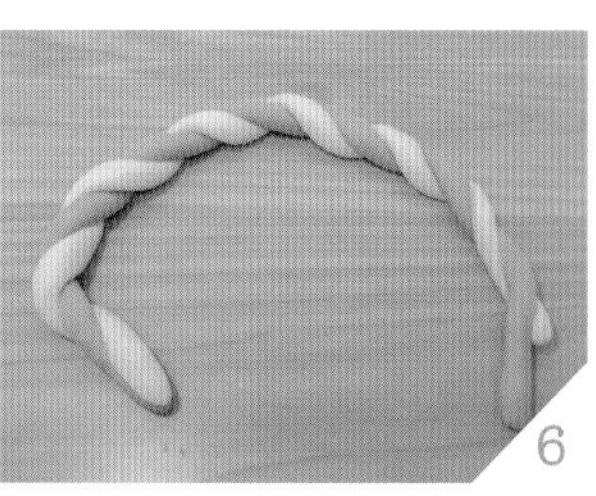

使两色长条相互交缠，成双色麻花卷。

将双色麻花卷围绕成圆形，组装到步骤 2 的棒子上方，并将尾部藏在底下。

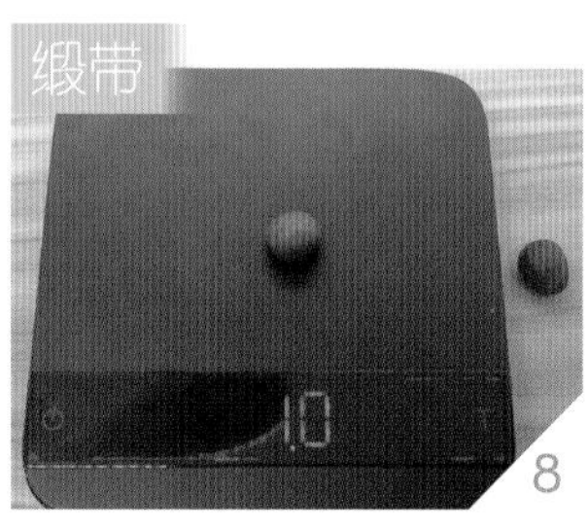

取红色面团 1g 共 2 个，捏圆。

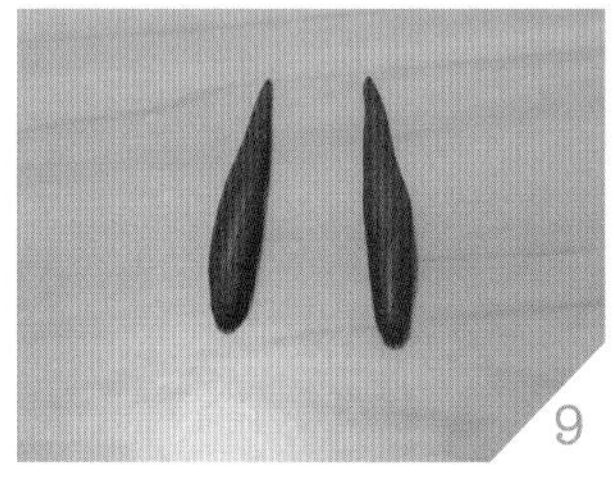

分别搓成长形水滴状。

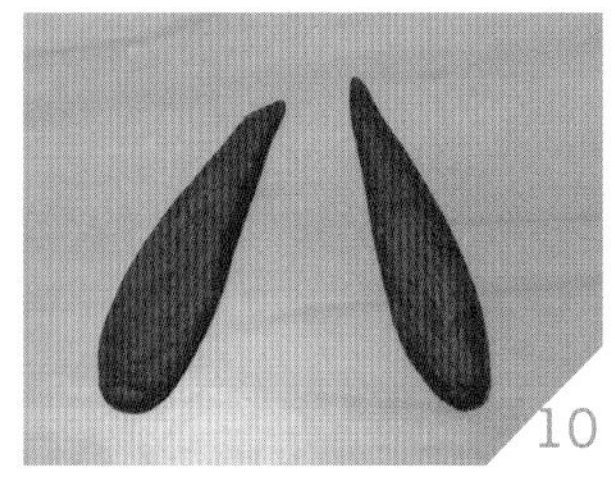

用手压扁。

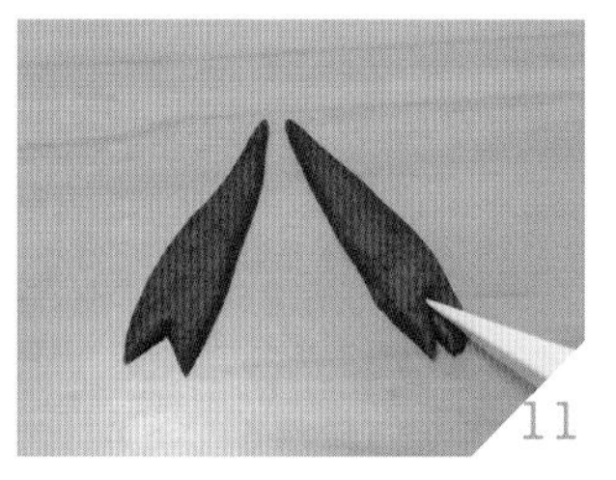

用工具分别在 2 个红色面团上切出三角形，成为缎带。

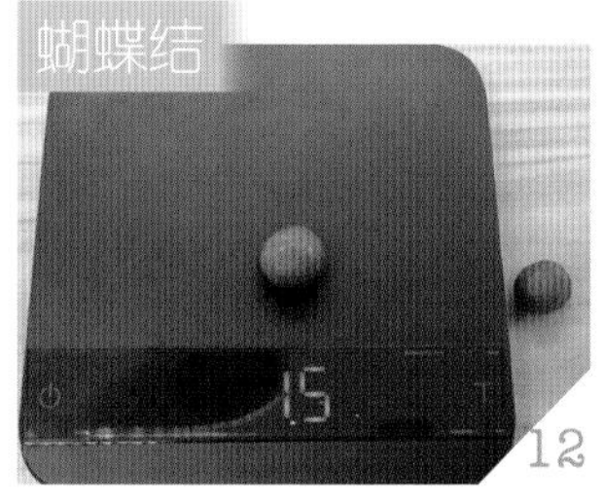

取红色面团 1.5g 共 2 个，分别捏圆。

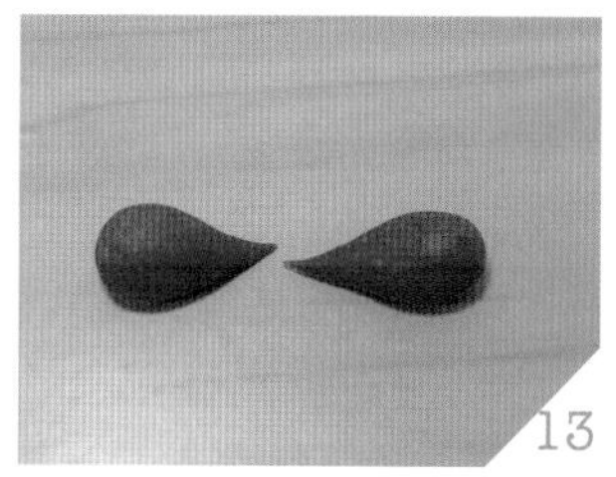

分别搓成水滴状。

用手压扁。

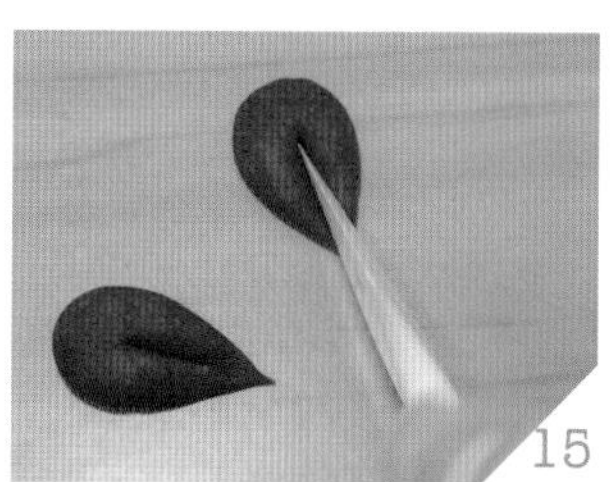

用工具分别在 2 个水滴状的尖端压出纹路。

将缎带和水滴蘸水贴在糖果与棒子之间。

取红色面团约黄豆大小。

再搓成长条状。

喷水贴在缎带与水滴的中心点。

用工具将中间的红色面团两端往内收，待发酵完成后，即可进行蒸制。

雨后的彩虹

数量：3 个

材料

中筋面粉 100g、牛奶 60g、酵母 1g、砂糖 12g、油 1g、色粉（红、黄、蓝、黑）适量

面团

白色 75g、粉红色 26g、黄色 24g、蓝色 24g、黑色 3g

工具

黏土（或翻糖）工具组、喷水瓶、12cm × 14cm 馒头纸、电子秤

做法

彩虹

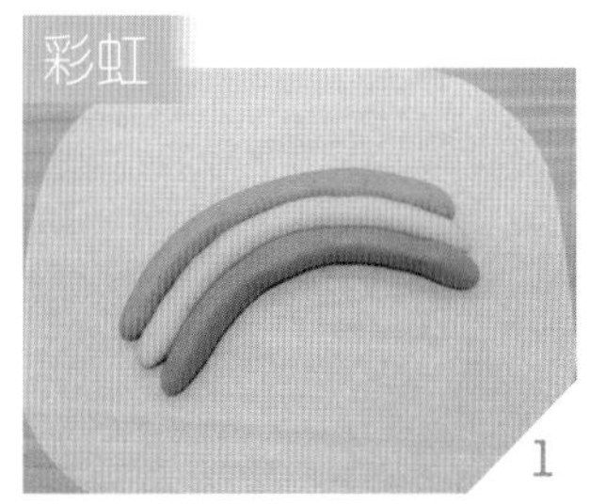

1 取粉红色、蓝色、黄色面团各 8g，捏圆后再搓成约 12cm 的长条，并以弧形并排，完成彩虹。

云朵

2 取白色面团 12.5g 共 2 个，分别捏圆。

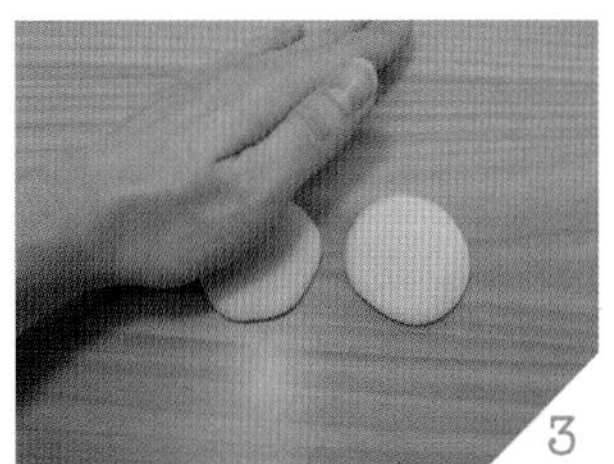

3 用手压扁。

4 用工具向中心点拉，雕出云朵形状。

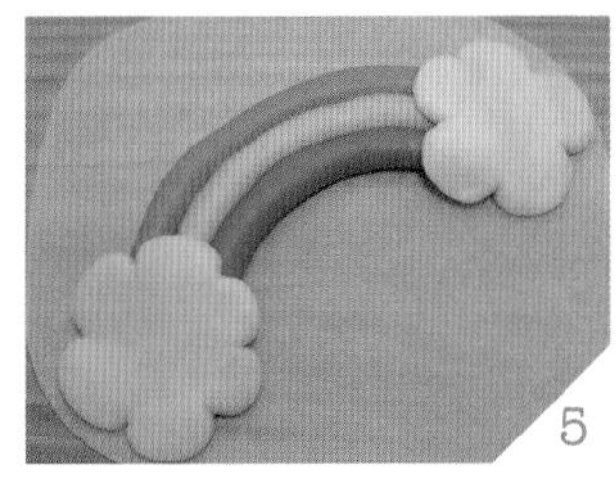

5 将云朵喷水贴在彩虹两侧。

五官

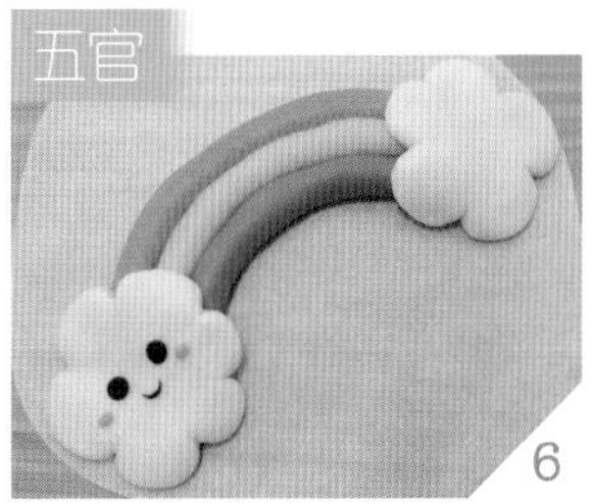

6 用黑色面团为云朵妆点五官，用适量的粉红色面团制作腮红，待发酵完成后，即可进行蒸制。

荷包蛋小姐

单个馒头说明图

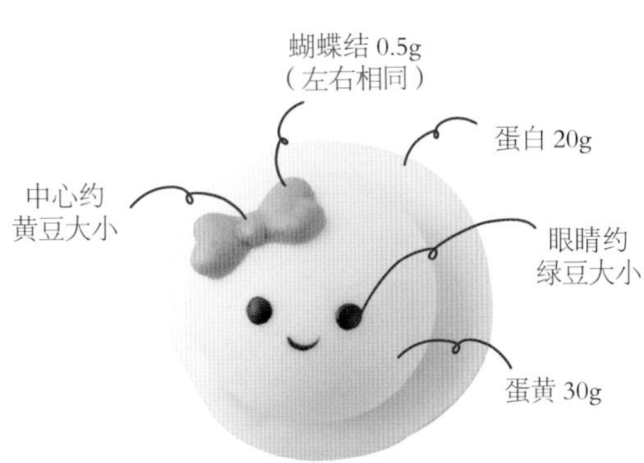

数量：3 个

材料

中筋面粉 100g、牛奶 60g、酵母 1g、砂糖 12g、油 1g、色粉（黄、黑、红）适量

面团

黄色 90g、白色 60g、黑色 3g、红色 5g

工具

黏土（或翻糖）工具组、喷水瓶、10cm × 10cm 馒头纸、电子秤、擀面杖

做法

取黄色面团 30g，滚圆，放在馒头纸上备用。

取白色面团 20g，捏圆。

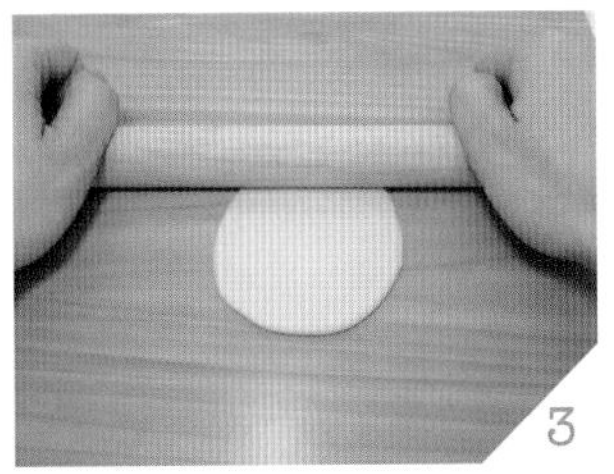

用擀面杖将白色面团擀平，形状不拘，大小以不超过 10cm × 10cm 馒头纸为原则。

将步骤 1 的黄色面团放在擀平的白面团上方，完成荷包蛋雏形。

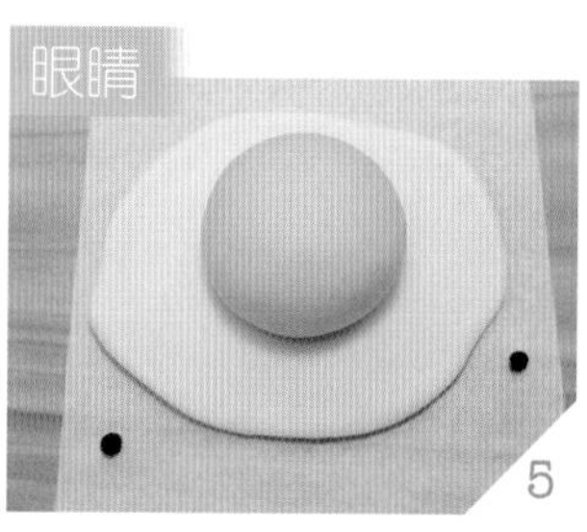

取黑色面团（约绿豆大小）2 个，搓圆。

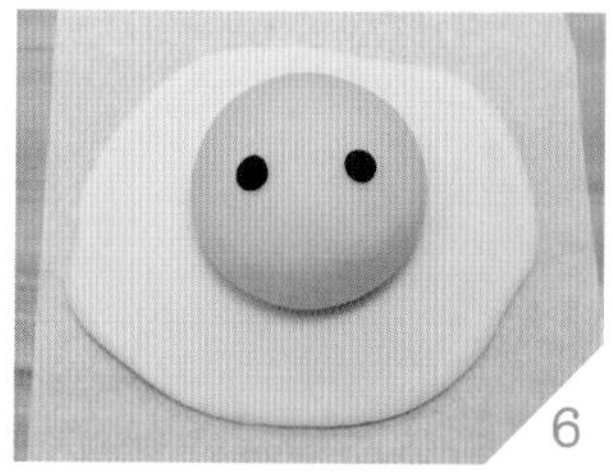

蘸水贴在蛋黄上，轻轻粘紧，完成眼睛。

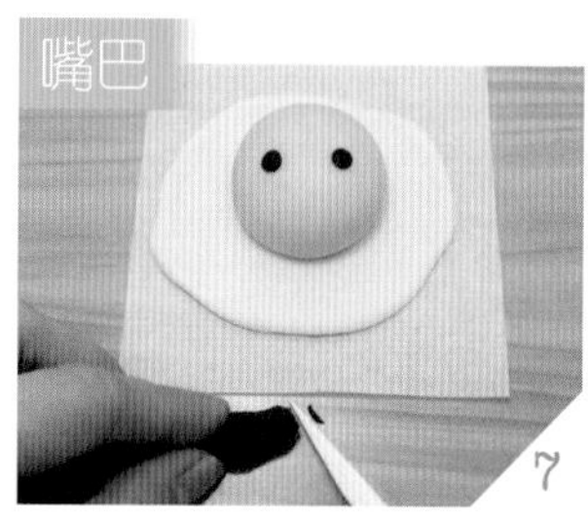

用工具切出小块黑色面团（约芝麻大小）。

搓成细线，蘸水贴在蛋黄上，并调整弧度，完成嘴巴。

取红色面团 0.5g 共 2 个，捏圆。

分别搓成水滴状。

用手压扁，成为扇形。

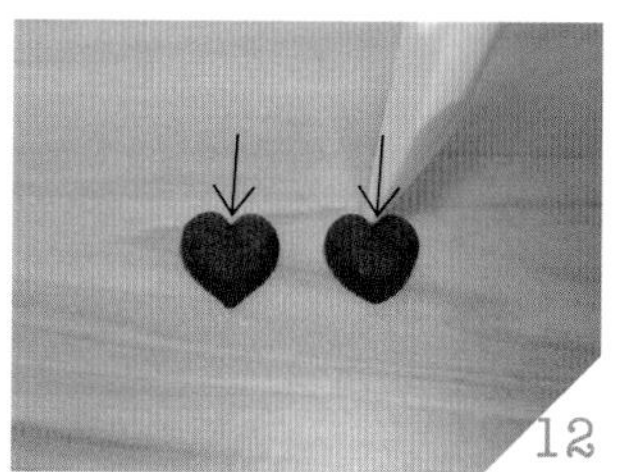

用工具将红色扇形从圆弧线的中心点往内拉，成为 2 个爱心。

将2个爱心喷水贴在五官上方，尖端需稍微重叠。

取红色面团（约黄豆大小），捏圆。

用手压扁。

将红色圆形面团蘸水贴在步骤13的爱心中央，待发酵完成后，即可进行蒸制。

提示 亲子篇的装饰都是自由的，还有更多装饰方式可参考第八章“学会小装饰，轻松变大师”，一起跟孩子做出更多不同变化的造型馒头吧！

花朵：P.161

帽子：P.163

蝴蝶结：P.165

围巾：P.166

晴天帅太阳

单个馒头说明图

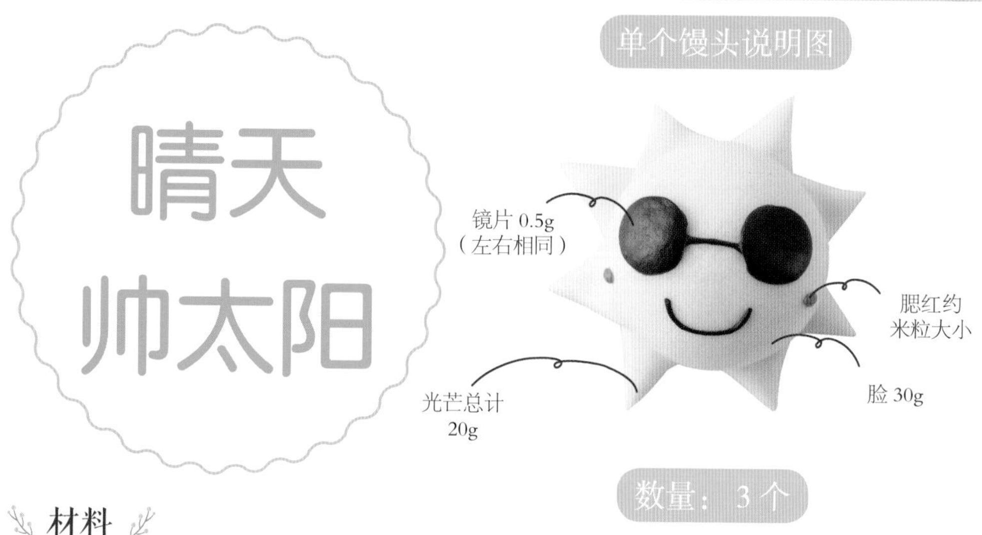

数量：3 个

材料

中筋面粉 100g、牛奶 60g、酵母 1g、砂糖 12g、油 1g、色粉（黄、黑、红）适量

面团

黄色 150g、黑色 5g、红色 1g

工具

黏土（或翻糖）工具组、喷水瓶、10cm×10cm 馒头纸、切面板、电子秤、擀面杖

做法

取黄色面团 30g，滚圆。

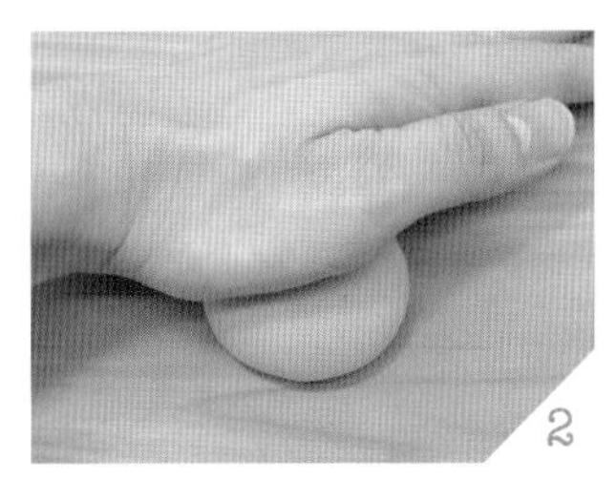

用手略微压扁。

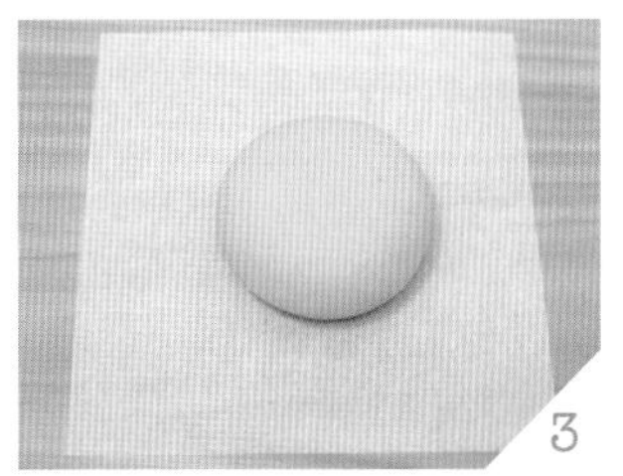

放在馒头纸上备用。

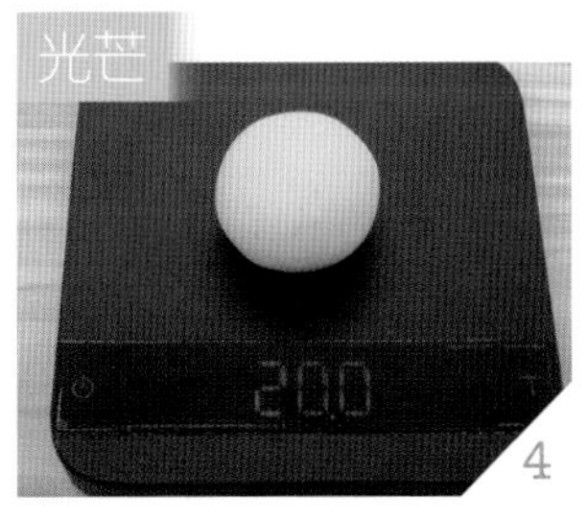

取黄色面团 20g，滚圆。

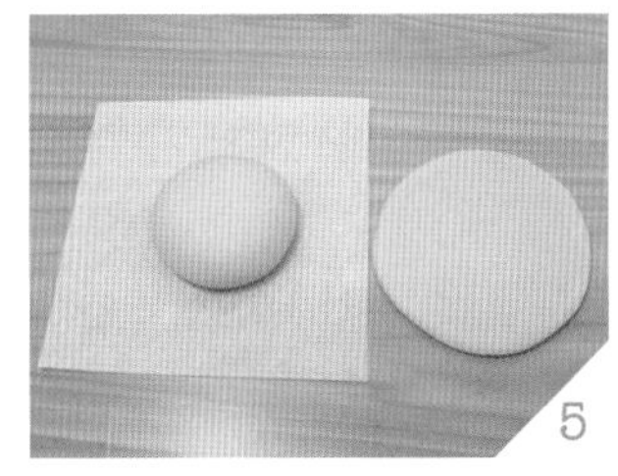

用擀面杖将黄色面团擀平，擀成直径约 8cm 的圆形。

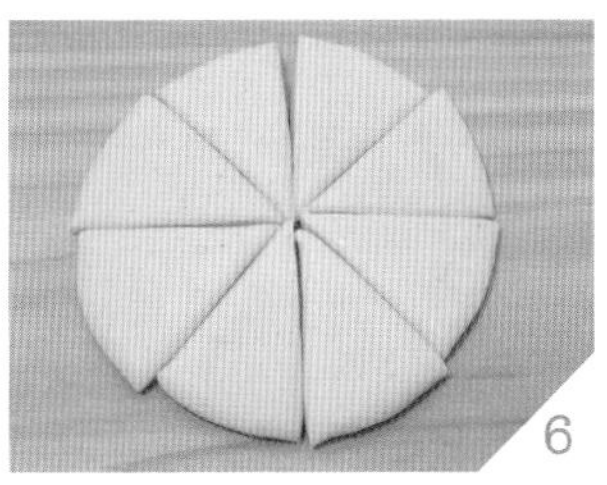

用切面板将擀平的黄色面皮切成 8 个等份的扇形。

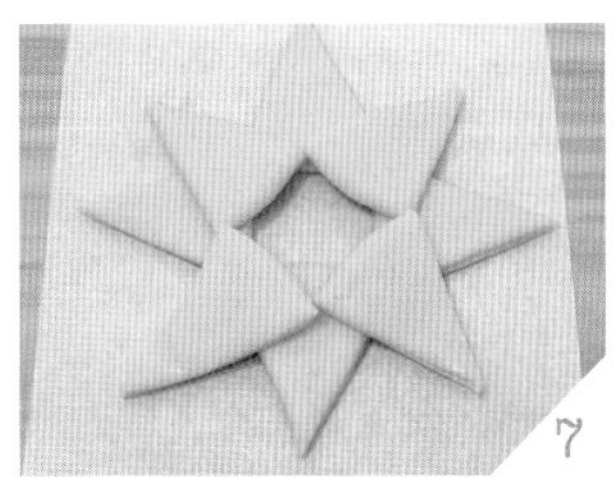

将 8 个等份的扇形尖端朝外，等距排列成一圆圈。

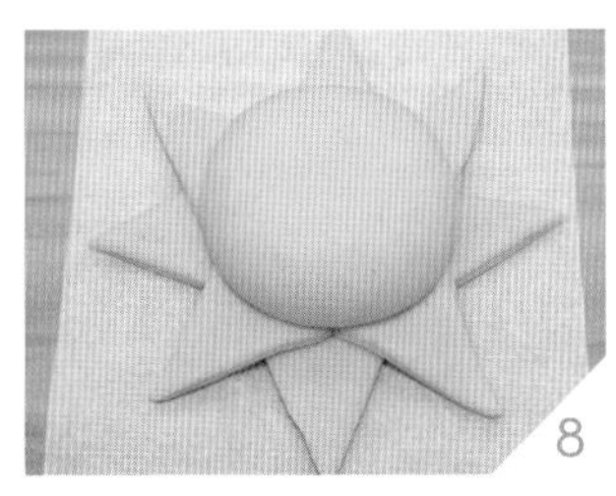

把步骤 3 完成的黄色面团放在中央，完成光芒。

取黑色面团，并将尾端搓成细线。

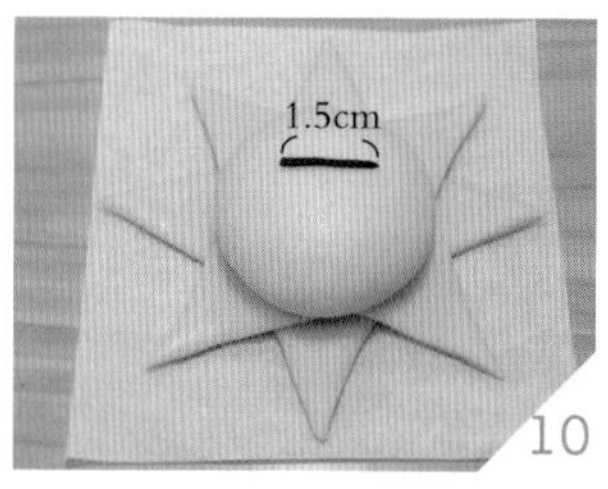

用工具取长度约 1.5cm 的黑色细线蘸水贴上，当作眼镜架。

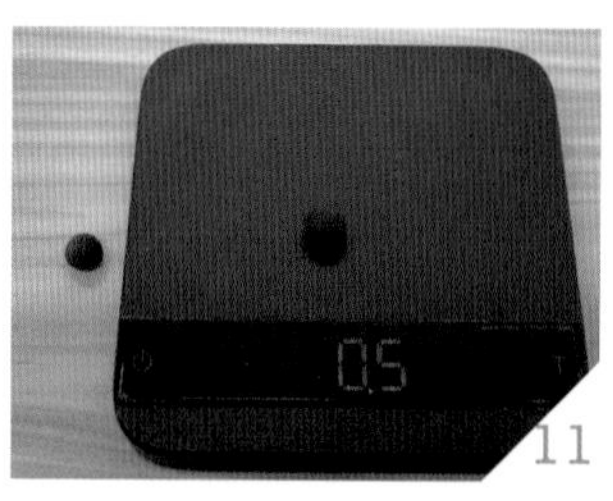

取黑色面团 0.5g 共 2 个，捏圆。

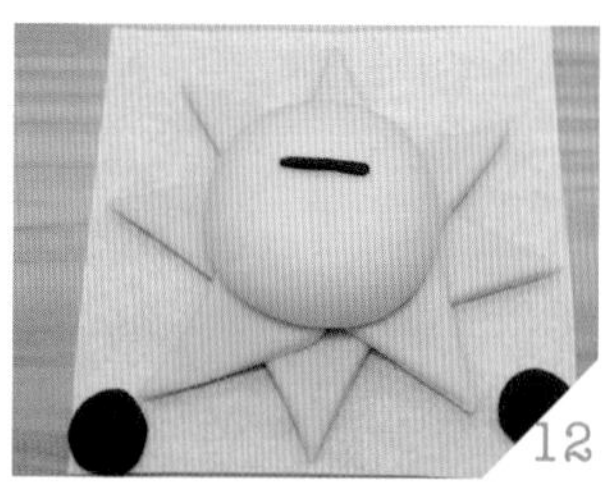

将 2 个黑面团压扁。

在步骤 10 的线段两旁喷薄水，将 2 个黑面团贴上，完成墨镜。

取剩下的黑色面团，再将尾端搓成细线。

用工具取约 2cm 细线，在黄面团上喷薄水，贴上细线，完成嘴巴。

取红色面团（约米粒大小）2 个，搓圆。

蘸薄水贴在脸的两侧，待发酵完成后，即可进行蒸制。

第四章

Chapter 4

缤纷节日少不了你

不管是喜气洋洋的春节，
还是小孩子喜爱的圣诞节，
都少不了造型馒头的陪伴！
让财神爷、雪人、圣诞老人、花环，
一起陪你度过最欢乐的节日吧！

纳福招财猫

单个馒头说明图

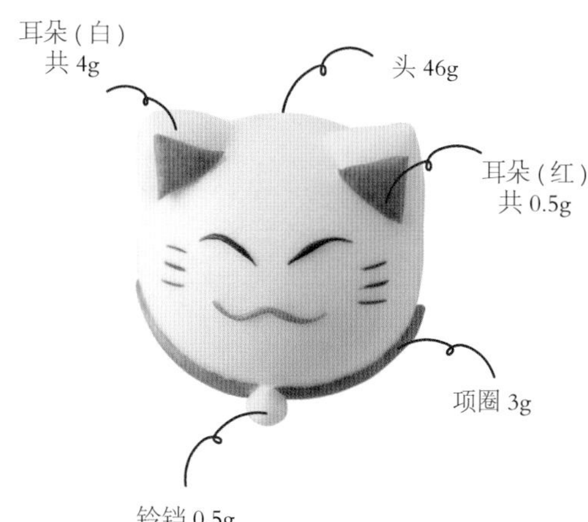

数量：3 个

材料

中筋面粉 110g、牛奶 66g、酵母 1.1g、砂糖 13.2g、油 1g、色粉（红、黑、黄）适量

面团

白色 150g、红色 12g、黑色 3g、黄色 2g

工具

黏土（或翻糖）工具组、喷水瓶、10cm×10cm 馒头纸、电子秤

做法

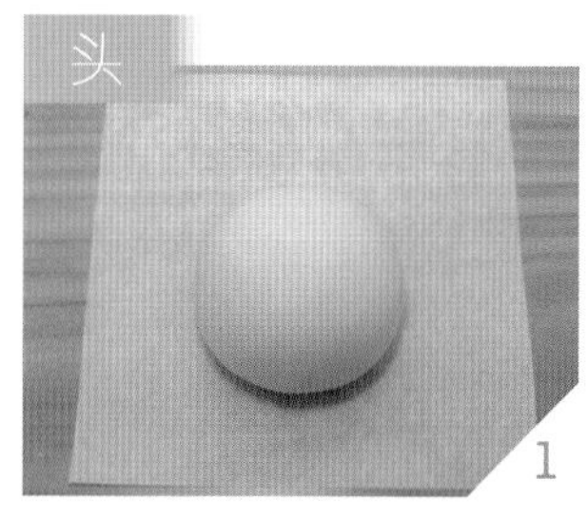

取白色面团 46g，滚圆，放在馒头纸上备用。

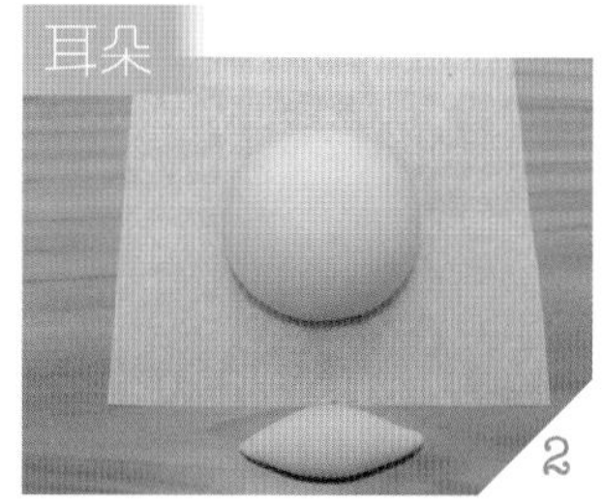

取白色面团 4g，捏圆，并搓成纺锤状，长度约 3cm。

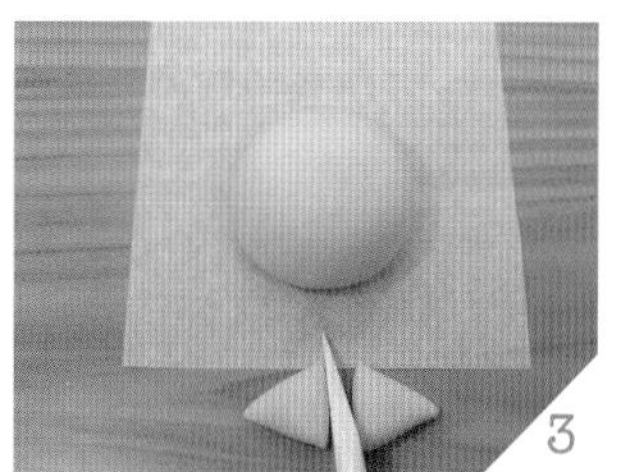

用工具将其从中间切开，形成 2 个三角锥。

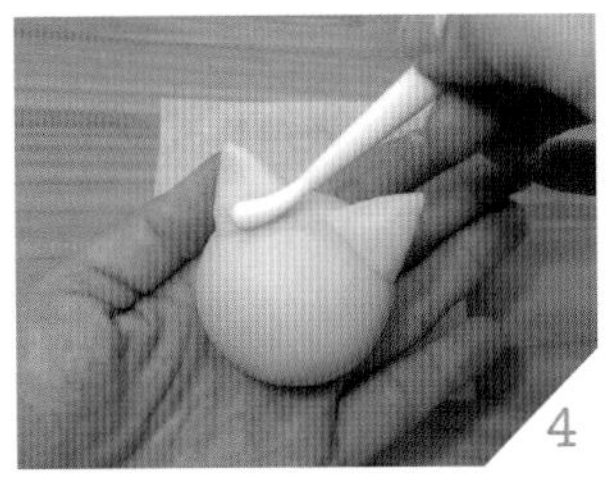

蘸水贴在头部上方，交接处用圆头工具沿边压实，粘紧。

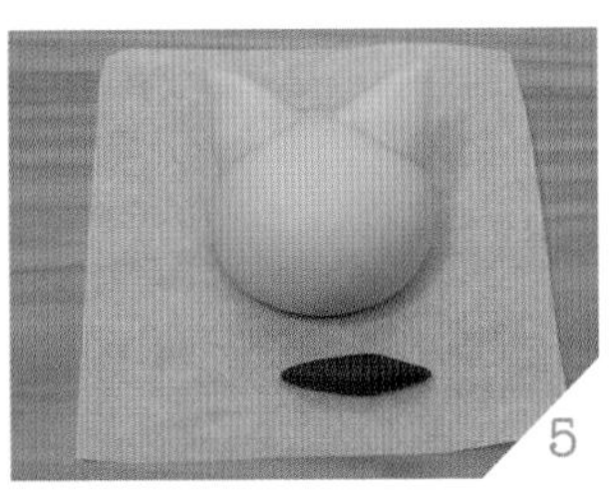

取红色面团 0.5g，搓成纺锤状，长度约 3cm。

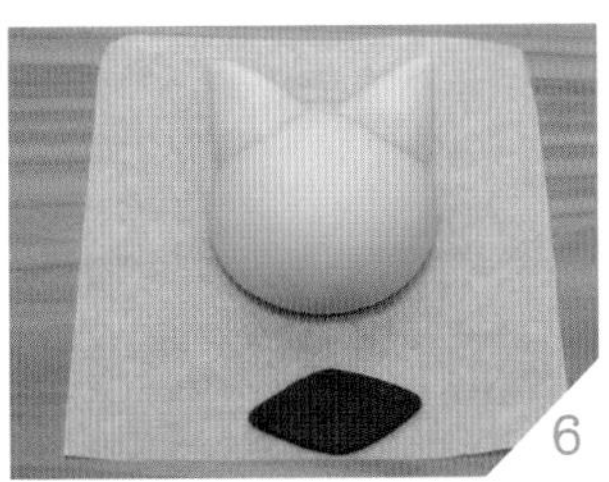

用手压扁，形成菱形。

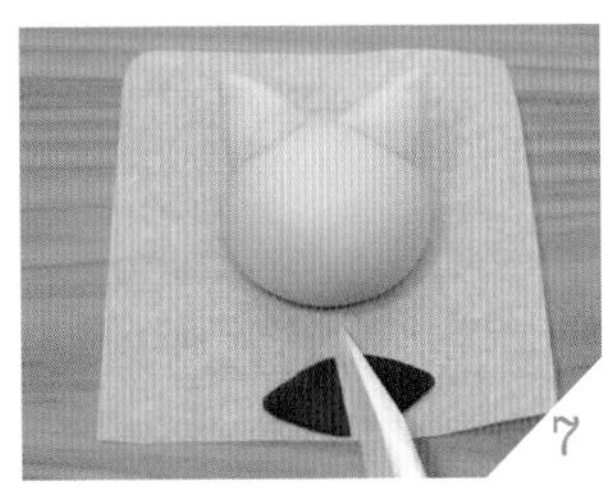

用工具将红色菱形从中间切开，形成 2 个三角形。

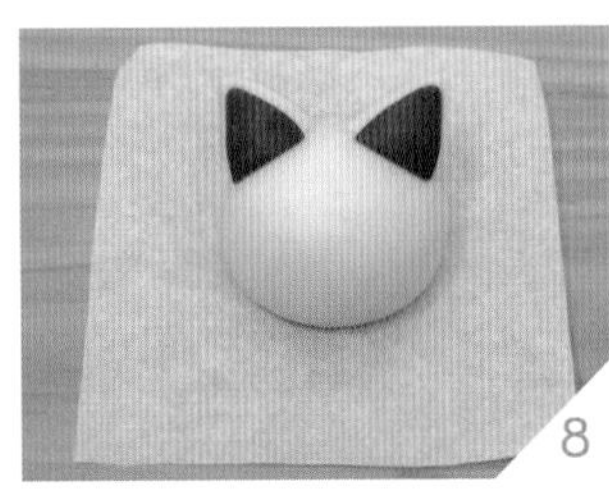

在步骤 5 的白色三角形上喷水，将红色三角形贴上，完成耳朵。

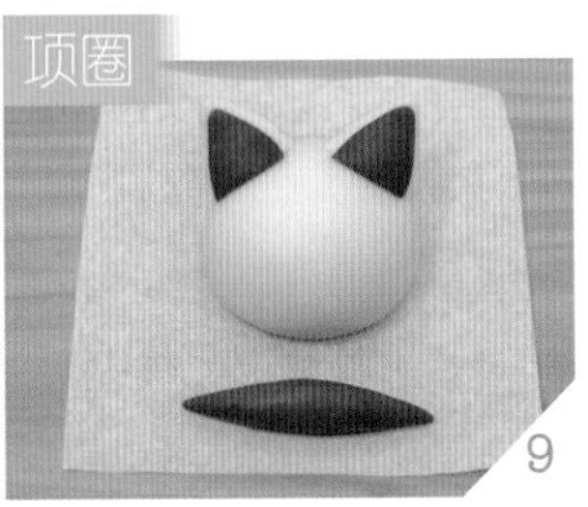

取红色面团 3g，搓成纺锤状，长度约 5cm。

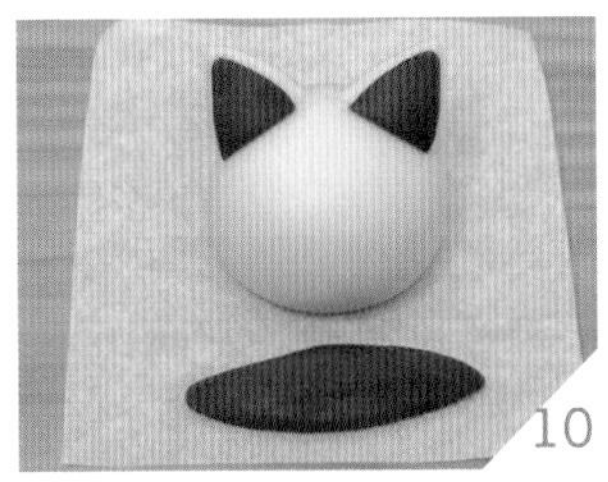

用手压扁，形成菱形。

白色面团底部喷薄水，将红色菱形贴上，完成项圈。

取黄色面团 0.5g，捏圆，蘸水贴在项圈中心点。

用工具切黑色面团（比芝麻略大）共 2 个。

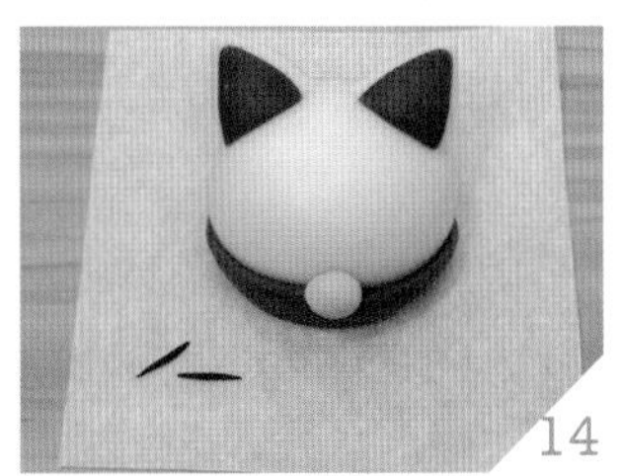

分别搓成细线。

在头部喷薄水，用工具将细线贴上并调整弧度。

取红色面团（约米粒大小）。

搓成细线，约 2cm。

在头部喷薄水，用工具将细线贴上并调整弧度。

用工具切黑色面团（约芝麻大小）6 个。

分别搓成细线。

在头部喷薄水，用工具将细线贴在两侧，待发酵完成后，即可进行蒸制。

財
財

欢喜财神爷

单个馒头说明图

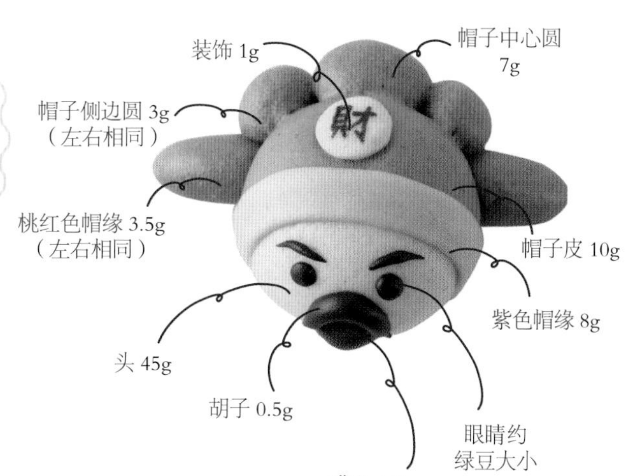

数量：3 个

材料

中筋面粉 160g、牛奶 96g、酵母 1.6g、砂糖 19.2g、油 1g、色粉（黄、红、紫、黑）适量

面团

肤色 135g、桃红色 90g、紫色 24g、黄色 3g、黑色 3g、红色 3g

工具

黏土（或翻糖）工具组、剪刀、小剪刀（或牙签）、喷水瓶、12cm × 14cm 馒头纸、圆形切模、切面板、电子秤、擀面杖、水彩笔、竹炭粉

做法

头部

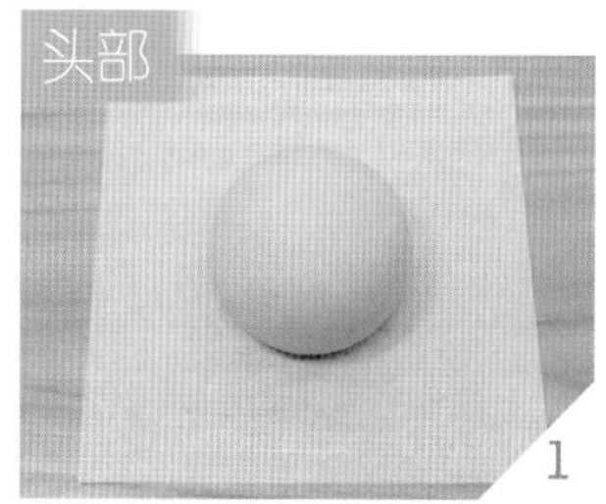

取肤色面团 45g，滚圆，放在馒头纸上备用。

帽子

取桃红色面团 10g，搓长至 8cm。

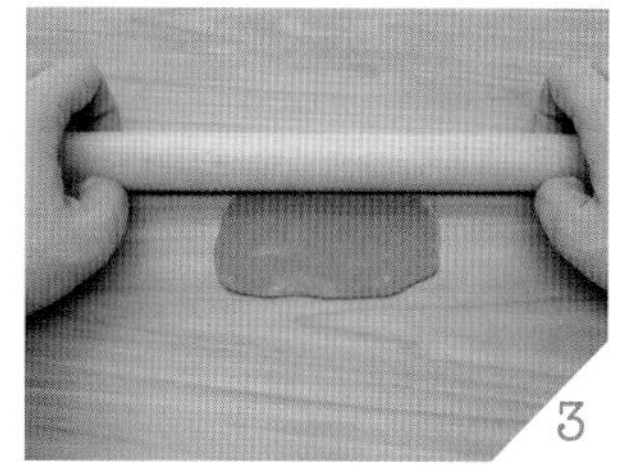

将面团横放，擀成厚薄一致，长约 10cm、宽约 5cm 的长方形。

提示 肤色就是很淡的橘色，可用一点点红色加一点点黄色调出。

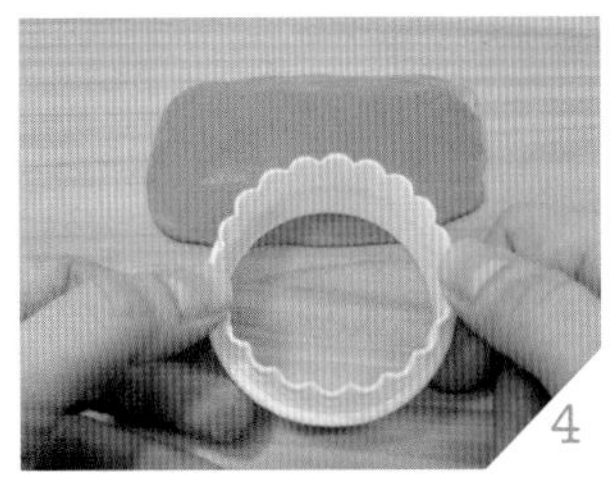

用圆形切模将面皮底部裁出弧线。

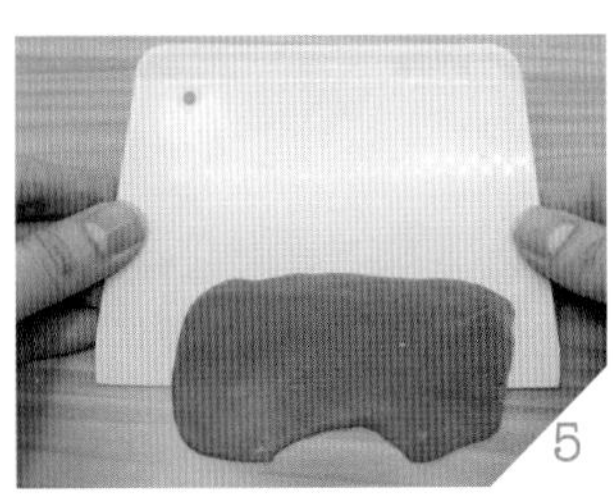

用切面板从上方不规则的长边慢慢挑起。

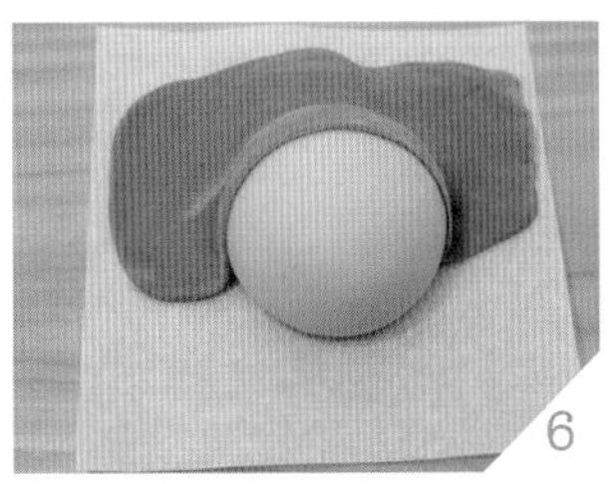

在头部上方喷薄薄的水，将桃红色面皮贴上。

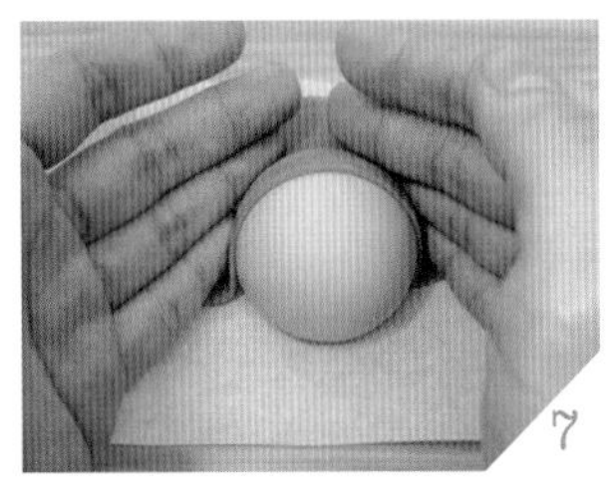

用手把桃红色面皮从头部中间慢慢往外围轻轻按压粘贴，并将面皮顺平。

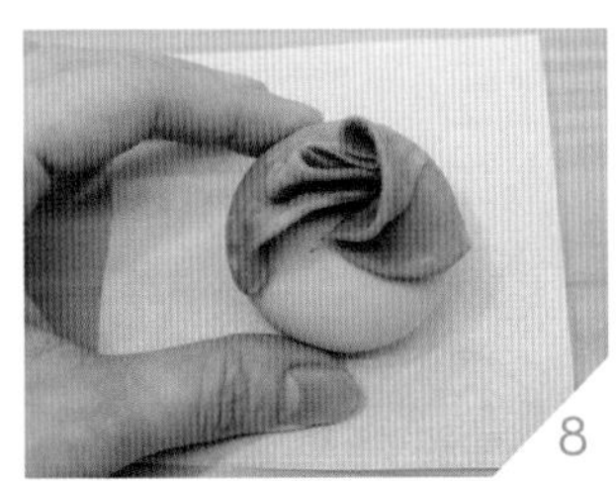

将头部翻转，并将桃红色面皮贴到头的底部。

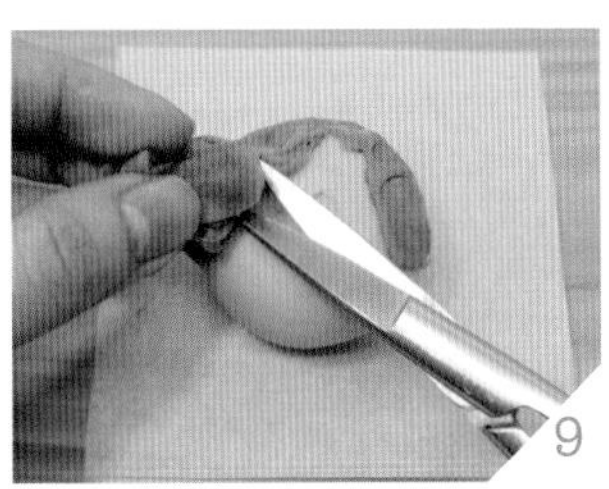

用剪刀把多余的桃红色面皮剪掉，头底要平顺，馒头才不会倾斜。

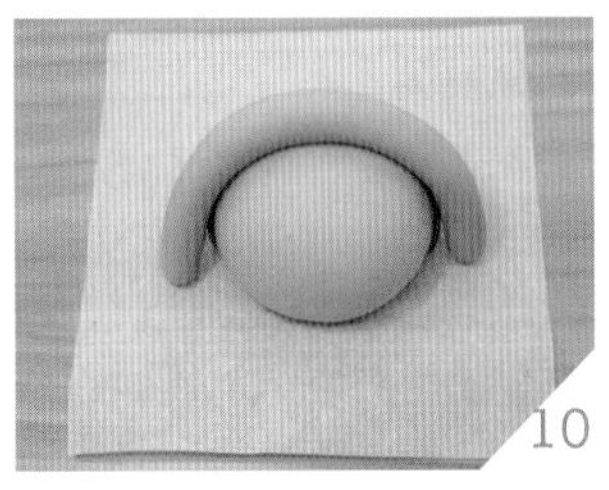

取紫色面团 8g，搓长，长度约可围绕桃红色面皮边缘即可。

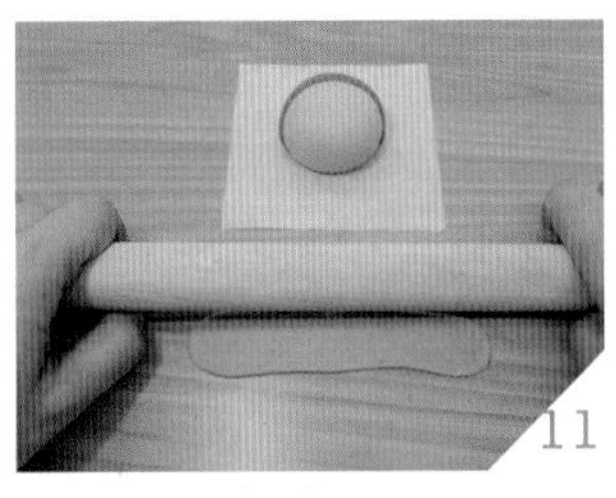

用擀面杖擀平。

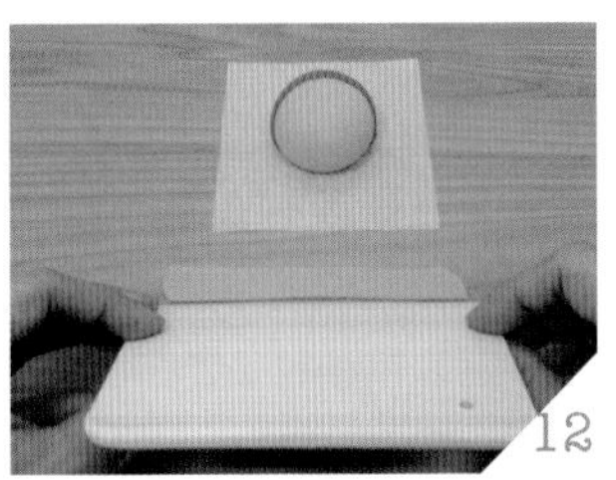

用切面板切边，切成宽度 1cm 的紫色长条状。

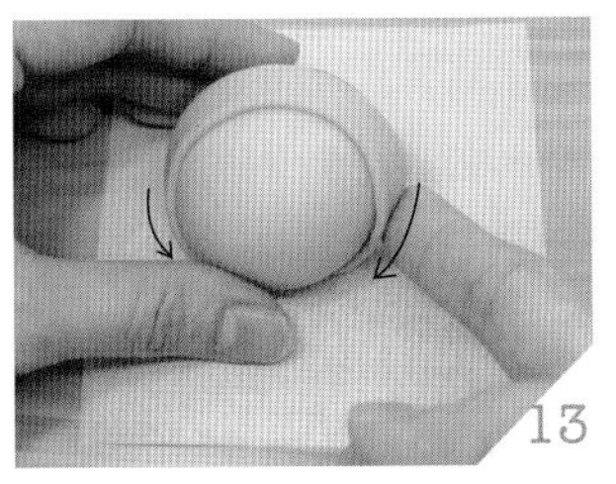

用喷水瓶在头部喷水，把紫色长条贴上，超出的部分轻轻往头底下收。

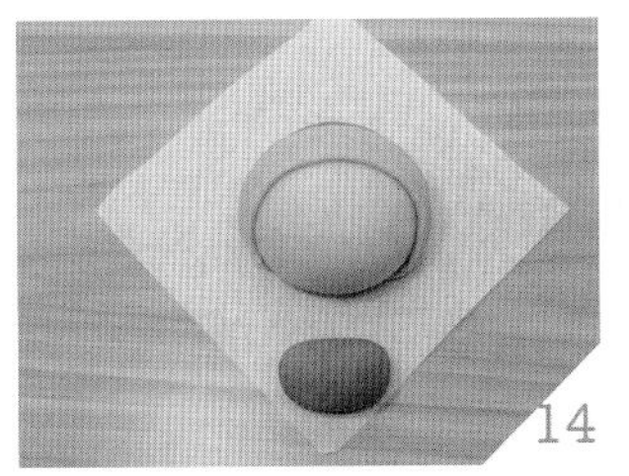

取桃红色面团 7g，捏成椭圆形，长度约 3cm。

蘸水贴在头部上方。

取桃红色面团 3g 共 2 个，分别捏圆后，贴在步骤 15 的两侧。

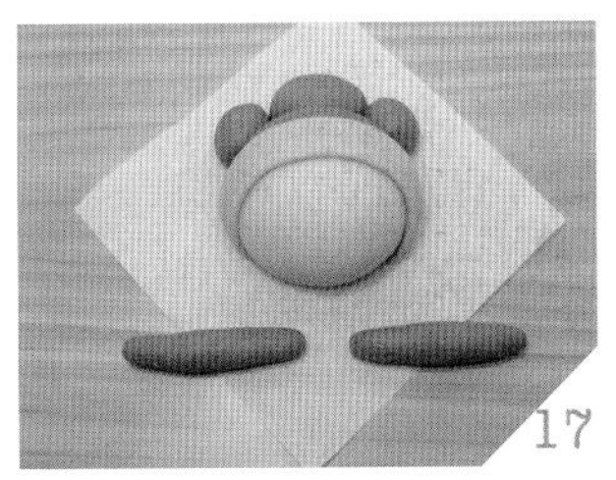

取桃红色面团 3.5g 共 2 个，搓成长条，长度约 5cm。

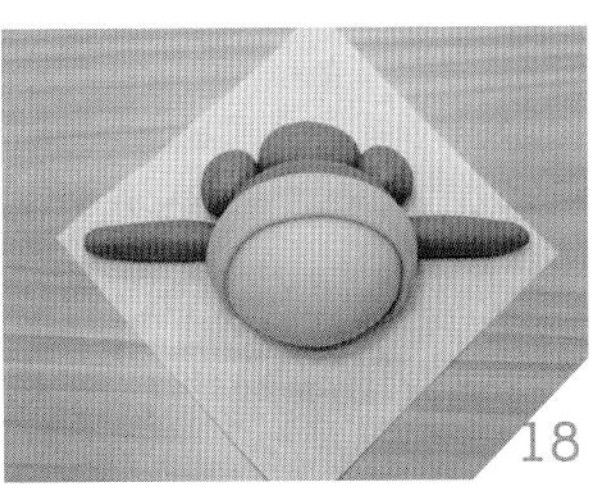

压在头部下方两侧。

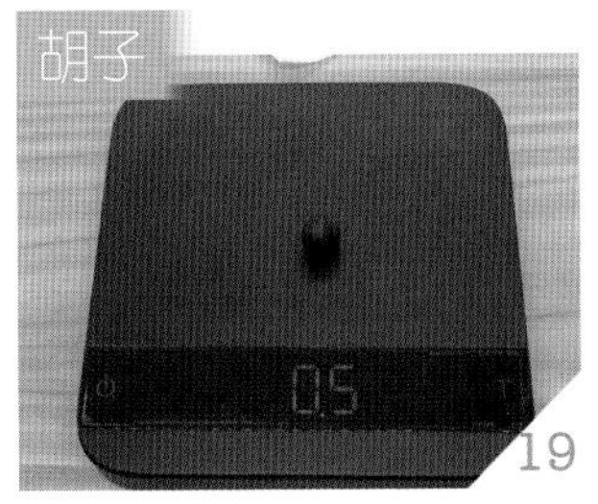

取黑色面团 0.5g，捏圆。

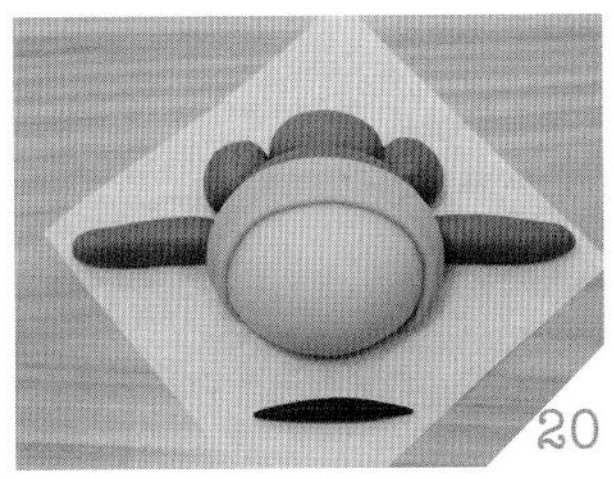

搓成纺锤状，长约 4cm。

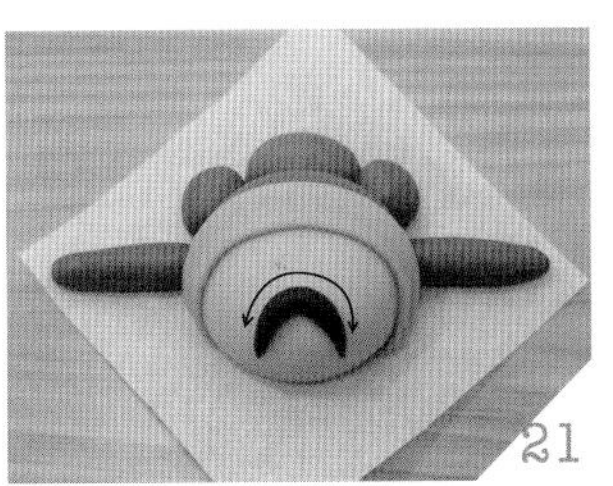

将黑色纺锤状面团蘸水贴在脸上，做出向下弧度。

取 1g 红色面团。

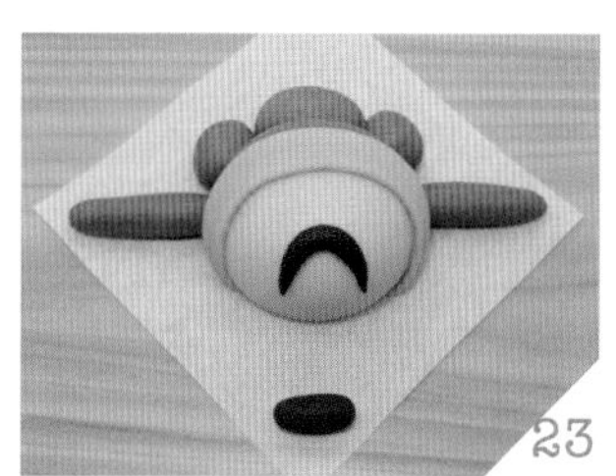

搓成椭圆形。

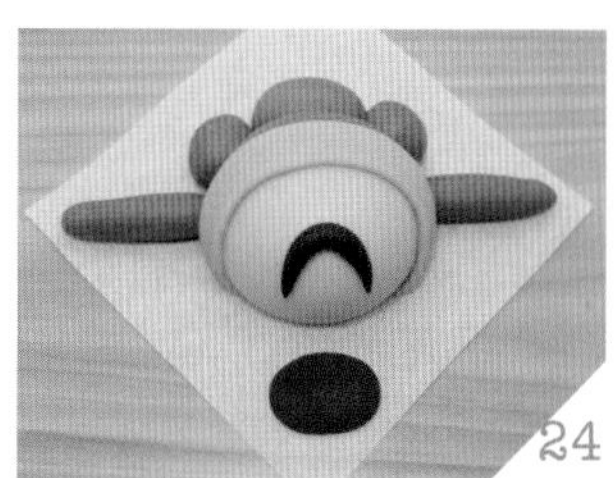

用手压扁。

用工具将红色椭圆形切半，并取其中一个贴在胡子下方，完成嘴巴。

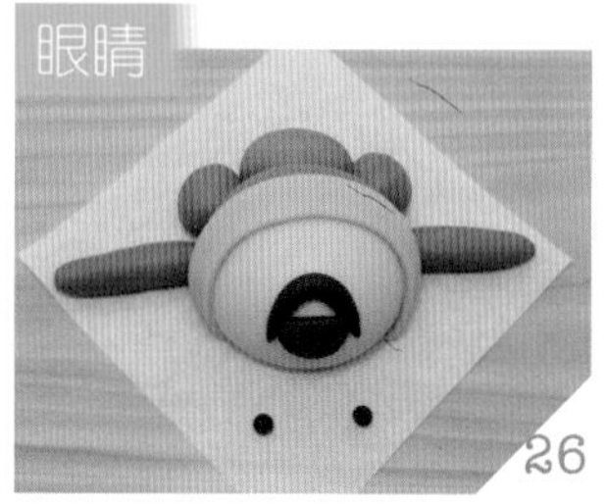

取黑色面团（约绿豆大小）共 2 个，分别搓圆。

用手压扁。

蘸水贴在脸部，完成眼睛。

用工具切黑面团（约米粒大小）2 个。

搓成细线。

将细线蘸水粘在眼睛上方，并调整弧度完成眉毛。

装饰

取黄色面团 1g，捏圆并压扁，直径约 2cm。

将竹炭粉加水调和，用水彩笔蘸调好的竹炭水，写上“财”字。

将黄色圆形面团蘸薄水贴在帽子上，待发酵完成后，即可进行蒸制。

完成品侧面图

福
福

福气满满袋

单个馒头说明图

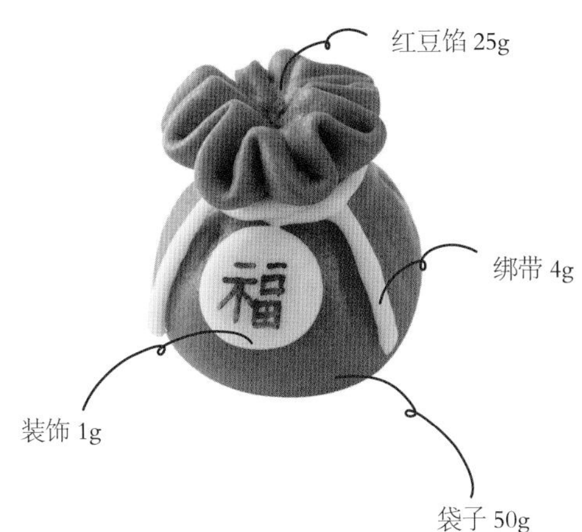

数量：3 个

材料

中筋面粉 100g、牛奶 55g、酵母 1g、砂糖 12g、油 1g、色粉（红、黄、黑）适量、红豆馅 75g

工具

喷水瓶、10cm×10cm 馒头纸、缎带 1 条（长度约 12cm，塑形用）、电子秤、擀面杖、水彩笔、竹炭粉

面团

红色 150g、黄色 15g

做法

袋子

取红色面团 50g，滚圆。

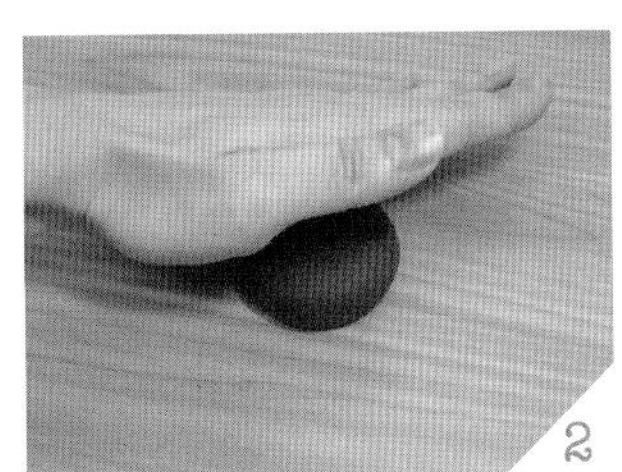

用手压扁。

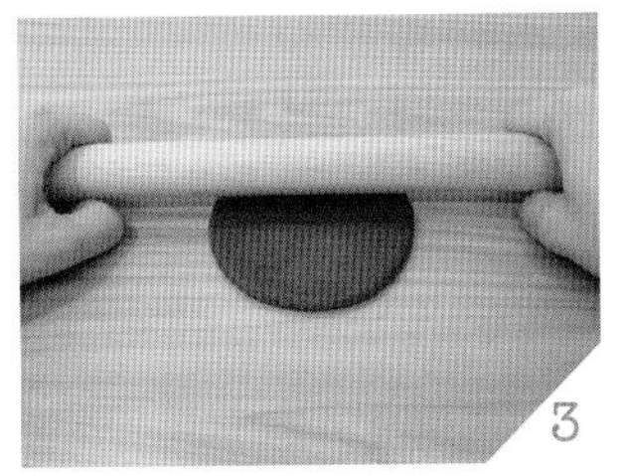

用擀面杖将面团略微擀平。

提示 福袋的面团可比其他造型的面团稍微硬一些（水加少一点儿），蒸熟后较挺立。

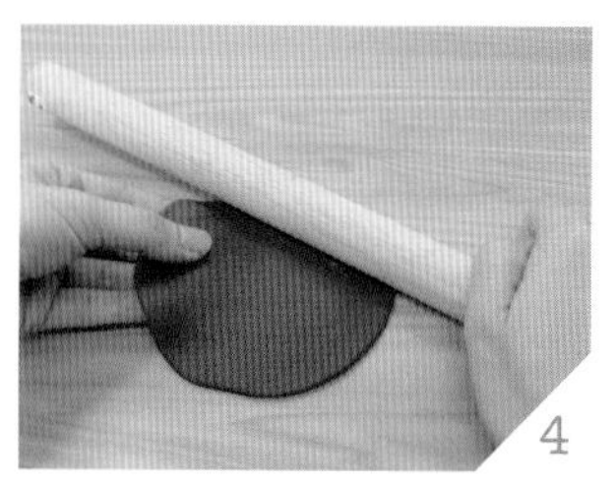

左手抓着面皮，右手用擀面杖擀面，擀面时，左手要不时将红色面皮朝同一方向旋转，擀成直径 11cm 的圆形面皮，擀好的面皮，中间较厚，周围较薄。

检视红色面皮，将比较光滑漂亮的面朝下， 将面皮的边缘抹上一点儿薄薄的面粉。

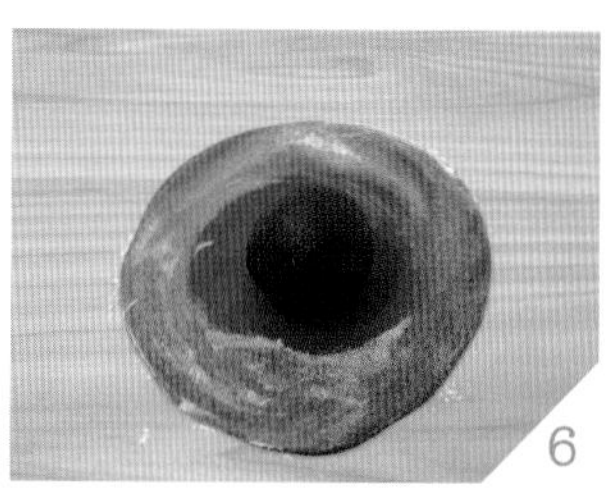

取红豆馅 25g 放入红色面皮正中央。

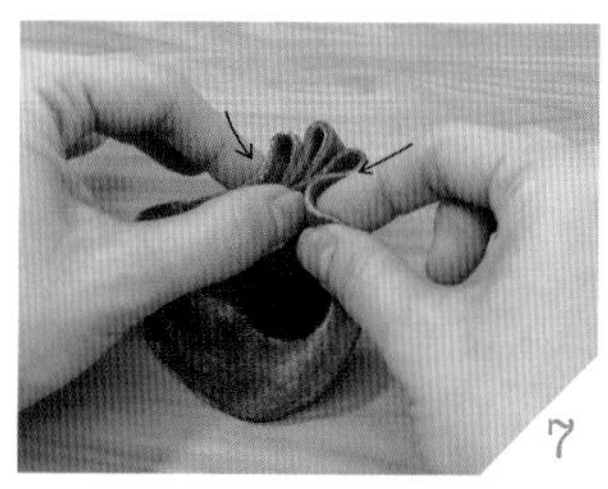

左手将红色面皮拉到红豆馅上方的中心点固定，右手将面皮慢慢往中心点收，捏出折痕。

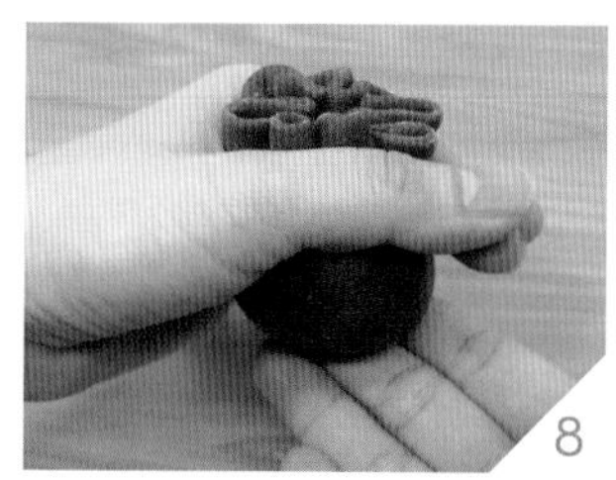

用虎口在折痕下缘处稍微缩紧。

用缎带在折痕下缘处缩口定形，定形后即可拆除。

提示

1.面皮周围抹少许面粉，包馅后折痕才不会全部粘在一起。
2.缎带只是辅助缩口的工具，不需要绑在馒头上，用虎口缩口也可以，但手指比缎带粗，较难操作。

缎带

取黄色面团4g，搓成线状，长度约30cm。

将黄色线段蘸水绑住福袋。

装饰

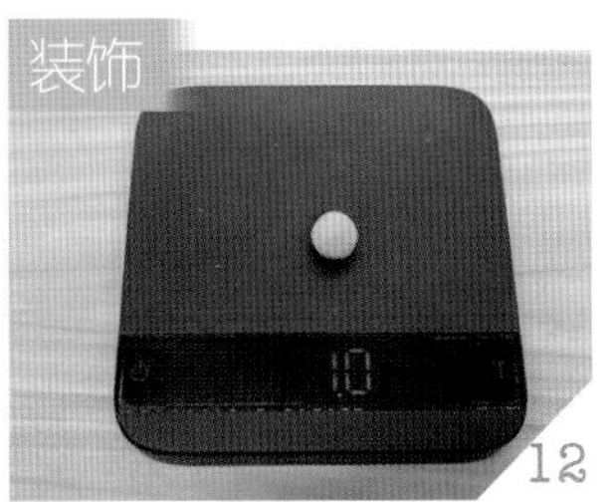

取黄色面团1g，捏圆。

用手压扁。

将竹炭粉加水调和，用水彩笔蘸竹炭水在黄色面团上写上“福”字。

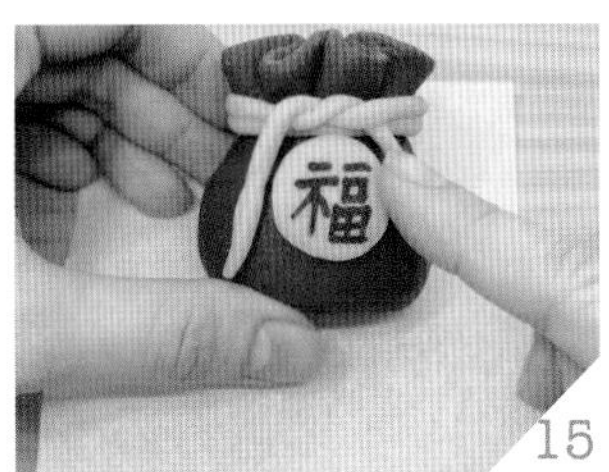

喷薄水贴在福袋上，待发酵完成后，即可进行蒸制。

内馅小步骤

1. 可购买市售的“乌豆沙”或是“硬红豆”这类水分较少的馅料，蒸熟后形状较挺立，也可依个人喜好变化口味。
2. 使用前先将内馅25g搓成圆球状后冷冻，冰硬后较好包入。

红鼻子驯鹿

单个馒头说明图

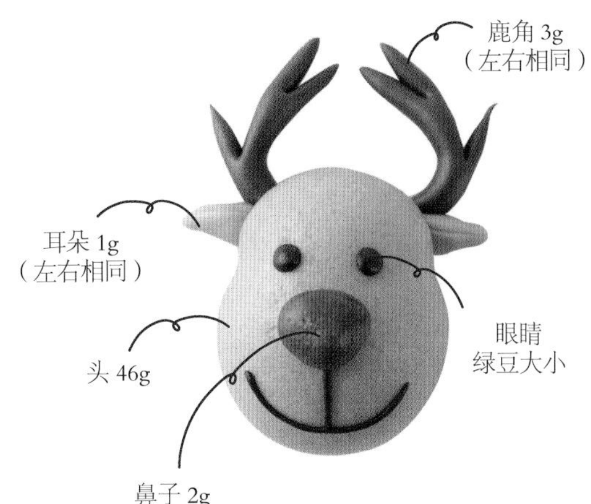

数量：3 个

材料

中筋面粉 110g、牛奶 66g、酵母 1.1g、砂糖 13.2g、油 1g、色粉（咖啡、红、黑）适量

面团

浅咖啡色 144g、深咖啡色 18g、红色 6g、黑色 5g

工具

黏土（或翻糖）工具组、喷水瓶、10cm×10cm 馒头纸、电子秤、筷子

做法

头部

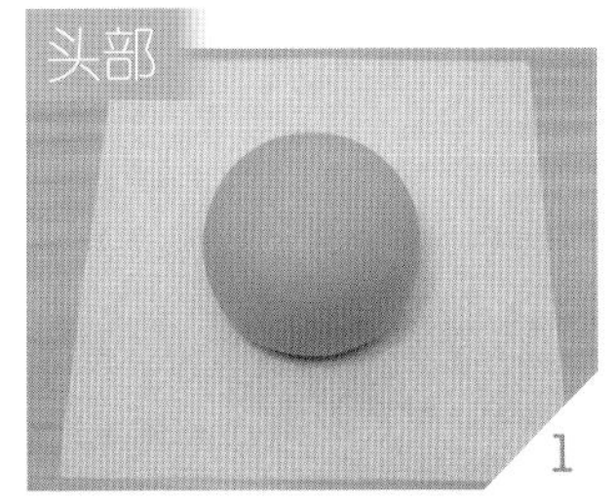

取浅咖啡色面团 46g，仔细滚圆。

将面团搓成椭圆形，放在馒头纸上。

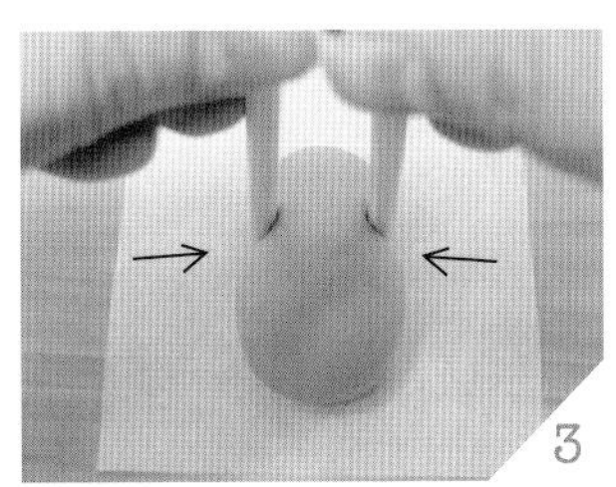

用筷子夹住面团，使其成为葫芦状，完成头部。

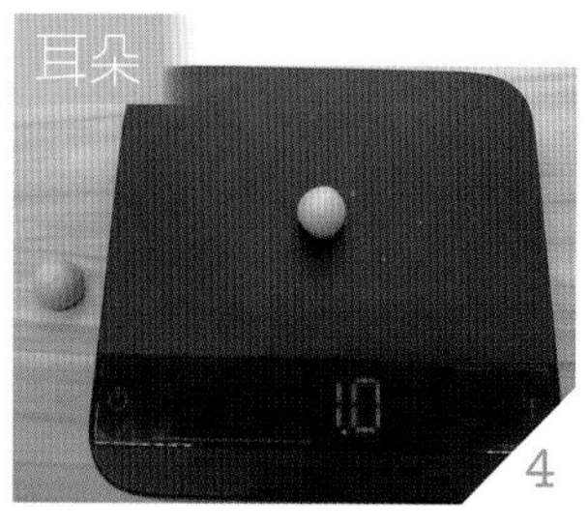

取浅咖啡色面团 1g 共 2 个，捏圆。

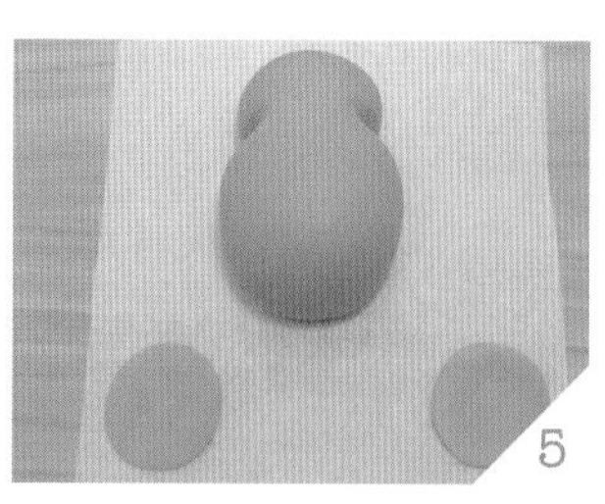

用手压扁，压成直径约 2.2cm 的圆形。

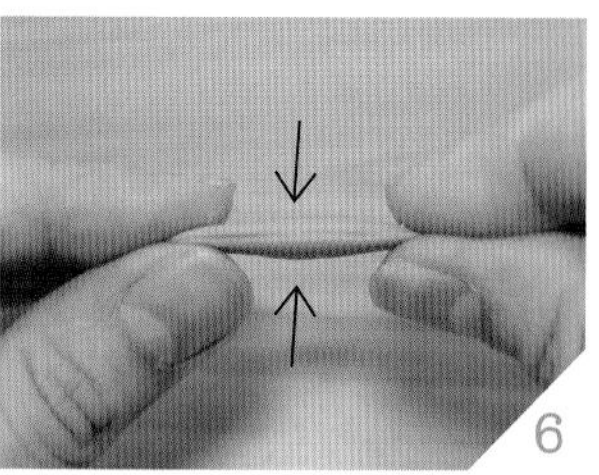

将浅咖啡色圆形面团分别往中间对折，两边捏紧并拉长至 3cm。

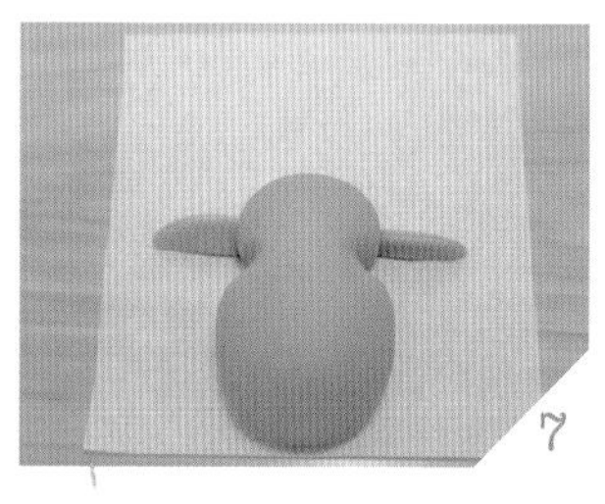

压在头部两侧底下，折口面朝上，完成耳朵。

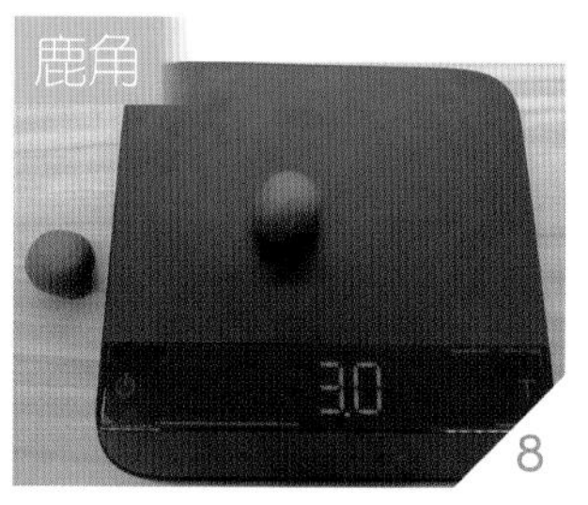

取深咖啡色面团 3g 共 2 个。

搓成长条状，长约 8cm。

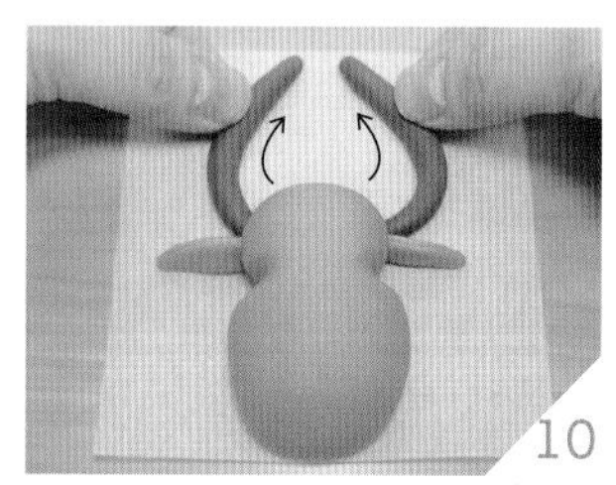

将深咖啡色长条压在头部下面，用手调整弯曲的弧度。

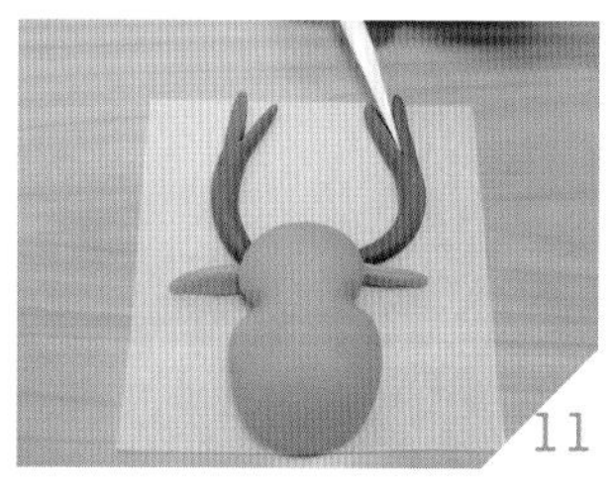

用工具将顶端切半。

切出分支，完成鹿角。

取黑色面团，并将其尾端搓成细线。

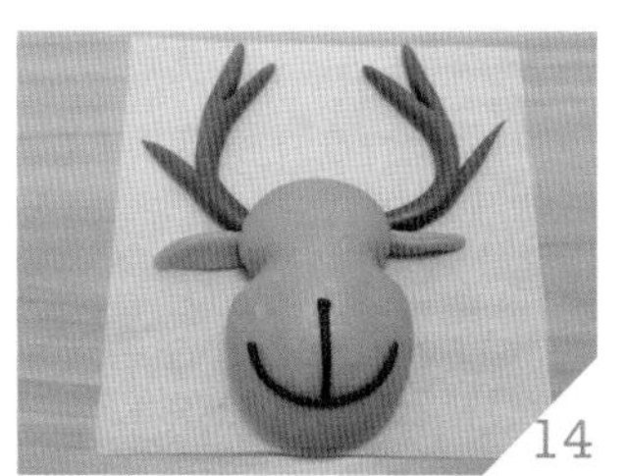

在头部喷薄水，取适当长度的黑色线条组合成嘴巴形状并贴上。

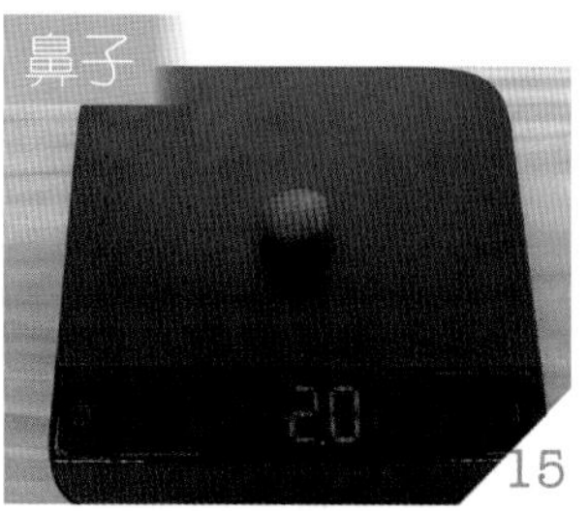

取红色面团 2g，捏圆。

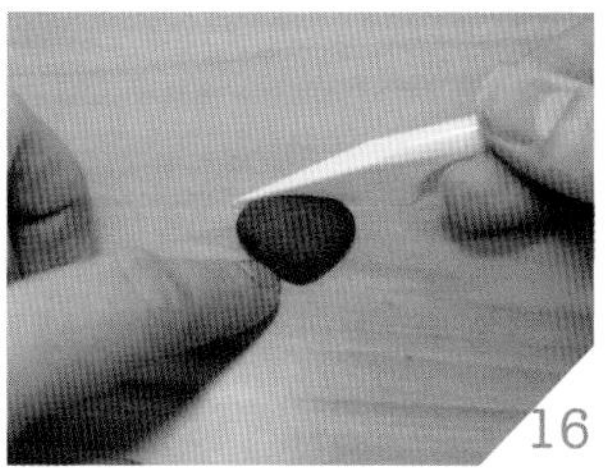

在桌上略为压扁，并用工具调整成倒三角形。

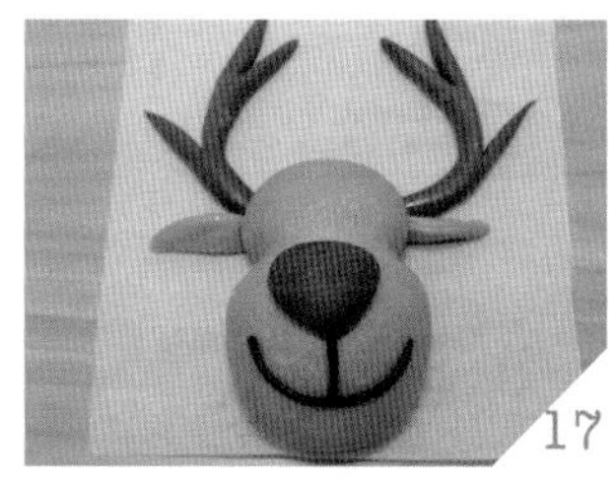

在嘴巴上方喷水，将倒三角贴上，完成鼻子。

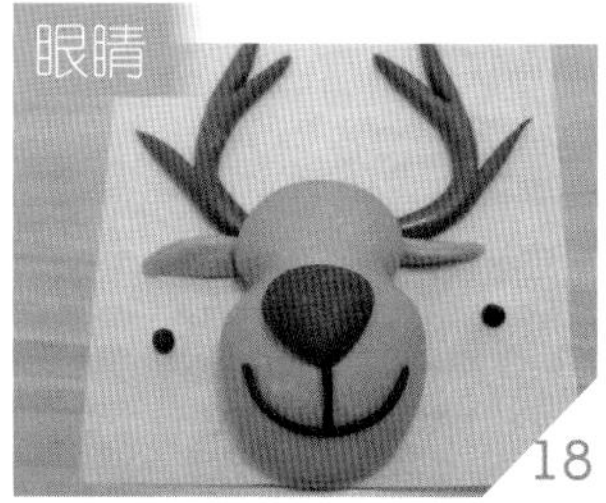

取黑色面团（约绿豆大小）共 2 个，略微压扁。

蘸水贴在脸部，待发酵完成后，即可进行蒸制。

完成图

圣诞老公公

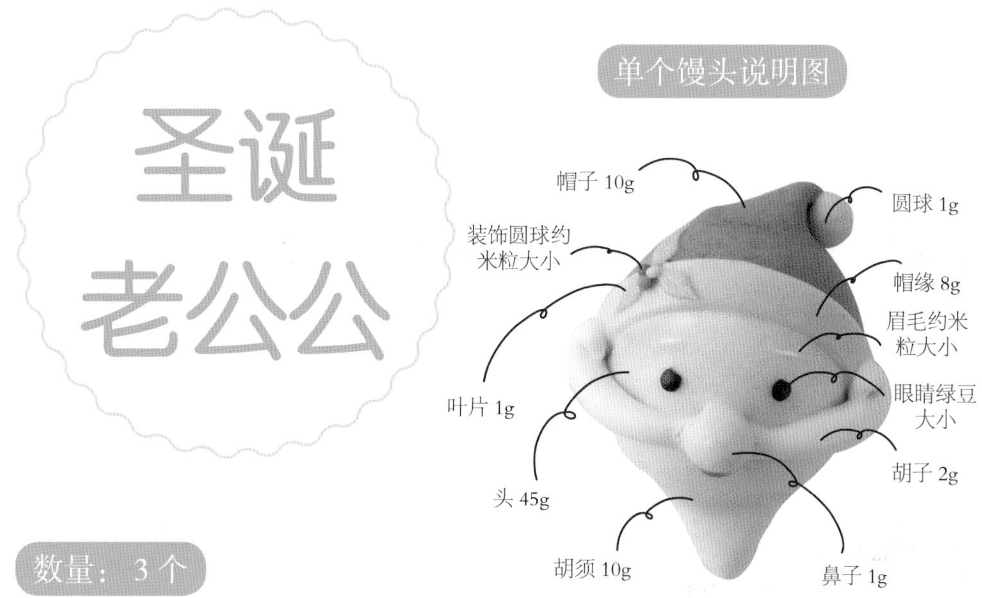

数量：3 个

材料

中筋面粉 160g、牛奶 96g、酵母 1.6g、砂糖 19.2g、油 1.6g、色粉（黄、红、绿、黑）适量

面团

肤色 138g、红色 31g、白色 42g、粉红色 27g、黄色 1g、绿色 3g、橘色 1g、黑色 1g

工具

黏土（或翻糖）工具组、喷水瓶、10cm×10cm 馒头纸、圆形切模、切面板、电子秤、擀面杖

做法

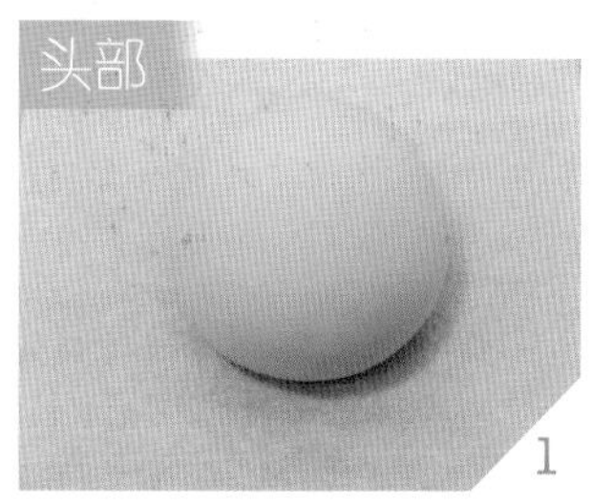

1 取肤色面团 45g，滚圆，放在馒头纸上备用。

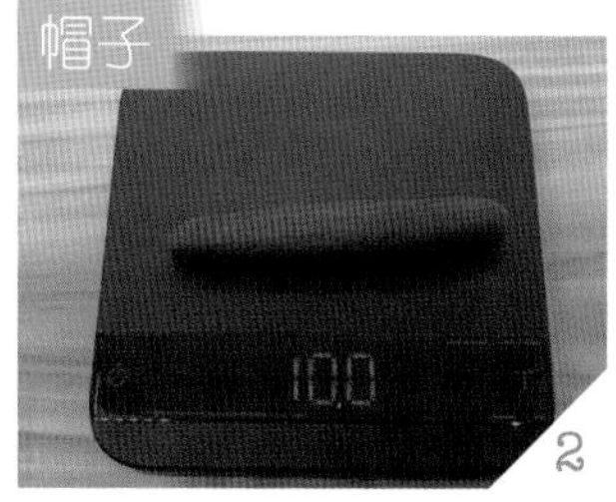

2 取红色面团 10g，搓长至 8cm。

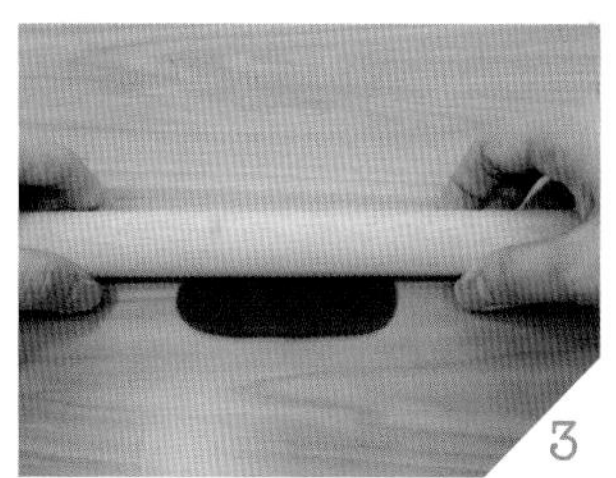

3 将面团横放，用擀面杖以相同方向上下擀平，擀成 1 张厚薄一致，长约 10cm、宽约 5cm 的长方形。

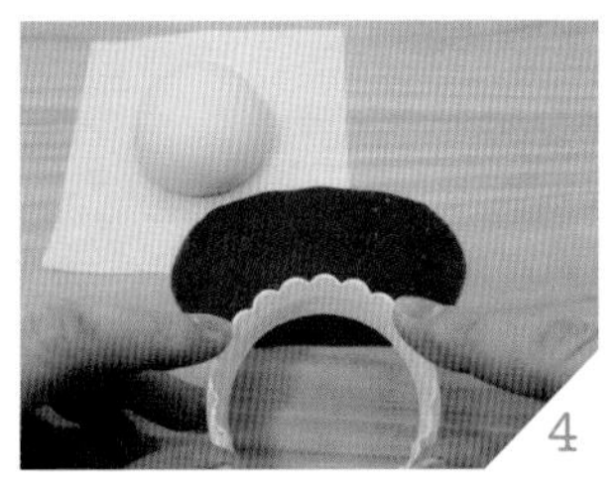

用圆形切模将红色长方形底部裁出一条弧线。

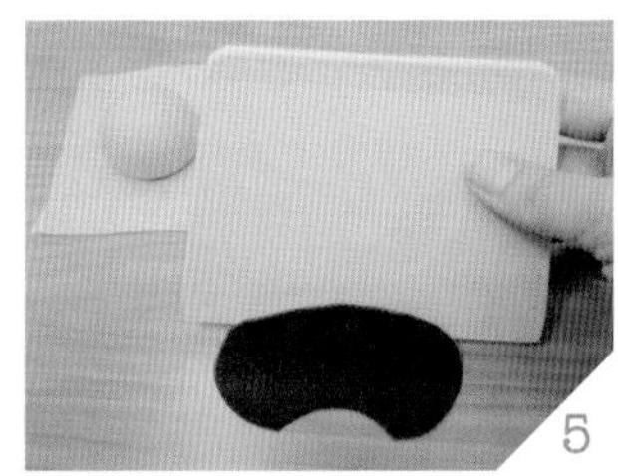

用切面板从不规则的长边慢慢挑起。

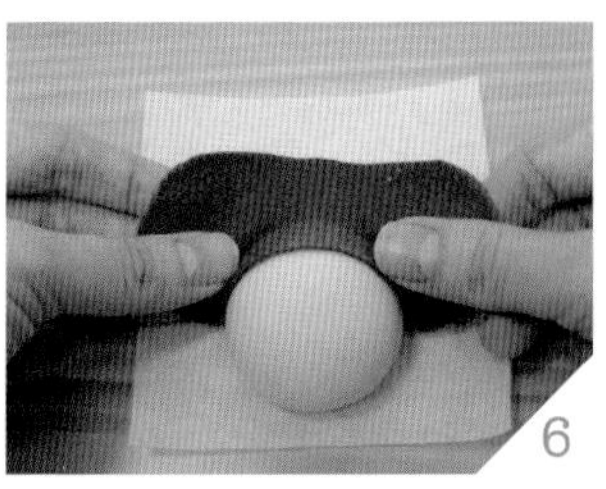

用喷水瓶在头部上方喷薄水，将红色面皮贴上。

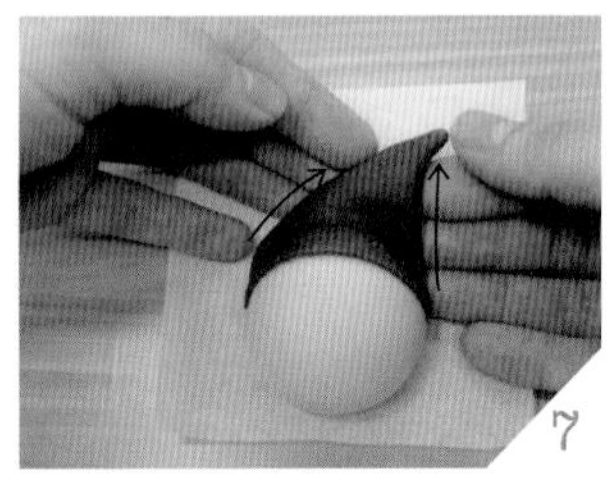

将红色的面皮两侧往上收，折出帽子的形状。

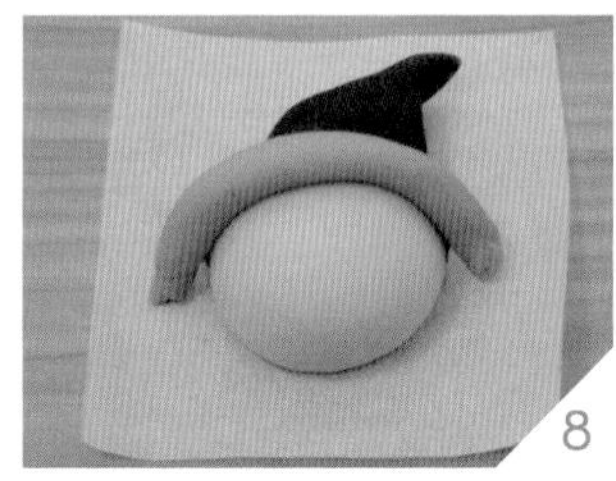

取粉红色面团 8g 并搓长，长度可以围绕住红色帽子的边线即可。

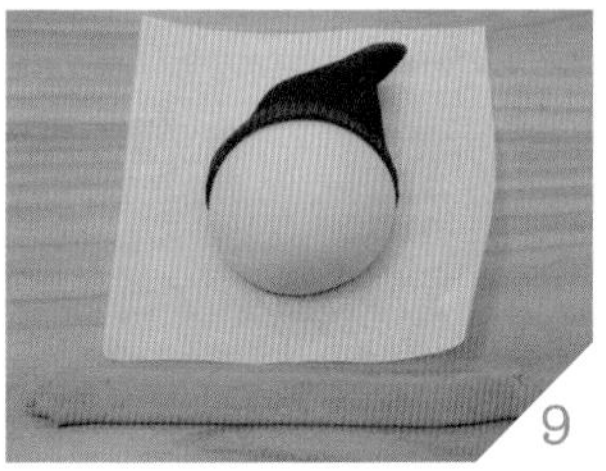

将粉红色面团擀平后，用切面板将其切成宽度 1cm 的条状。

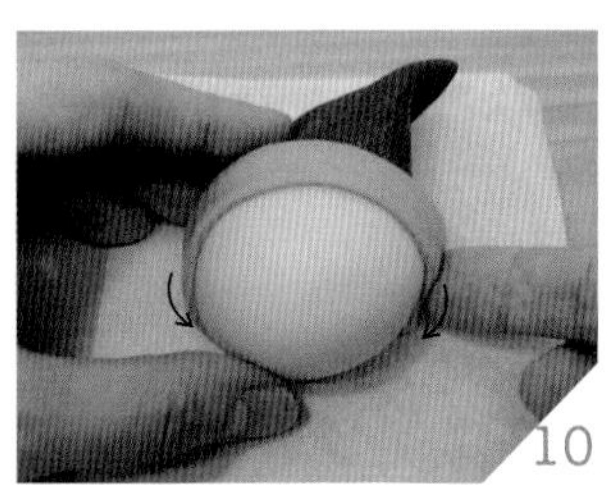

用喷水瓶在头部喷水，把粉红色长条贴上，长度超出的部分轻轻往头底下收。

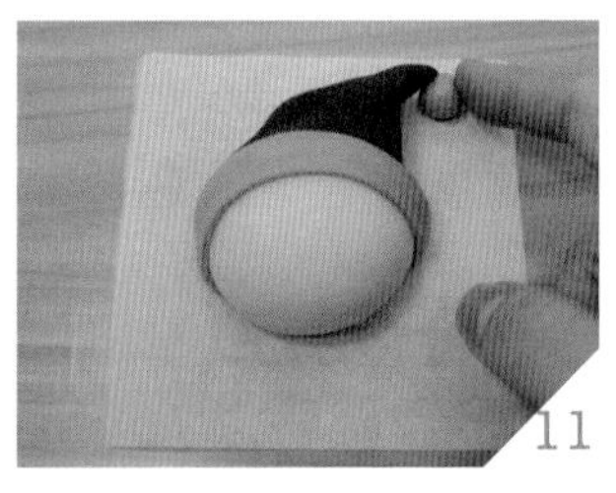

取粉红色面团 1g，捏圆，蘸水贴在帽子尖端。

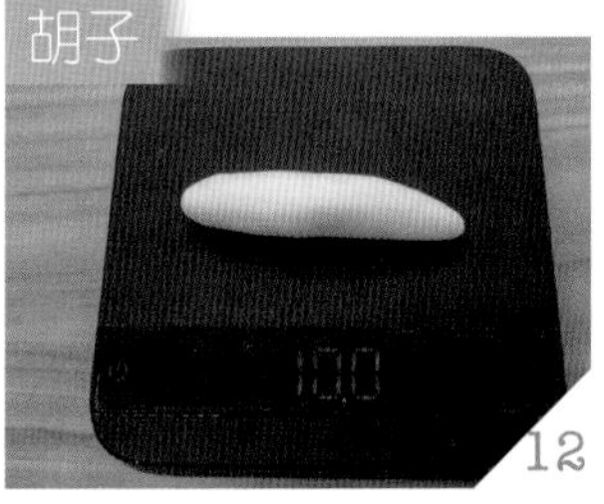

取白色面团 10g，搓长至 8cm。

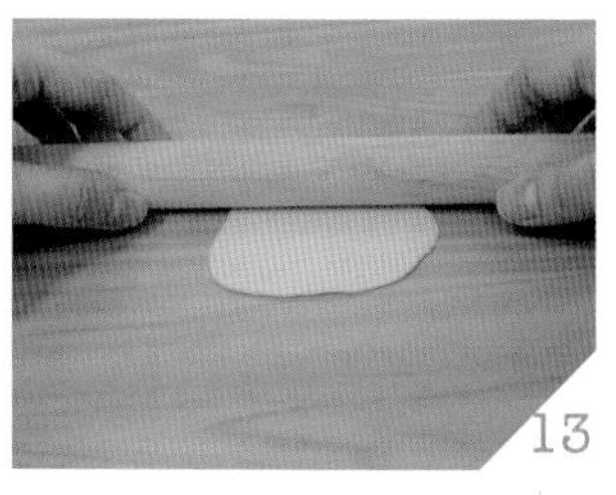

用擀面杖擀成1张厚薄一致，长约10cm、宽约5cm的长方形。

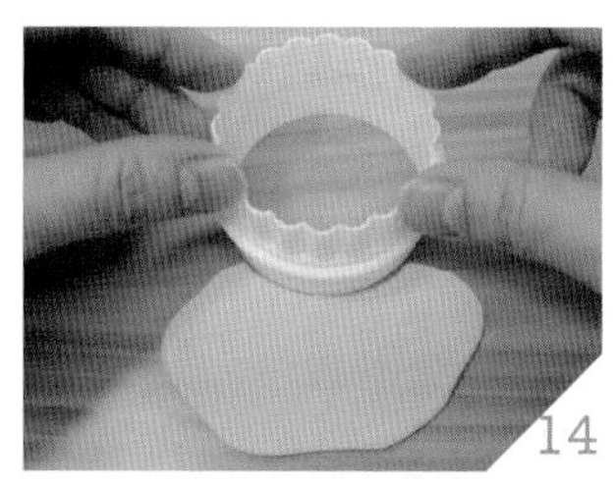

用圆形切模，在白色长方形上方裁出1条弧线。

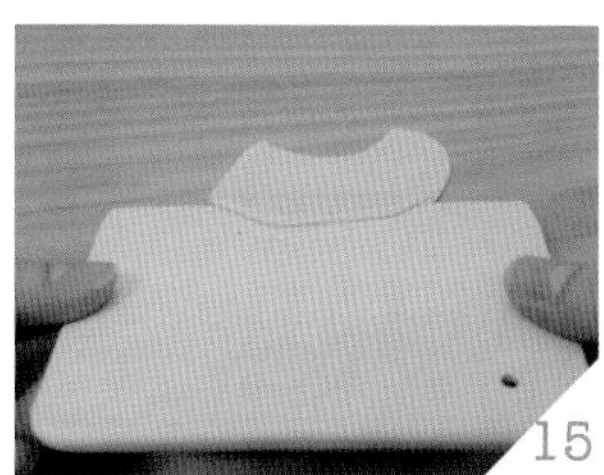

用切面板从不规则的长边慢慢挑起。

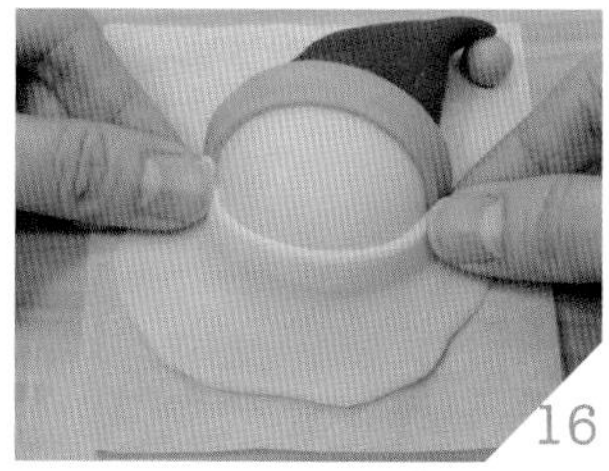

用喷水瓶在头部下方喷水，将白色面皮贴上。

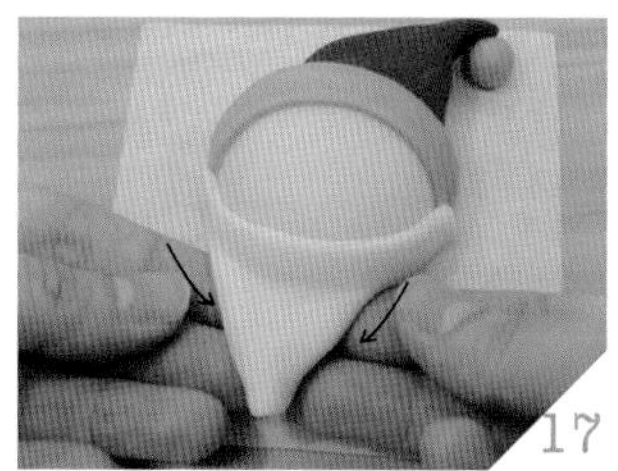

将白色面皮两侧往下收尖，折出胡子的形状。

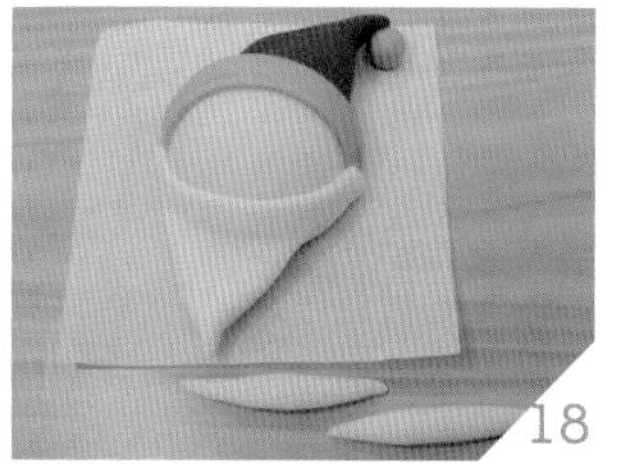

取白色面团2g共2个，分别搓成纺锤状，长度约5cm。

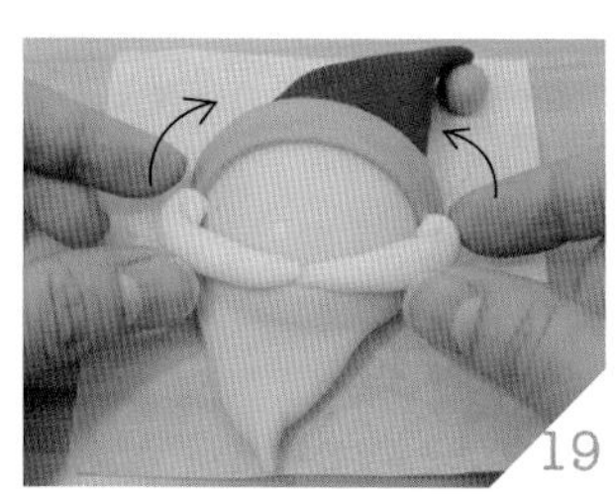

将2条纺锤状面团蘸水贴在白色与肤色交接处，调整线条，完成胡子。

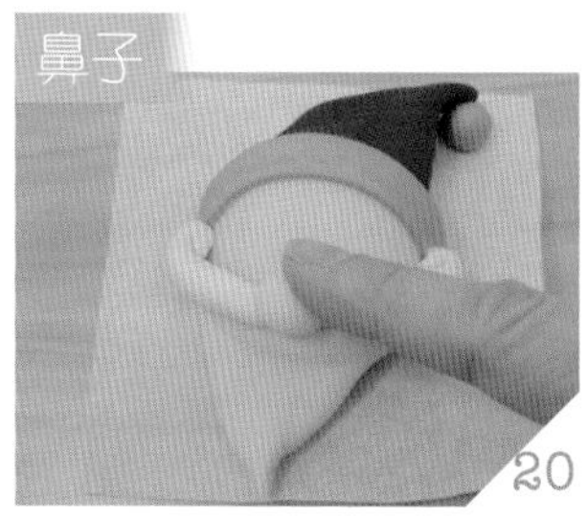

取肤色面团1g，捏圆，蘸水贴在2条白色胡须中间，轻轻按压粘贴，完成鼻子。

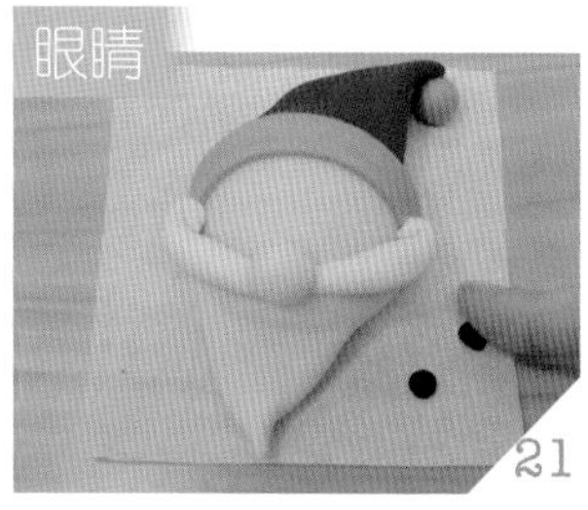

取黑色面团（约绿豆大小）共2个，搓圆并压扁。

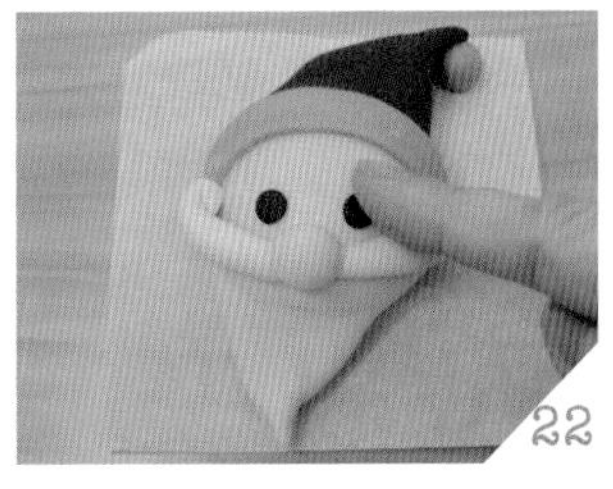

在脸部的眼睛处喷微量的水，贴上黑色圆面团，再轻轻按压粘紧，完成眼睛。

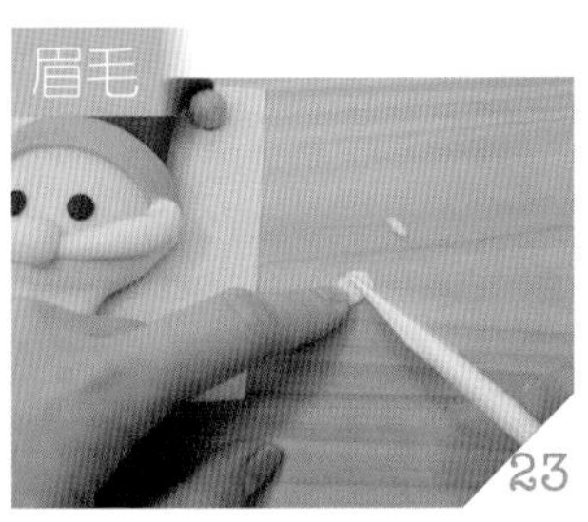

用工具切出白色面团（约米粒大小）共 2 个。

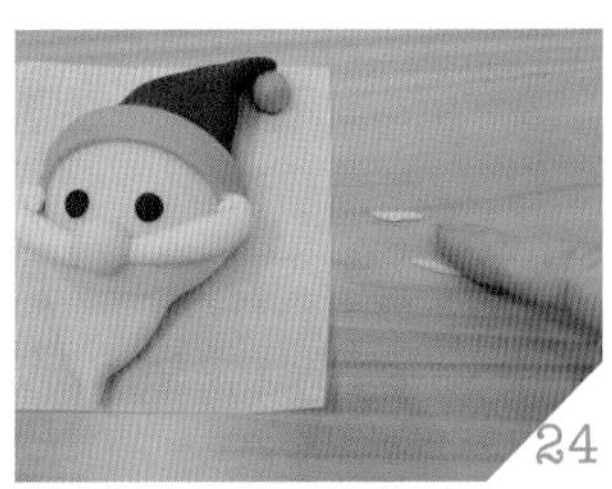

搓成细线。

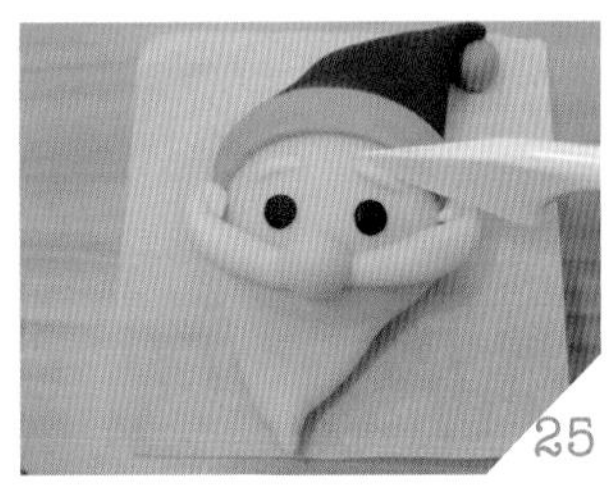

蘸水贴在眼睛上方。

取红色面团（约芝麻大小）。

搓成细线。

蘸水贴在 2 条胡子下方，用工具调整微笑的弧度，完成嘴巴。

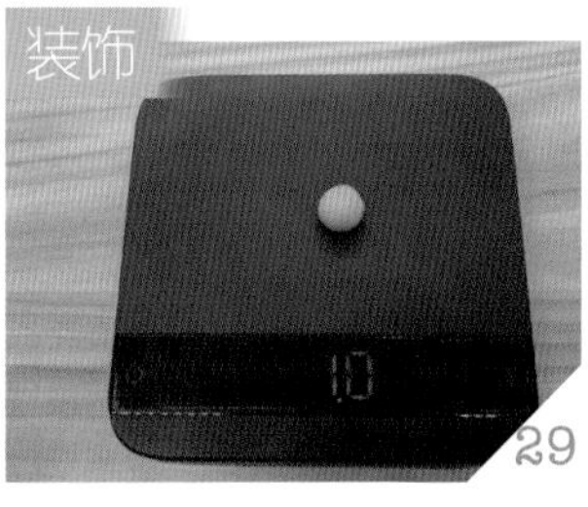

取绿色面团 1g。

用擀面杖擀平。

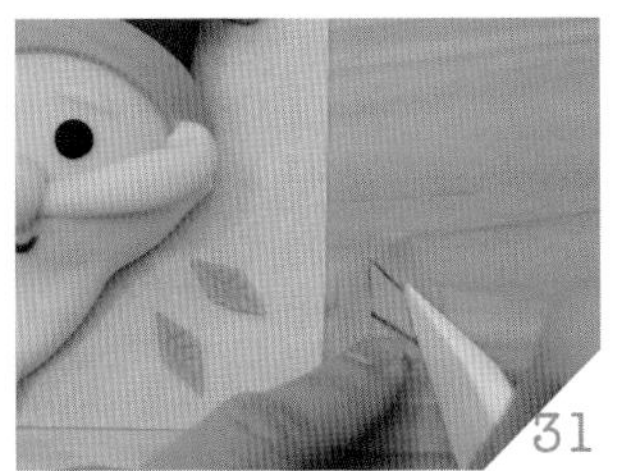

用工具切出菱形，共3片，并压出叶脉，完成叶子。

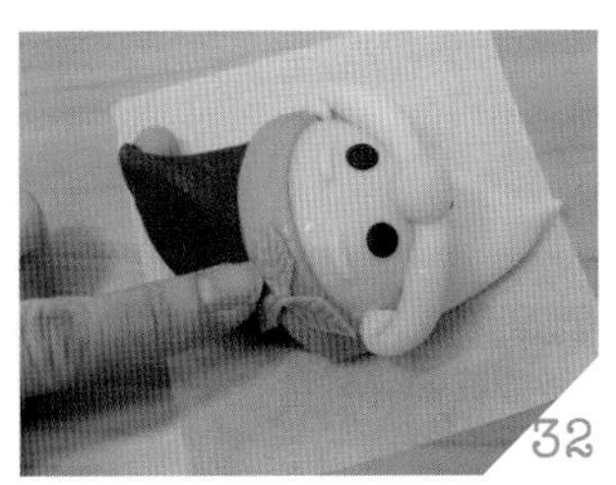

将叶子蘸水以放射状贴在帽缘上。

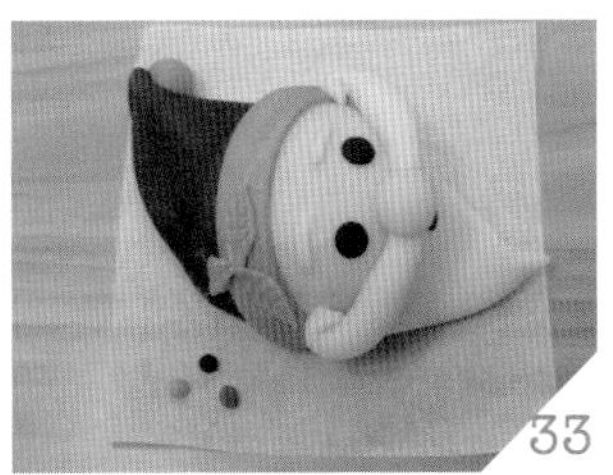

取黄色、橘色、白色面团（约米粒大小）各1个，分别搓圆。

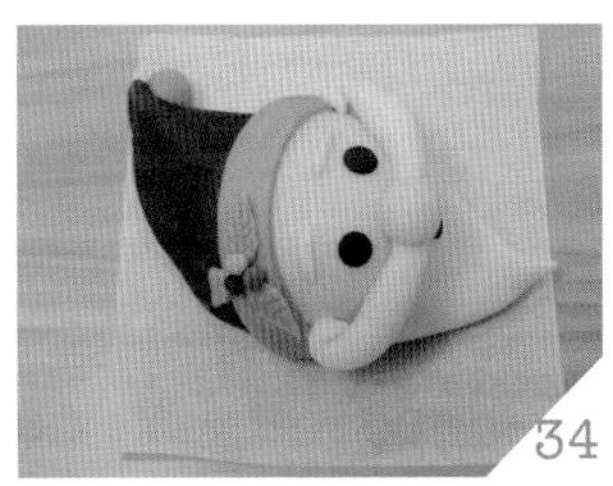

蘸水贴在叶片的中心点，完成圣诞红，待发酵完成后，即可进行蒸制。

完成图

缤纷小花环

单个馒头说明图

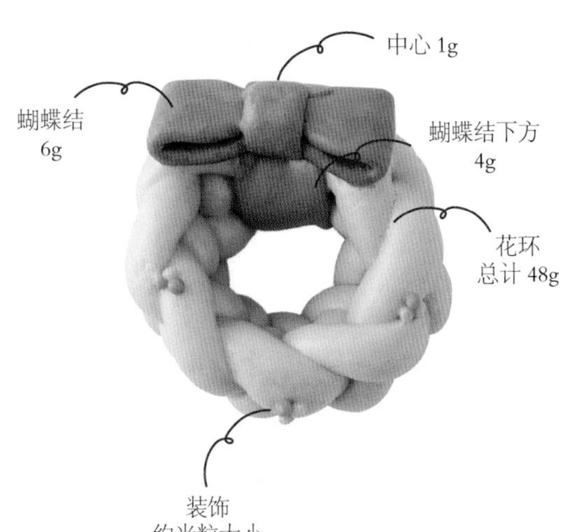

数量：3 个

材料

中筋面粉 120g、牛奶 72g、酵母 1.2g、砂糖 14.4g、油 1g、色粉（绿、红、黄、紫）适量

面团

绿色 144g、红色 33g、黄色 2g、橘色 2g、紫色 2g

工具

喷水瓶、切面板、10cm×10cm 馒头纸、电子秤、擀面杖

做法

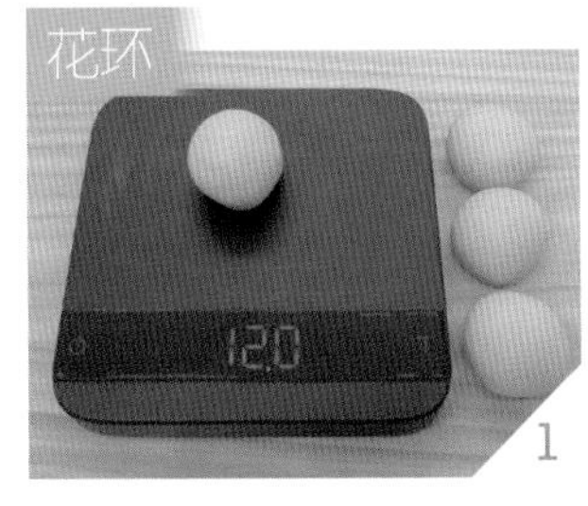

取绿色面团 12g 共 4 个。

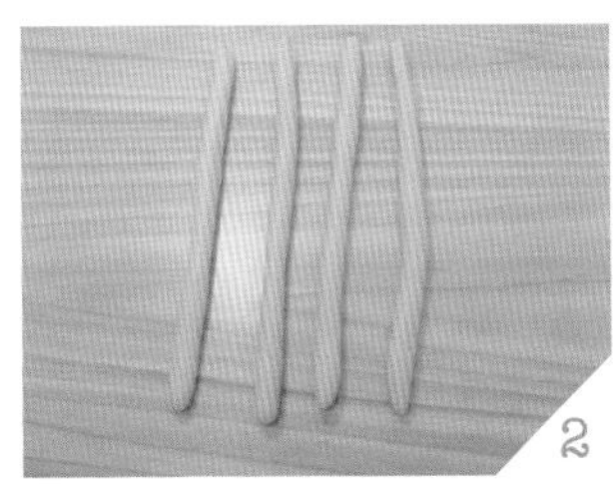

分别将 4 个绿色面团搓成长条，长度约 18cm，粗细需均匀。

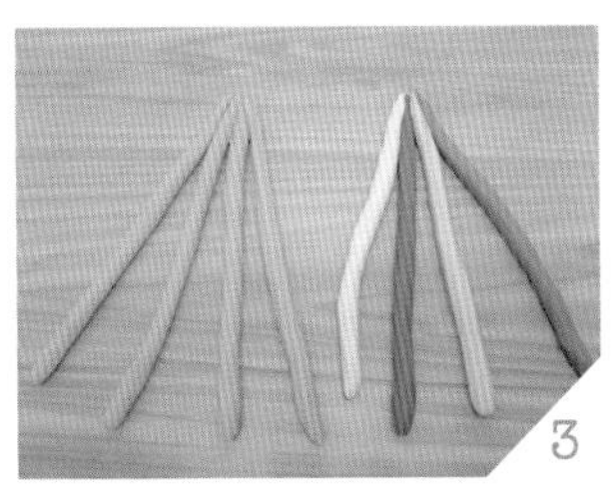

将 4 个长条直向排列，顶端并拢捏紧。

提示

为了让读者容易辨识，后续以白色、橘色、黄色、蓝色长条来呈现原先4条绿色长条的位置，可比对图片。接下来的辫编法，请记得顺序为"中间、左边、右边"的大原则（中间2条编完，换编左边2条；左边2条编完，换编右边2条；右边2条编完，再轮回中间2条）。

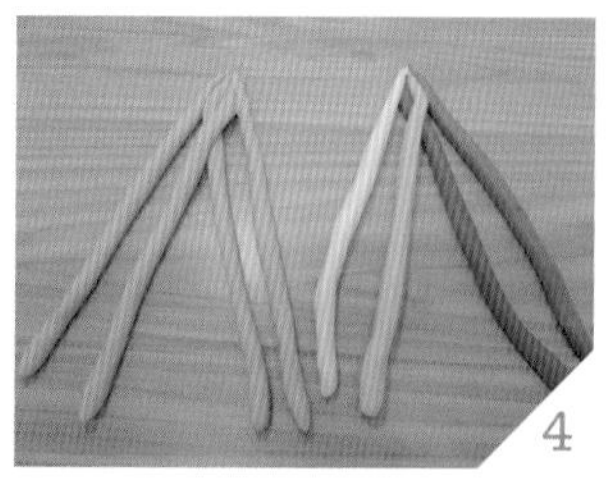

4

中间 2 条交错，如右方所示，黄色要在橘色之上。

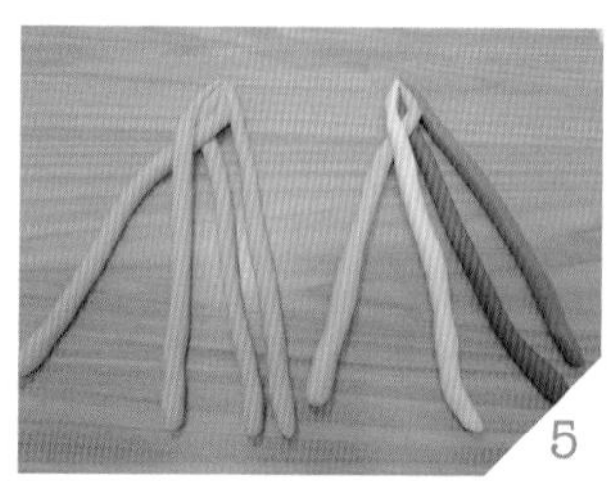

5

左边 2 条交错，如右方所示，白色要在黄色之上。

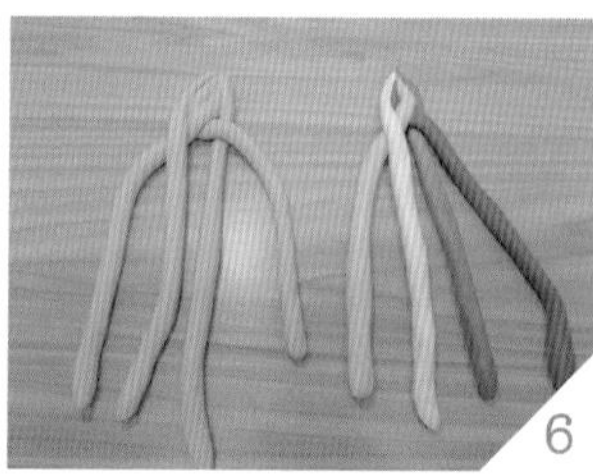

6

右边 2 条交错，如右方所示，橘色要在蓝色之上。

7

重复步骤 4 ~ 6，结尾处将 4 条面条的尾部向中间捏紧收拢。

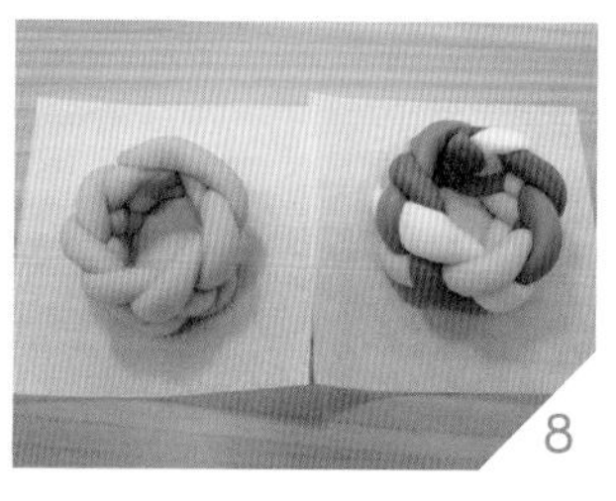

8

将编好的面团头尾重叠捏紧，围成一圈，放在馒头纸上，完成花环本体。

蝴蝶结

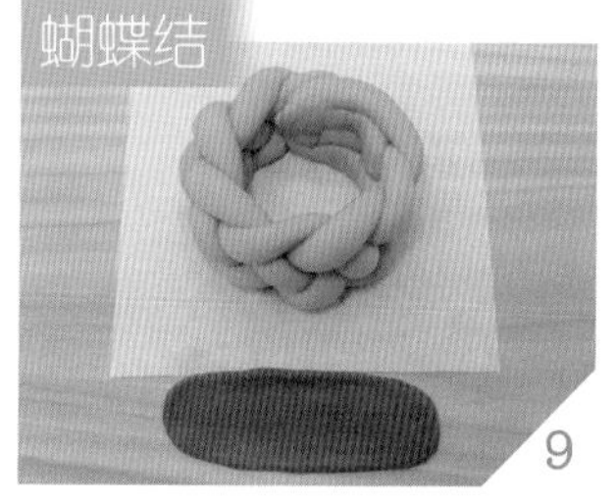

9

取红色面团 4g，搓长，长度约 8cm，并用擀面杖擀成长方形。

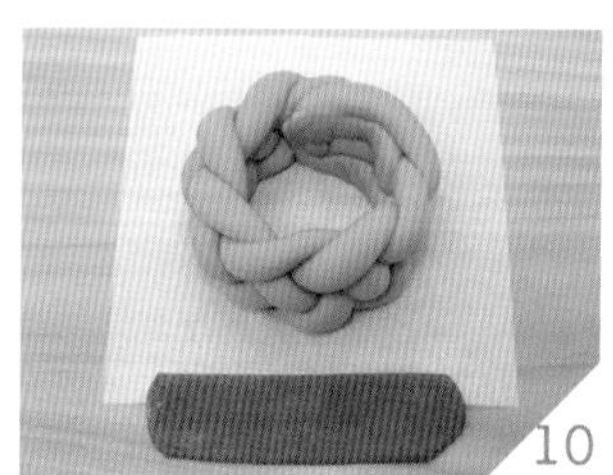

10

用切面板切成宽约 2cm 的长条。

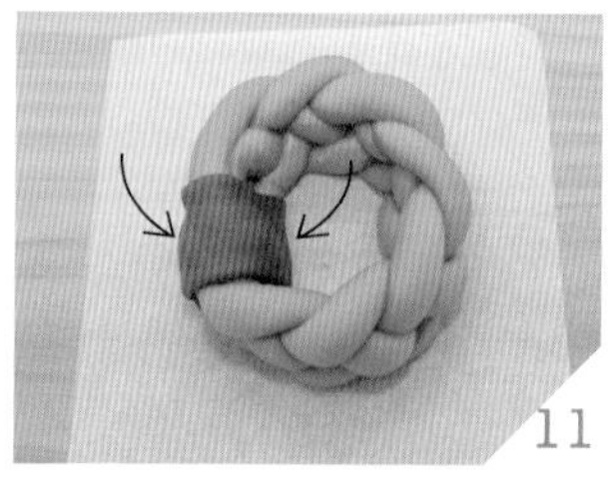

11

将红色长条蘸水贴在步骤 8 的花环头尾接合处，并将收口藏在花环底部。

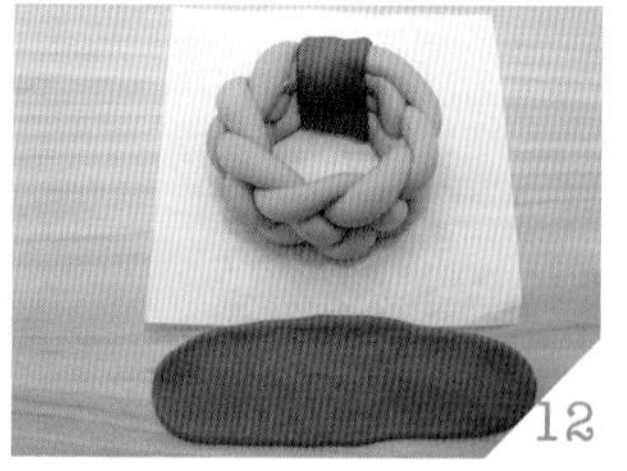

12

取红色面团 6g，搓长，长度约 10cm，并用擀面杖擀平。

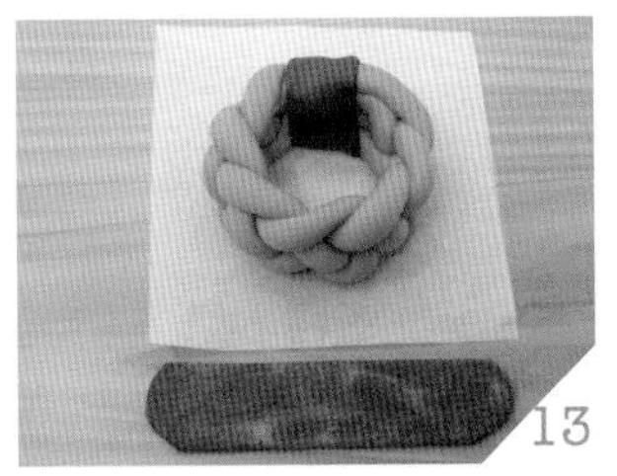

用切面板切成宽约 2cm 的长条。

将左、右两边往中间折。

用手指掐住中间，形成蝴蝶结的雏形。

取红色面团 1g，搓成椭圆形并压扁。

把红色椭圆形蘸水贴在蝴蝶结中间。

将多出的两端收到底部。

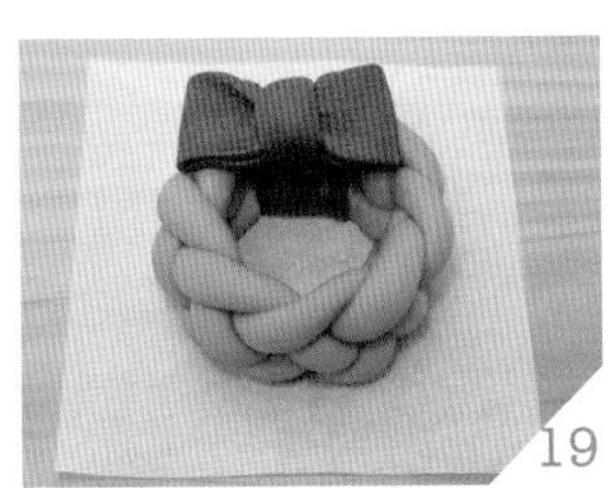

将做好的蝴蝶结喷薄水贴在步骤 11 完成的红色长条上，完成蝴蝶结。

装饰

取黄色、橘色、紫色面团，捏出约米粒大小的面团各 5 个。

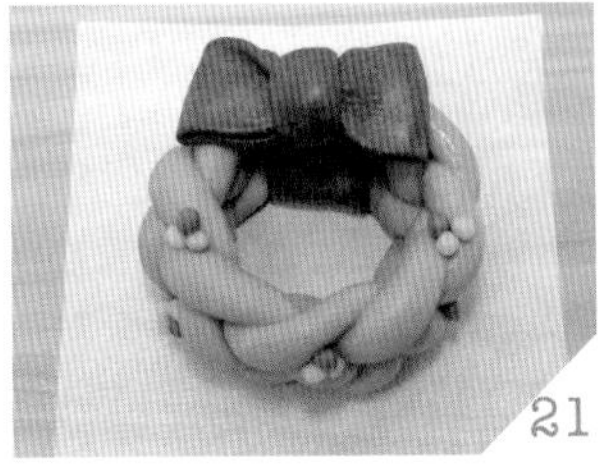

将各色小面团蘸水贴在花环上，待发酵完成后，即可进行蒸制。

戴帽子雪人

单个馒头说明图

数量：3个

材料

中筋面粉 140g、牛奶 84g、酵母 1.4g、砂糖 16.8g、油 1g、色粉（蓝、红、黄、黑）适量

面团

白色 135g、淡蓝色 30g、深蓝色 27g、橘色 1.5g、粉红色 24g、黑色 3g

工具

黏土（或翻糖）工具组、小剪刀（或牙签）、喷水瓶、10cm × 10cm 馒头纸、圆形切模、切面板、电子秤、擀面杖、水彩笔、红曲粉

做法

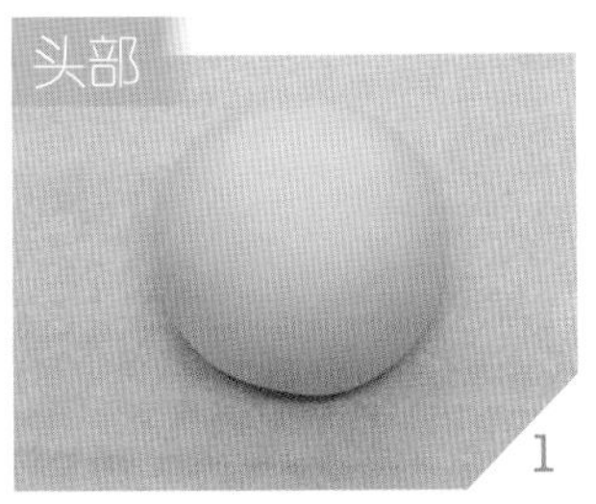

取白色面团 45g，滚圆，放馒头纸上备用。

取淡蓝色面团 10g，搓长至 8cm。

将面团横放，用擀面杖以相同方向上下擀平，擀成一张厚薄一致，长约 10cm、宽约 5cm 的长方形。

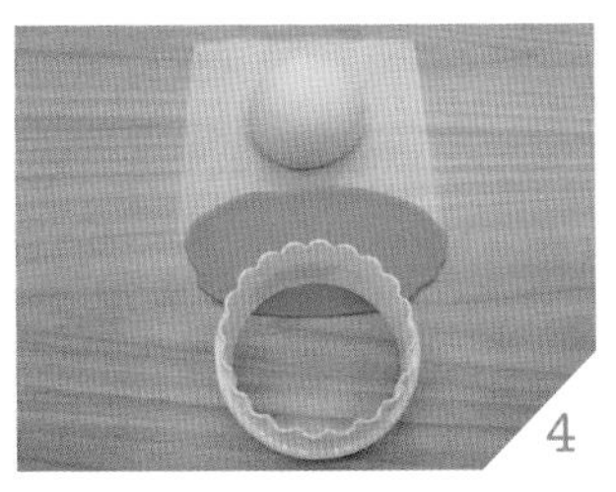

用圆形切模将淡蓝色长方形下方裁出 1 条弧线。

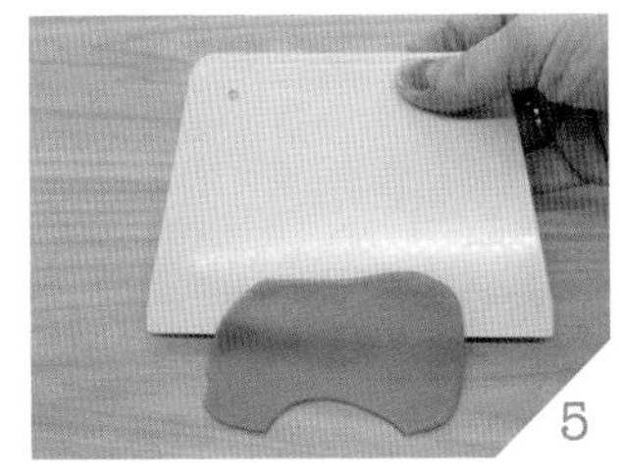

用切面板从不规则的长边慢慢挑起。

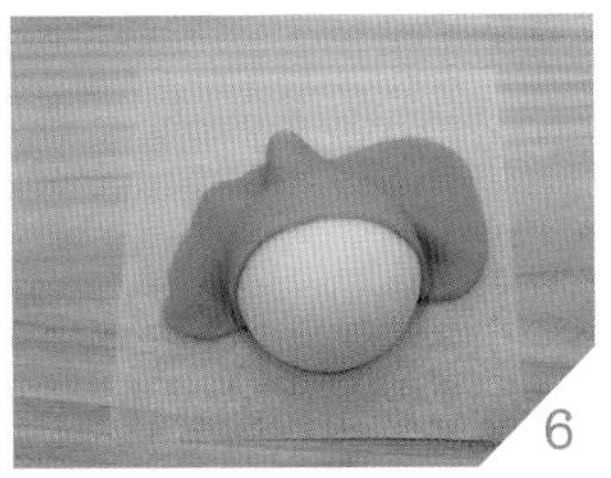

用喷水瓶在头部喷薄水，将淡蓝色面皮贴上。

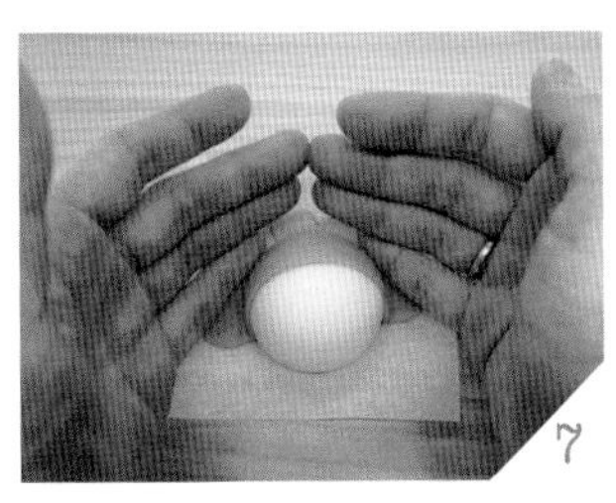

用手从头部中间慢慢向外轻轻按压，将面皮顺平。

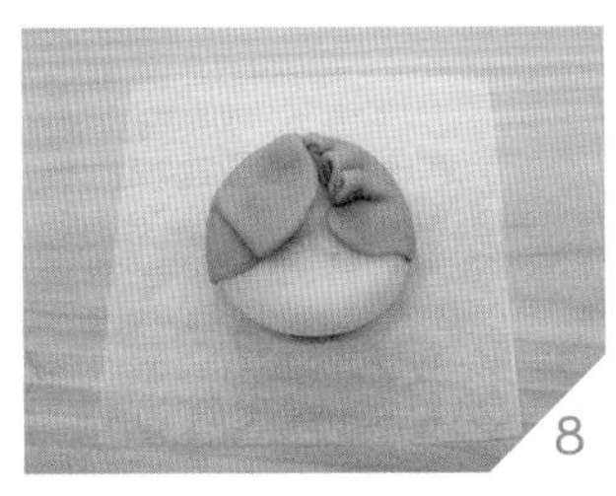

将头部翻转，把淡蓝色面皮贴到底部。

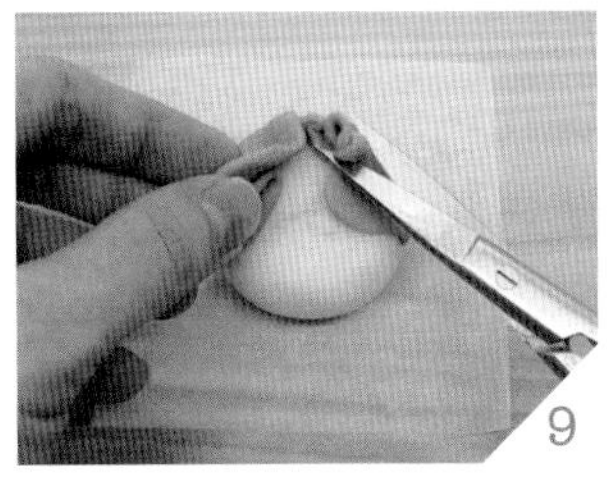

用剪刀把多余的面皮剪掉，馒头才不会倾斜。

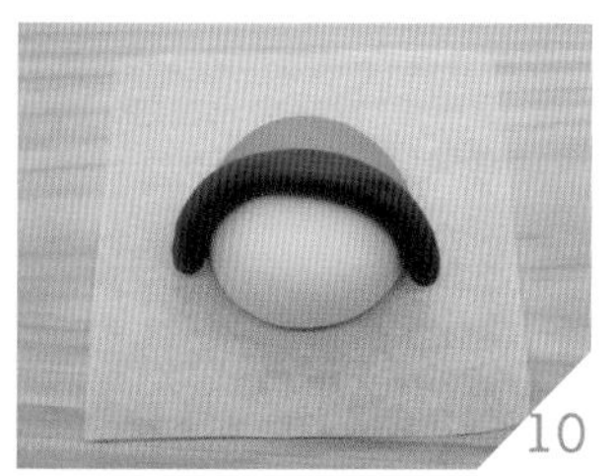

取深蓝色面团 8g 并搓长，长度可以围绕住淡蓝色面皮的边缘即可。

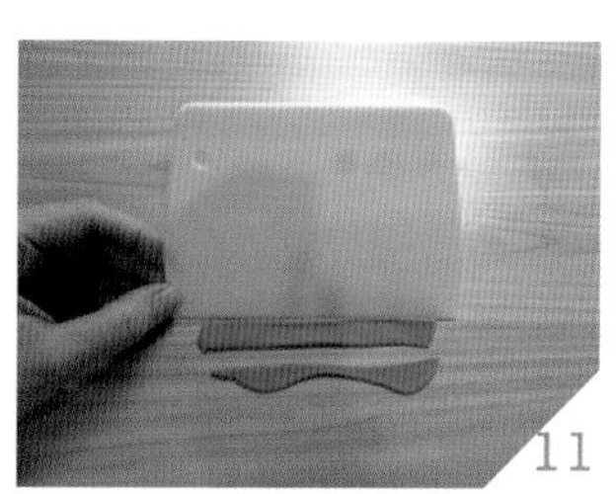

用擀面杖把深蓝色面皮擀平，并用切面板切成宽度 1cm 的长条。

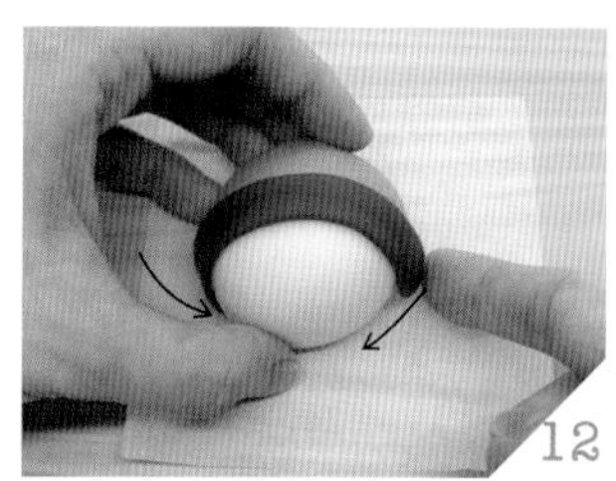

用喷水瓶在头部喷上薄水，把长条贴在淡蓝色面皮与白色面团交接处，超出的部分轻轻往头底下收。

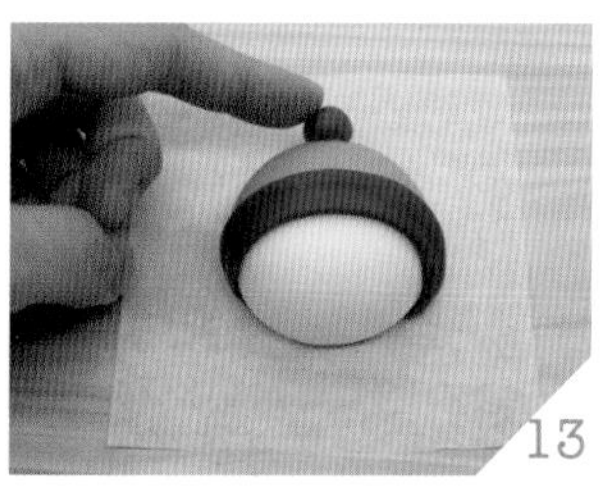

取深蓝色面团 1g，捏圆后蘸水贴在顶端，完成帽子。

围巾

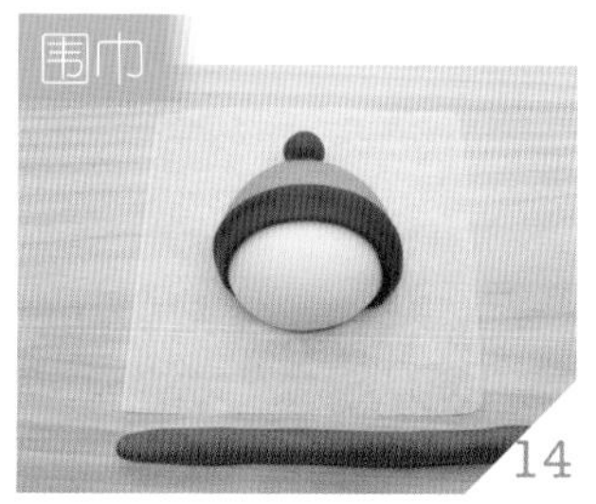

取粉红色面团 8g，搓长，长度约 12cm。

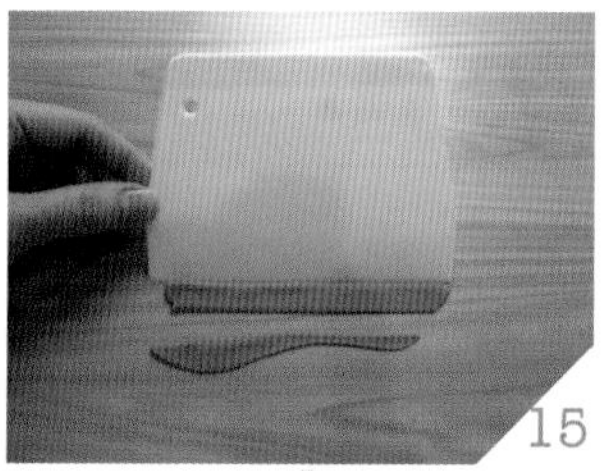

用擀面杖擀平，再用切面板切成宽度 1cm 的长条状。

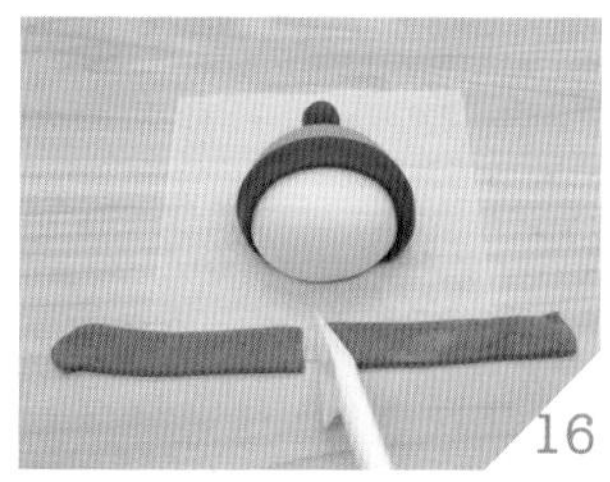

用工具从中间切成 2 段。

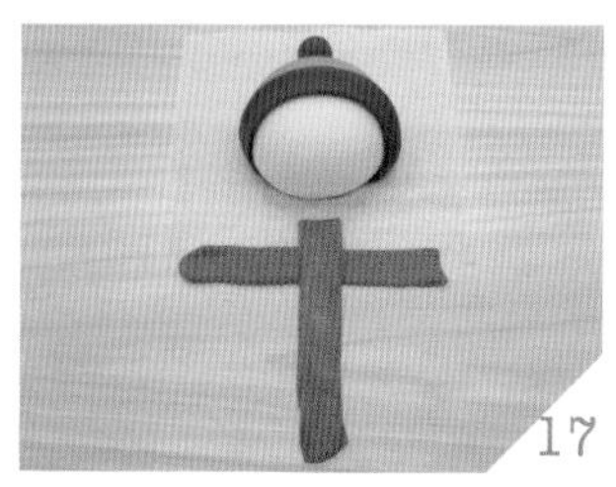

将 2 条粉红色长条交错摆放如十字形。

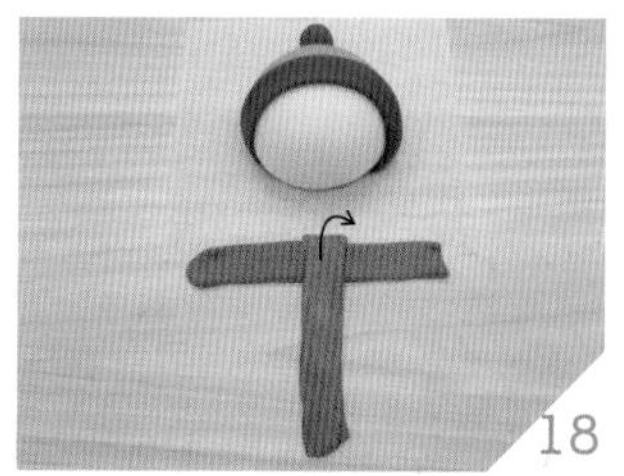

将十字的上方向后折，形成一个 T 字。

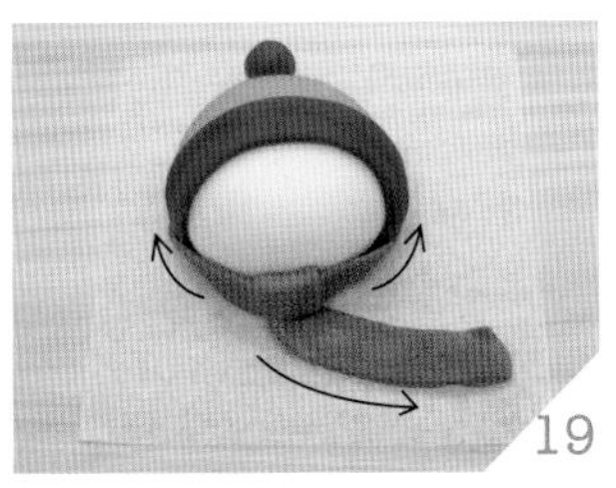

把 T 字放到头部下方固定，下摆可用手调整弧度。

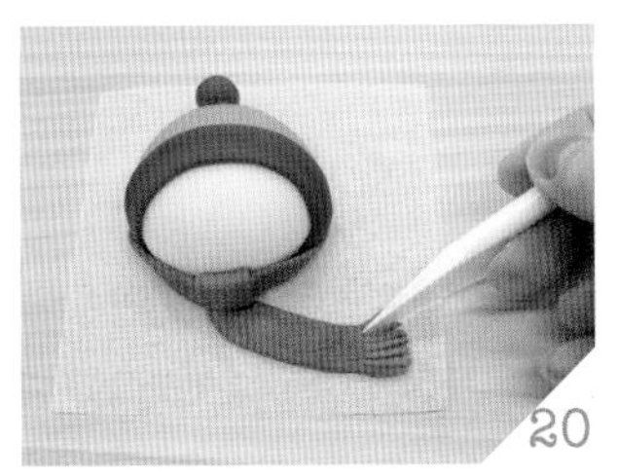

用工具切出尾端的线条，完成围巾。

取橘色面团（约黄豆大小），搓圆。

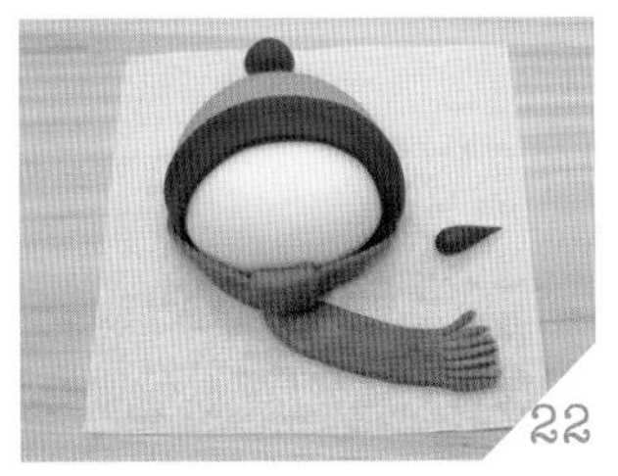

用手指将其中一端搓尖。

将圆头端蘸薄水，贴在脸部中央。

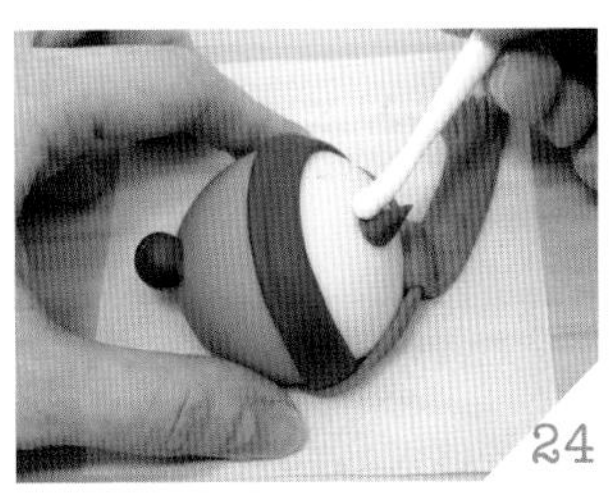

用工具沿着交接处压实，完成鼻子。

取黑色面团（约绿豆大小）2 个。

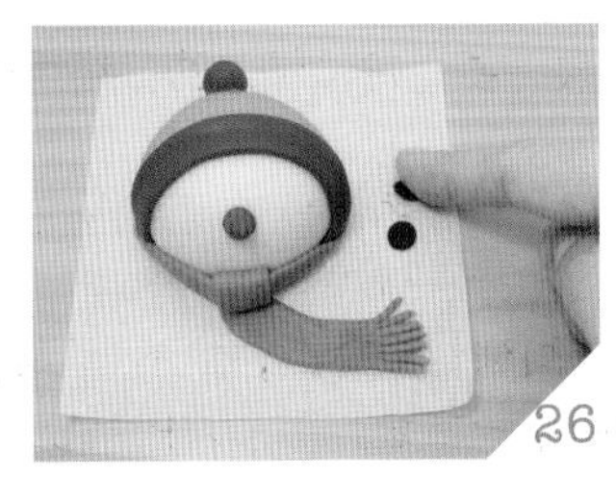

用手压扁。

蘸水贴在头部，轻轻按压粘紧，完成眼睛。

取黑色面团，并将尾端搓成细线。

用喷水瓶在雪人脸部喷薄水，用适当长度的黑色细线贴出嘴巴线条。

用剪刀把太长的黑线剪掉，完成嘴巴。

用工具在深蓝色帽缘上压出线条。

将极少量的红曲粉加水调和，用水彩笔蘸红曲水，在雪人脸上画上腮红，待发酵完成后，即可进行蒸制。

提示

1. 贴帽子的时候，要先定位帽缘的弧线，弧线漂亮了，再将帽子慢慢往下收。
2. 淡蓝色帽子要贴到头的底部，发酵膨胀后，才不会露出白色头皮。
3. 红曲粉加水调和后，可先用水彩笔画在手背上试试浓淡，确认颜色浓淡适中后再画到雪人脸上，才不会导致妆太浓，无法卸妆。
4. 还有另一种围巾的做法，可参考P.166！

第五章

Chapter

5

史上最可爱的刈包

谁说刈包只能是一种模样？
刈包也可以有造型！
从海洋生物到陆地动物都有，
夹进生菜、煎蛋、肉片，
视觉跟营养通通满分！

恋恋海贝壳

数量：3 个

材料

中筋面粉 120g、牛奶 72g、酵母 1.2g、砂糖 14.4g、油 1g

面团

白色 180g

工具

黏土（或翻糖）工具组、抹油刷、切面板、10cm × 10cm 馒头纸、电子秤、擀面杖

做法

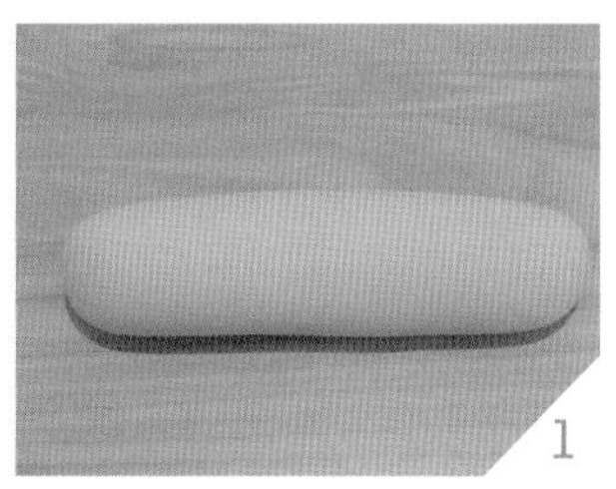

1 取白色面团 60g 滚圆后，收口朝下，将面团搓长，长度约 10cm，粗细需均匀。

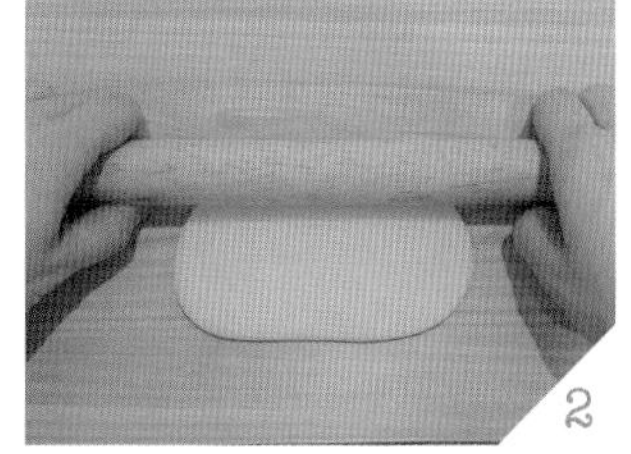

2 将面团横摆，用擀面杖以同样方向上下推匀，擀成长约 12cm、宽约 8cm 的椭圆形面皮。

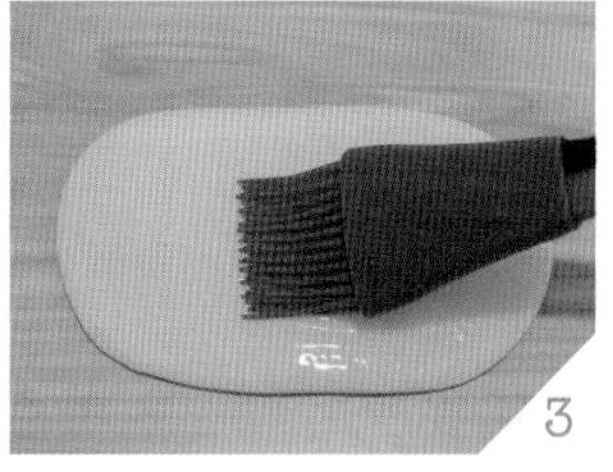

3 选择较漂亮的一面朝下，不好看的那面朝上抹油。

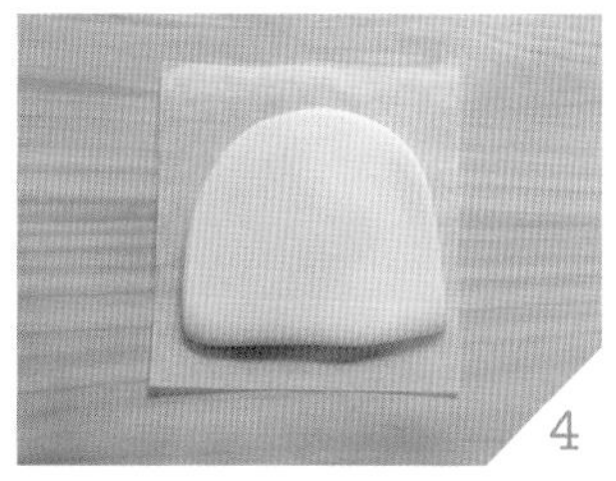

4 将面皮对折，抹油的那面朝内，以防粘连。

5 用切面板在面皮上压出放射状的 5 条纹路。

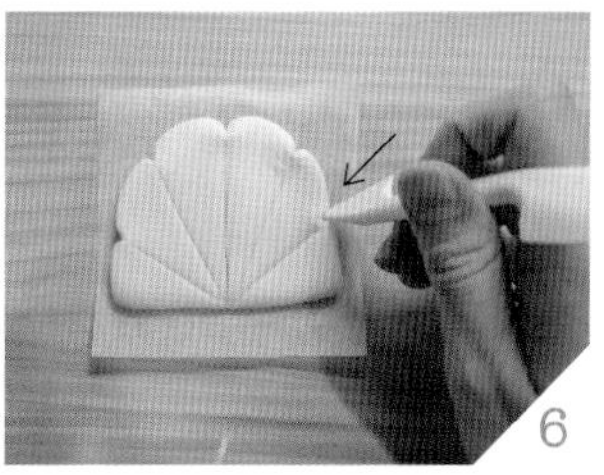

6 用工具将纹路外端从外往内压，形成贝壳的花边，待发酵完成后，即可进行蒸制。

软乎乎绵羊

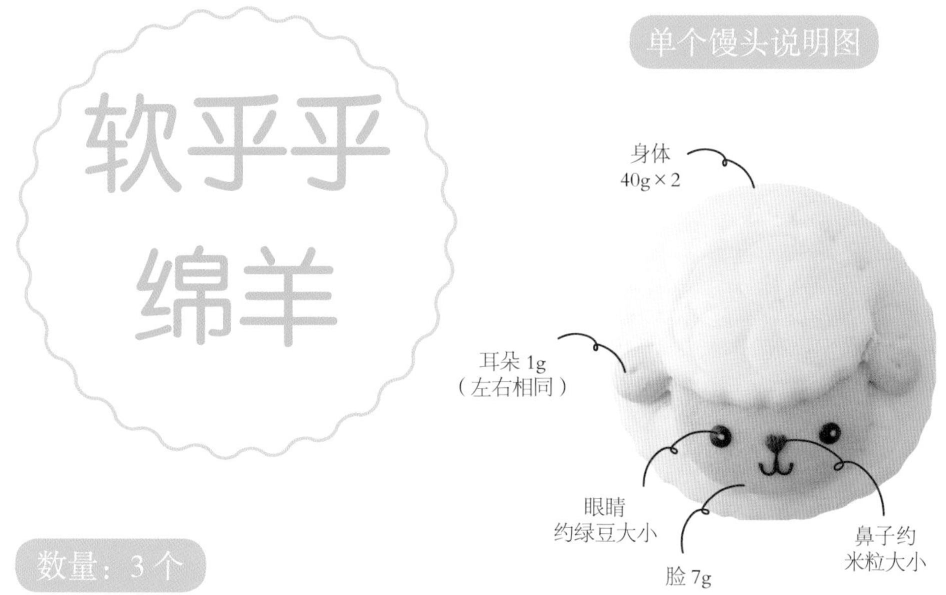

数量：3 个

材料

中筋面粉 170g、牛奶 102g、酵母 1.7g、砂糖 20.4g、油 2mL、色粉（红、黑、黄）适量

面团

白色 240g、肤色 27g、黑色 2g、红色 1g

工具

黏土（或翻糖）工具组、喷水瓶、10cm × 10cm 馒头纸、9cm 花形切模、5cm 花形切模、挤花嘴或吸管（直径约 1cm）、抹油刷、电子秤、擀面杖

做法

身体

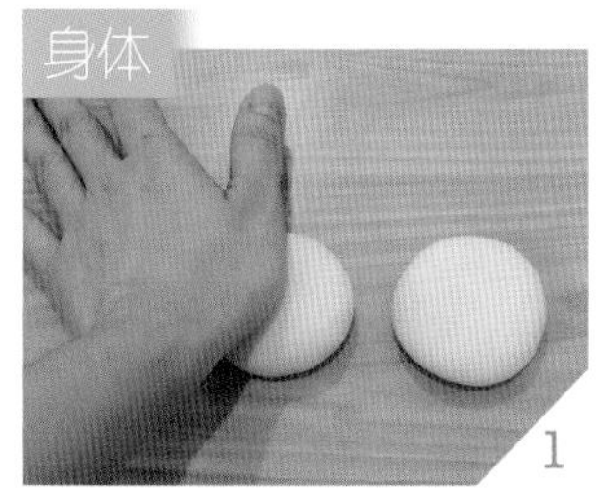

1

取白色面团 40g 共 2 个，分别滚圆，面团收口朝下并用手拍扁。

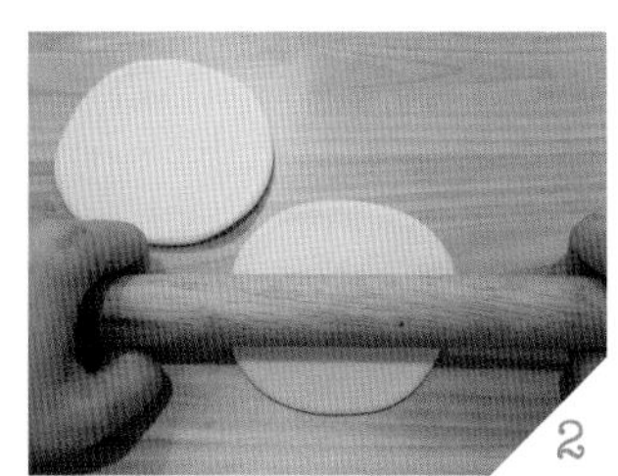

2

用擀面杖分别将拍扁的白色面团擀成直径 9cm 的圆形面皮（只要大于 9cm 花形切模即可），放在馒头纸上备用。

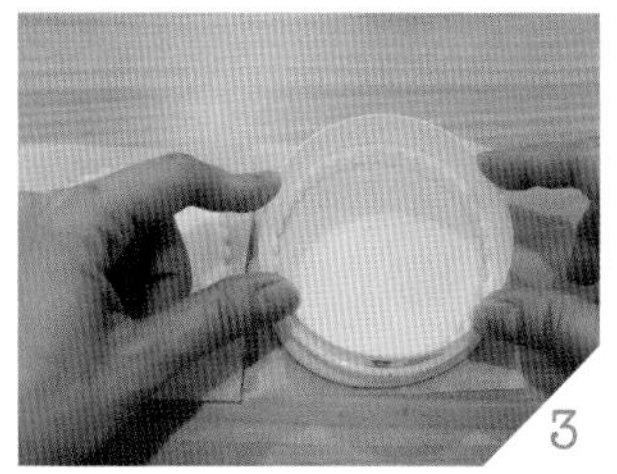

3

将 9cm 花形切模分别放在两张面皮上，用力压下切出花边。

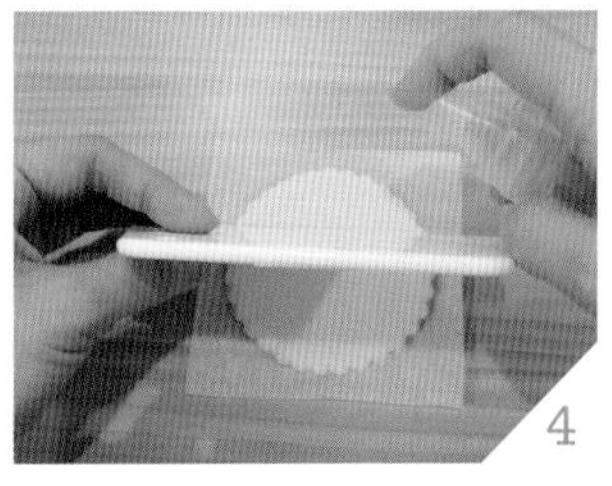

下层面皮上方 1/3 处喷水。

下层面皮下方 2/3 处抹油。

将两张面皮叠放，并用挤花嘴（或吸管）在面皮上压出围绕成一圈的小圈圈。

耳朵

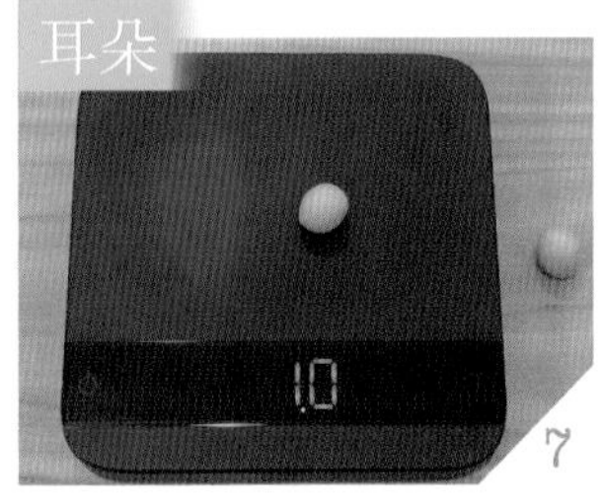

取肤色面团 1g 共 2 个，分别捏圆。

分别捏成长度约 1cm 的水滴状，并蘸水贴在身体上。

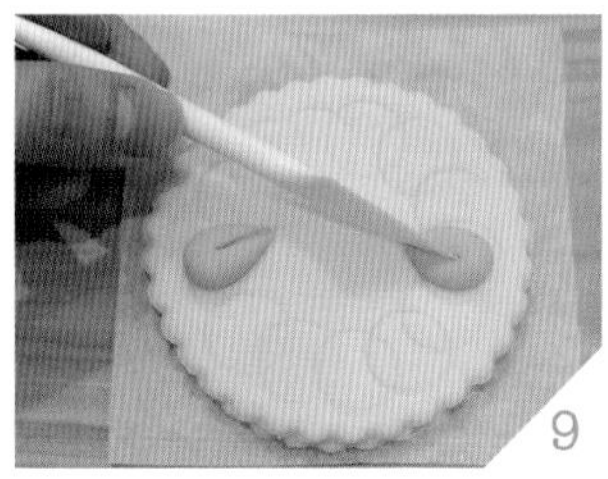

用工具压出折痕。

脸部

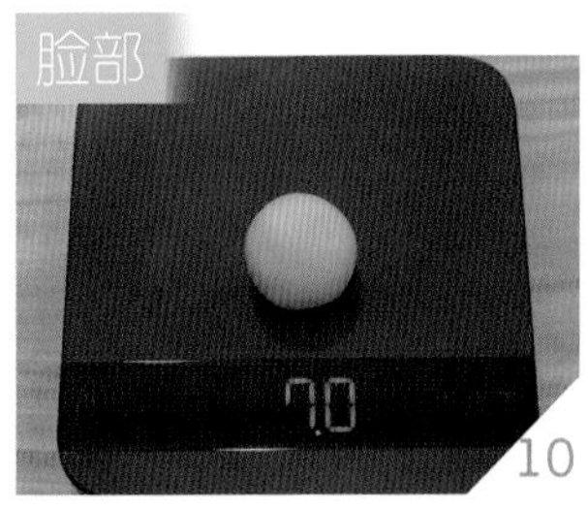

取肤色面团 7g，捏圆。

用擀面杖擀成直径约 5cm 的圆形，形成脸部。

将脸部喷水贴在双耳之间。

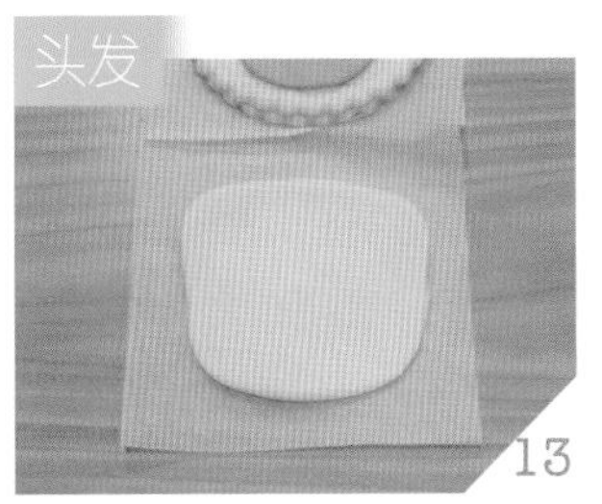

将剩下的白色面团擀成直径约5cm的圆形（只要大于5cm花形切模即可）。

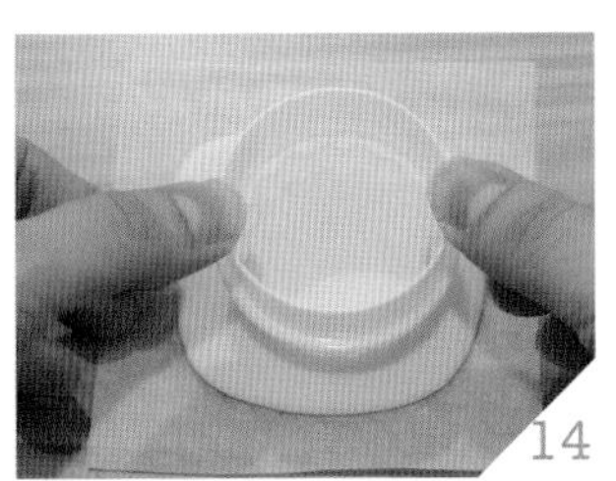

将5cm花形切模放在面皮上，用力压下切出花边，形成头发。

将头发喷水贴上。

用挤花嘴（或吸管）在面皮上压出环状纹路。

取黑色面团1g搓成细线，裁切一段，蘸水贴在脸部并调整弧度，完成嘴巴。

取红色面团（约米粒大小）捏圆，蘸水贴在嘴巴上方，完成鼻子。

取黑色面团（约绿豆大小）2个，分别捏圆，蘸水后贴上，待发酵完成后，即可进行蒸制。

提示

刈包是两张面皮相叠，中间可以打开夹料。制作的时候可选表面比较漂亮的面皮叠放在上层；如果两张面皮一样漂亮，就选择面积较大的放在上层。

SEA

胖嘟嘟海象

单个馒头说明图

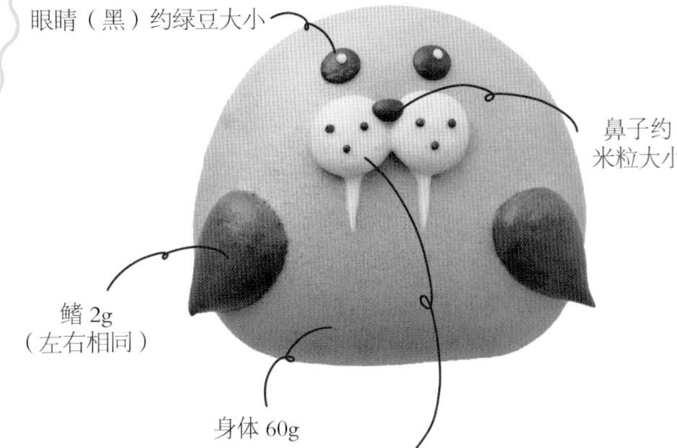

数量：3 个

材料

中筋面粉 130g、牛奶 78g、酵母 1.3g、砂糖 15.6g、油 1g、色粉（咖啡、黄、红、黑）适量

面团

浅棕色 180g、深棕色 12g、肤色 6g、白色 3g、黑色 3g

工具

黏土（或翻糖）工具组、喷水瓶、10cm×10cm 馒头纸、圆形切模、抹油刷、电子秤、擀面杖

做法

身体

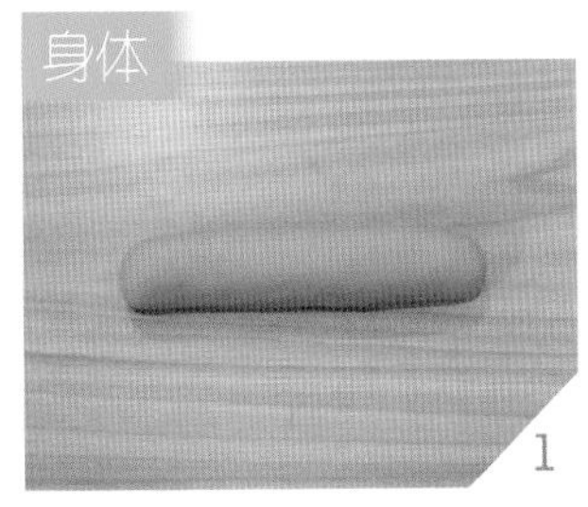

将浅棕色面团 60g 滚圆，收口朝下，并搓成长度约 10cm 的条状，粗细需均匀。

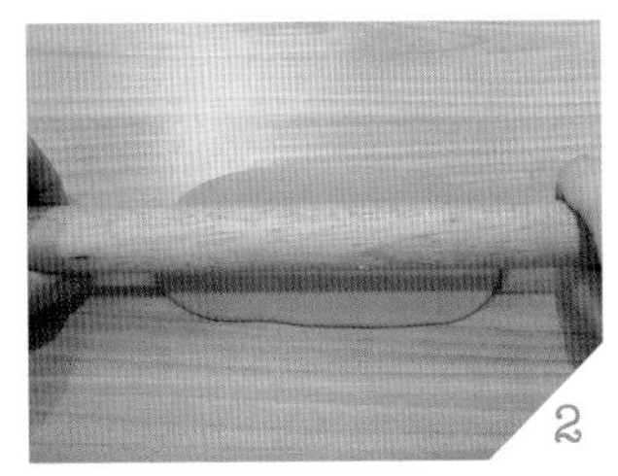

将面团横放，用擀面杖以相同方向擀平，擀成长约 12cm、宽 8cm 的椭圆形面皮。

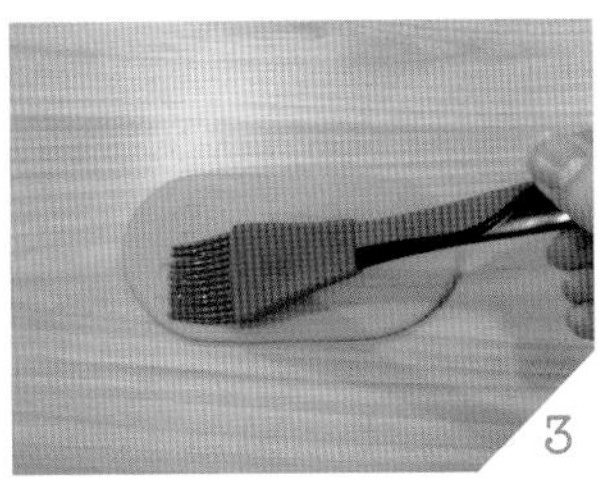

选择较漂亮的一面朝下，丑的面朝上抹油。

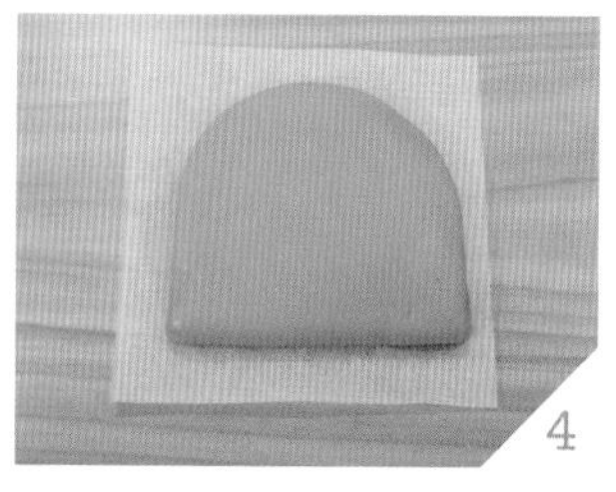

将面皮对折，抹油面朝内。

用圆形切模（或碗）切掉刈包下方两侧直角，使其呈圆弧状。

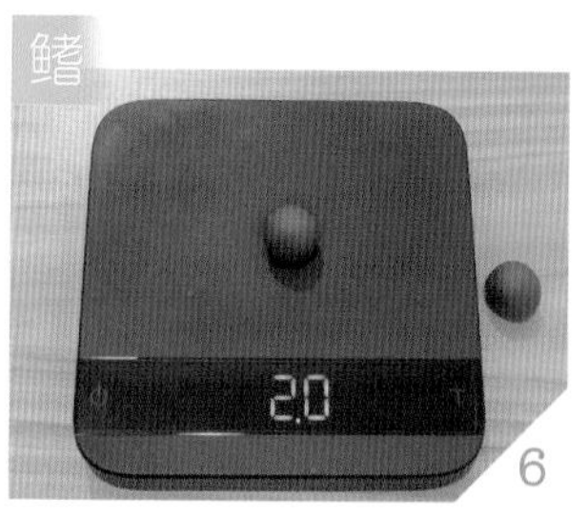

取深棕色面团2g共2个，捏圆。

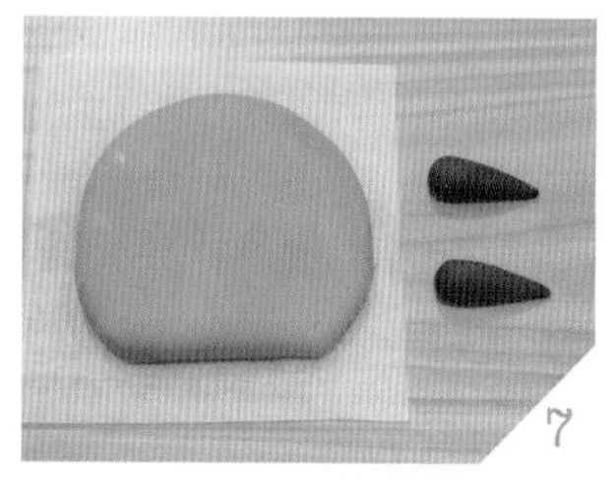

分别搓成水滴状。

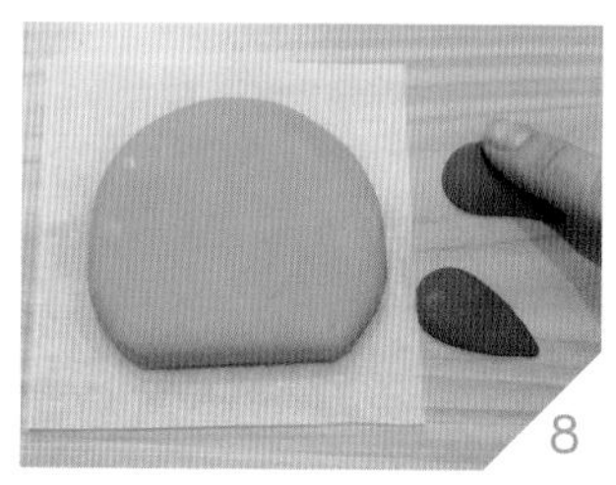

用手将2个深棕色水滴状面团稍微按压成扁平状。

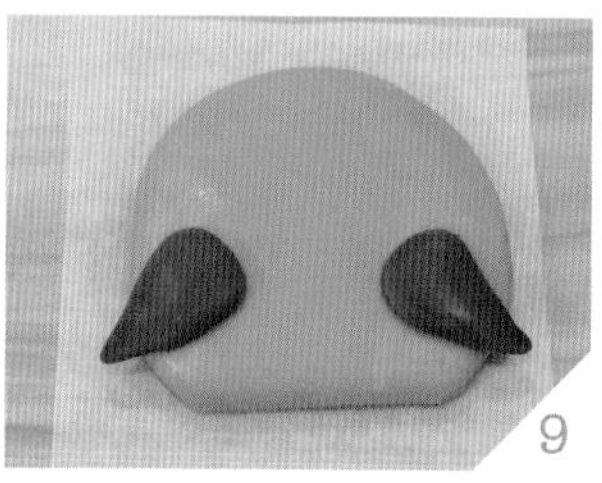

将2个深棕色面团喷水贴在身体两侧，完成鳍。

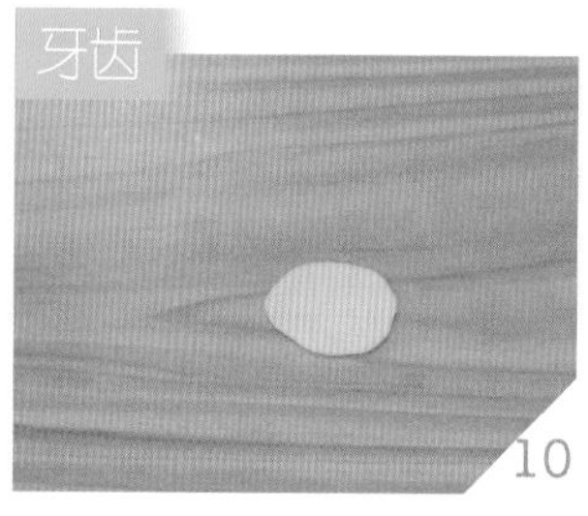

取白色面团1g，用擀面杖擀平。

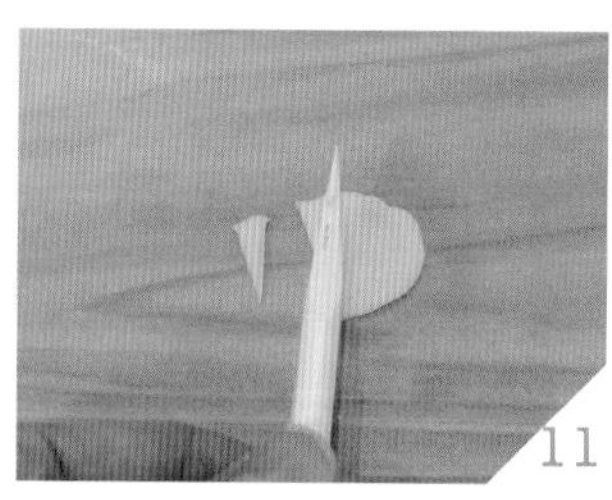

用工具切出2个细长的三角形，当作牙齿。

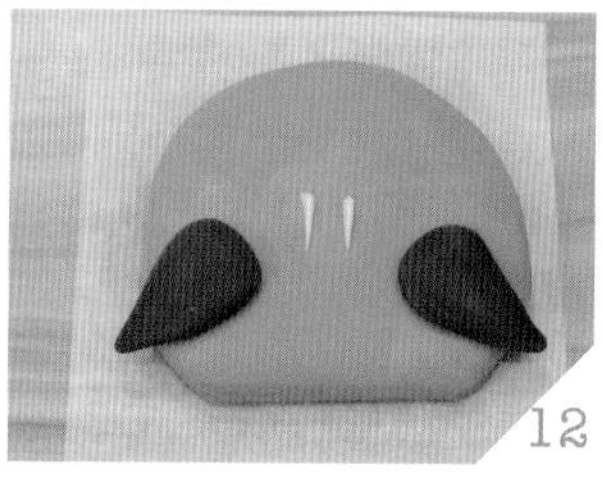

将牙齿蘸水贴上。

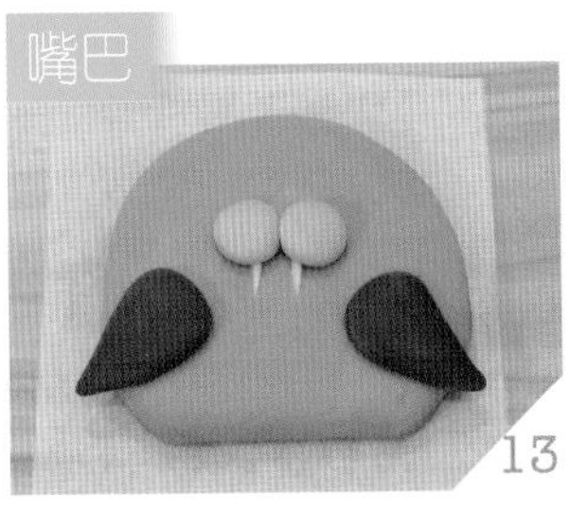

取肤色面团 1g 共 2 个，捏圆后蘸水贴在牙齿上方，完成嘴巴。

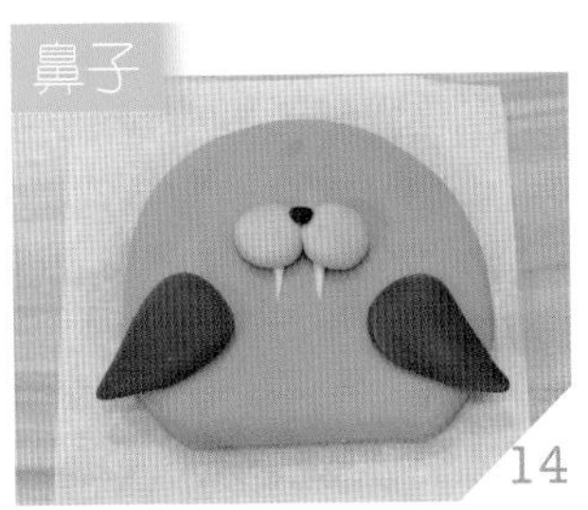

取黑色面团（约米粒大小），蘸水贴在嘴巴中间上方，完成鼻子。

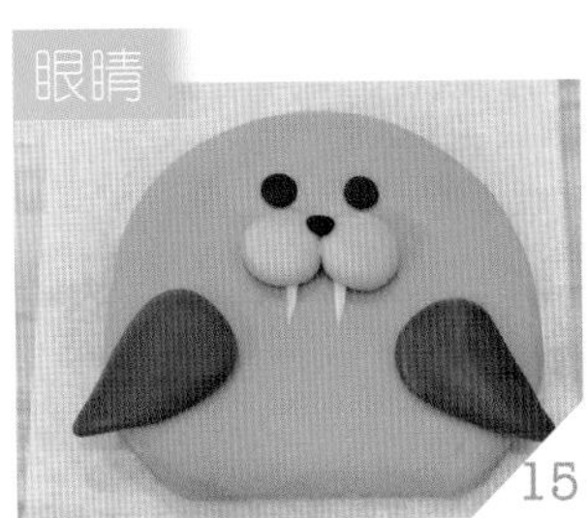

取黑色面团（约绿豆大小）2 个搓圆，蘸水贴上。

再取小白点面团（约芝麻大小）2 个，蘸水贴在黑色面团上，完成眼睛。

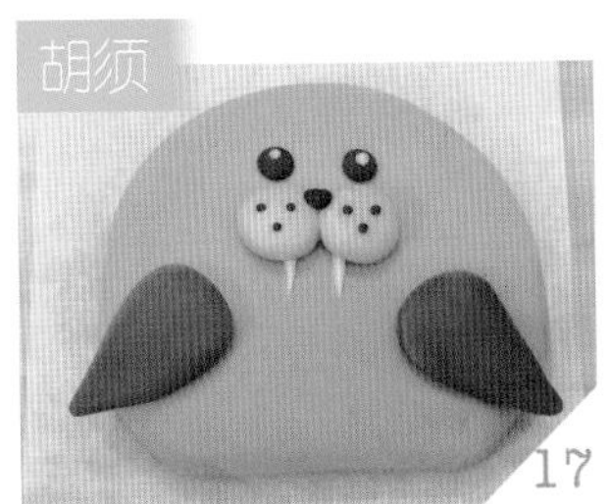

取小黑点面团（约芝麻大小）6 个，蘸水贴上，待发酵完成后，即可进行蒸制。

完成图

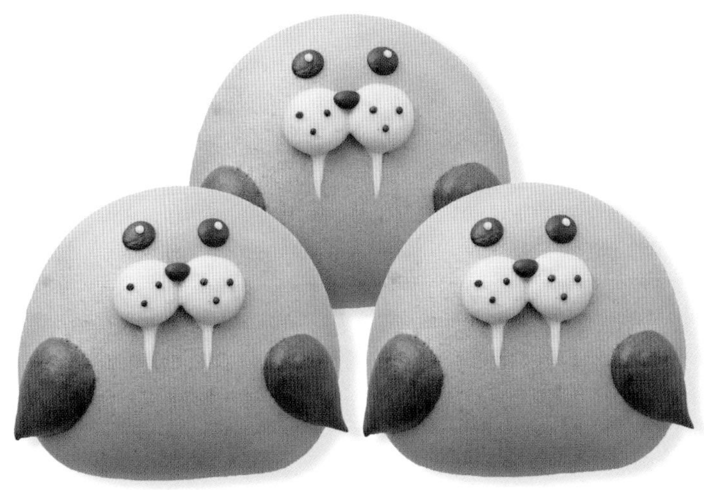

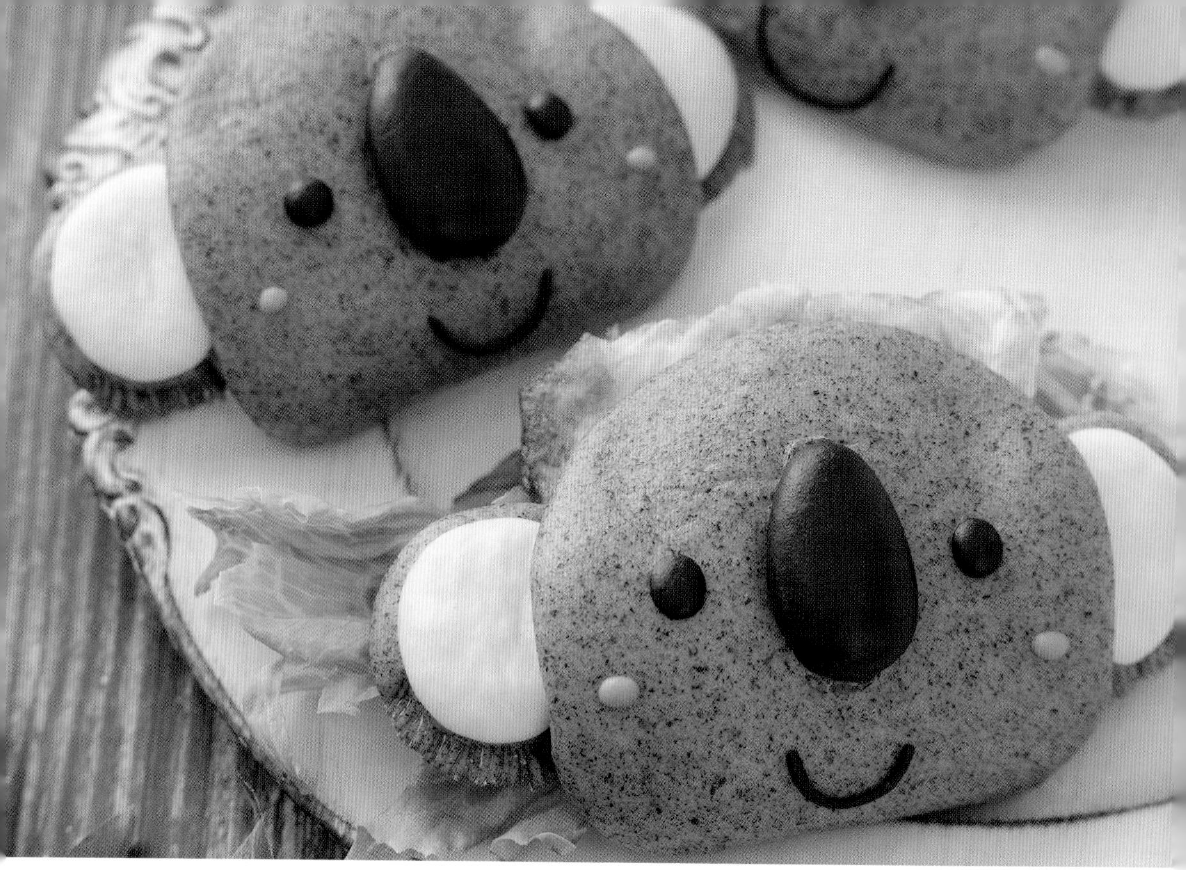

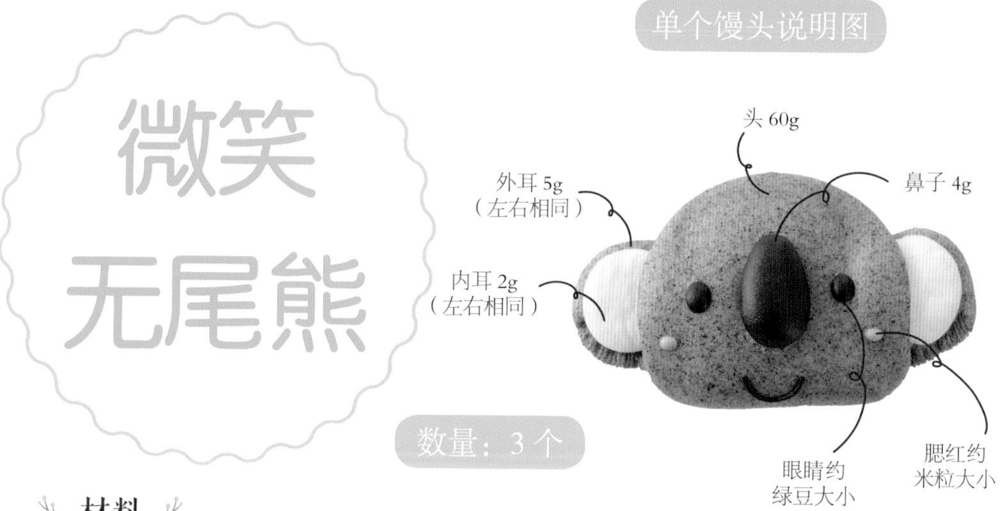

微笑无尾熊

数量：3 个

材料

中筋面粉 150g、牛奶 90g、酵母 1.5g、砂糖 18g、油 1g、色粉（芝麻粉、黑、红）适量

面团

灰色（芝麻粉调制）210g、白色 12g、黑色 15g、粉红色 1g

工具

黏土（或翻糖）工具组、喷水瓶、12cm×14cm 馒头纸、圆形切模（或碗）、擀面杖、电子秤、抹油刷

做法

头部

1

取灰色面团 60g，滚圆，收口朝下。

2

搓长至 10cm。

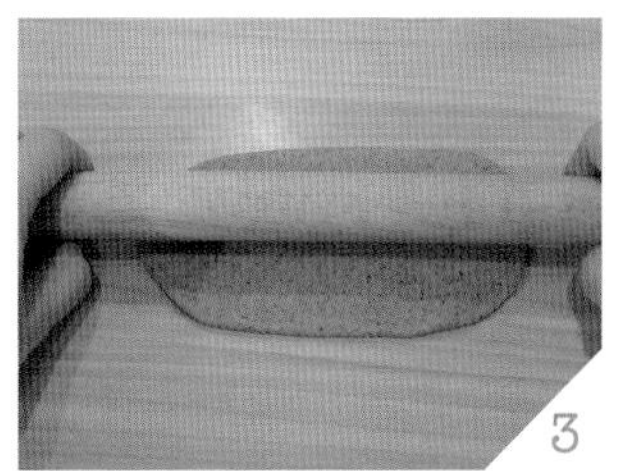
3

将面团横摆，用擀面杖以相同方向上下擀平，擀成长约 12cm、宽约 8cm 的椭圆形。

4

将椭圆形面皮对折，中间夹一张馒头纸。

5

用圆形切模（或碗）切掉刈包下方两侧直角，使其呈圆弧状。

耳朵

6

取灰色面团 5g 共 2 个，分别捏圆。

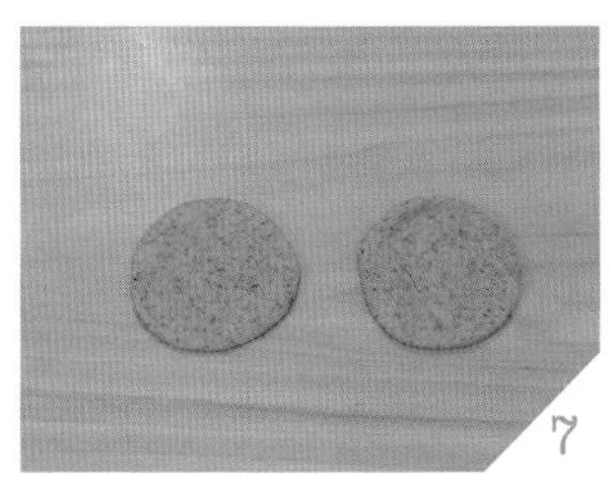
7

用擀面杖将 2 个灰色面团，擀平成直径 5cm 的圆形。

8

取白色面团 2g 共 2 个，分别捏圆。

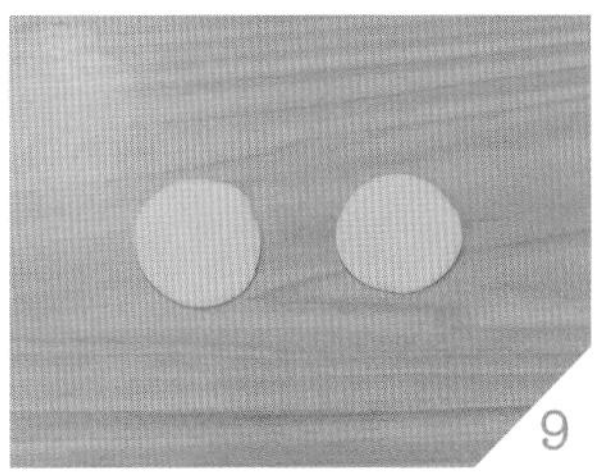
9

用擀面杖将 2 个白色面团，擀平成直径 3cm 的圆形。

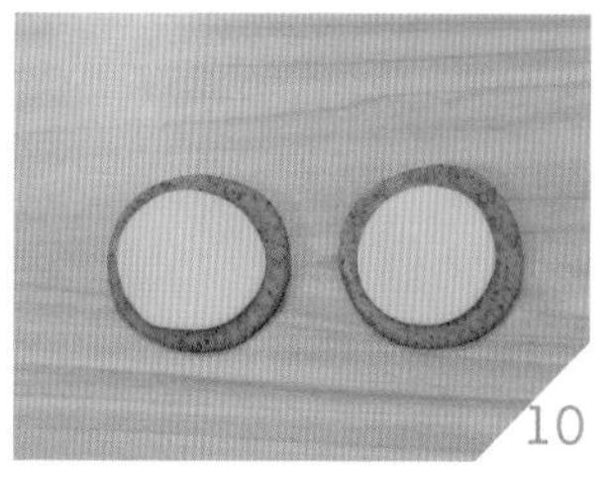

分别将白色圆形喷水，将其贴在灰色圆形上。

贴在上层刈包的下方两侧。

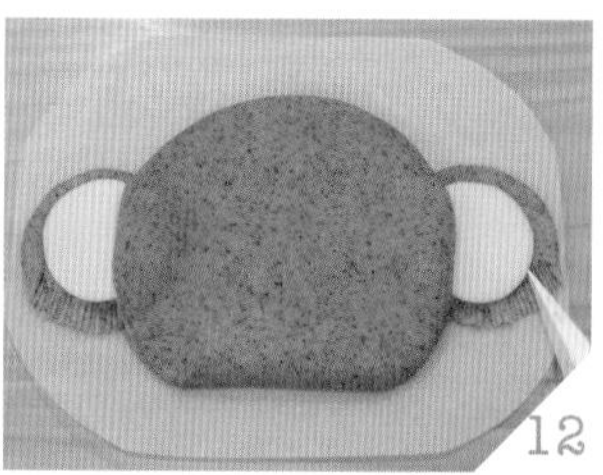

刈包打开，拿掉中间的馒头纸，并在中间抹油。刈包合上，用工具切压耳朵下方，制造毛茸茸的感觉，完成耳朵。

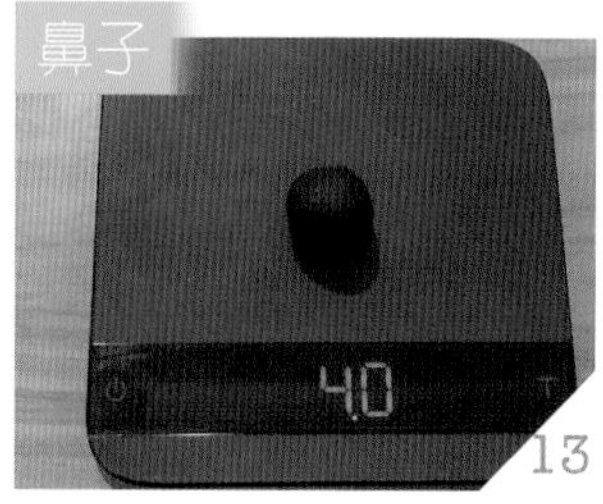

取黑色面团 4g，捏圆。

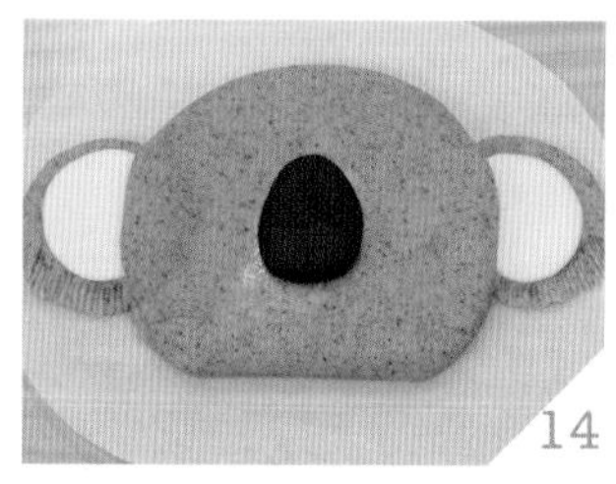

搓成椭圆形，按压扁平成为鼻子的形状，并蘸水贴在脸部上。

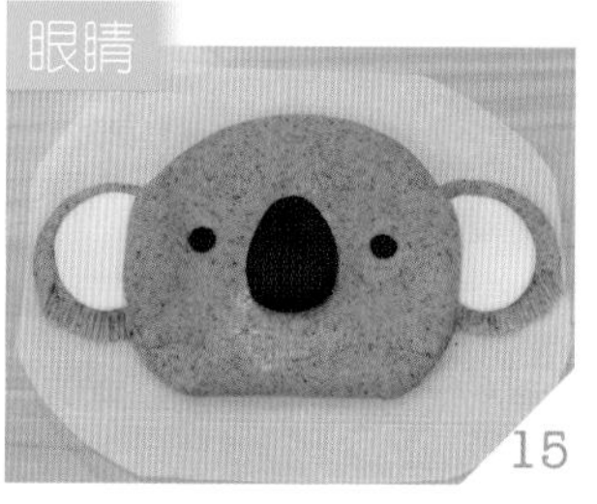

取黑色面团（约绿豆大小）共 2 个，搓圆，稍微按压扁平，蘸水贴上，完成眼睛。

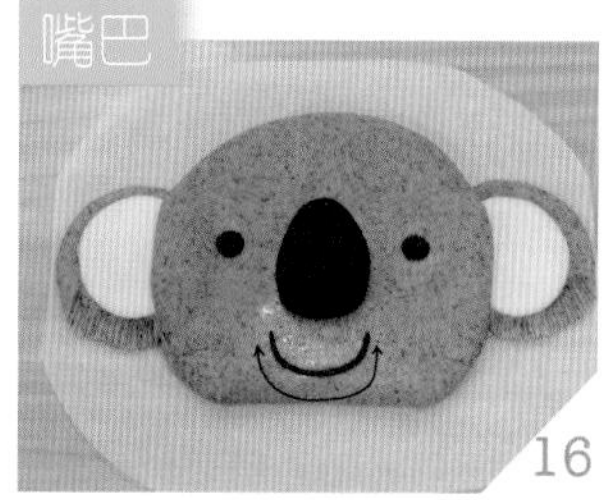

取黑色面团，搓成细线，蘸水贴上嘴部线条并调整弧度。

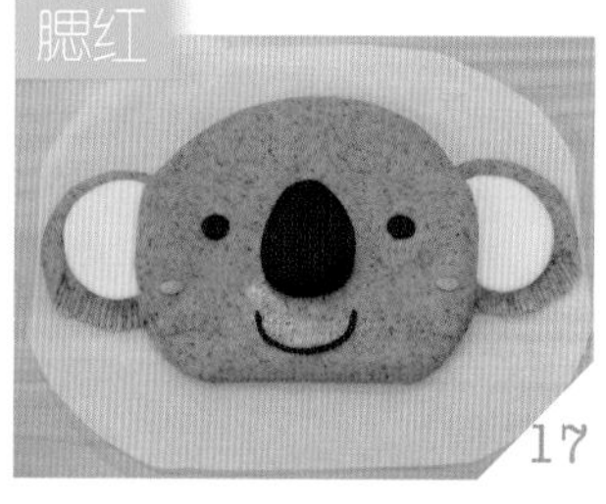

取粉红色面团（约米粒大）共 2 个，分别搓成椭圆形后蘸水贴在脸部，待发酵完成后，即可进行蒸制。

第六章

Chapter

6

最健康的甜甜圈与棒棒糖

10 个孩子中，有 9 个爱吃甜点，
但甜点高糖、高油又高热量，
总是令人担忧影响健康，
不如，一起来做最健康的馒头甜点，
既可爱又健康！

猫咪棒棒糖

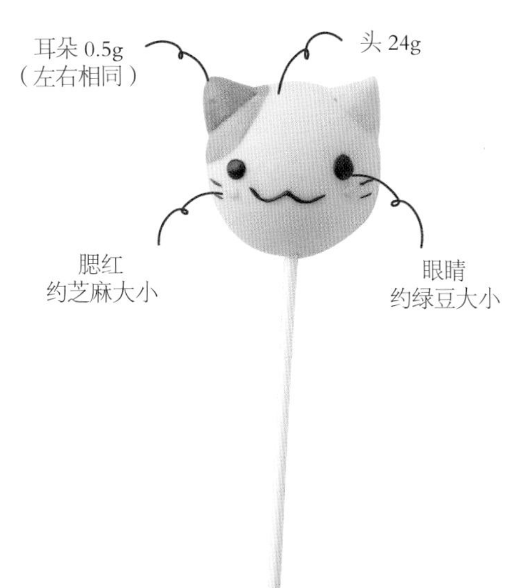

数量：3 个

材料

中筋面粉 60g、牛奶 36g、酵母 0.6g、砂糖 7.2g、油 1g、色粉（黑、红）适量

工具

黏土（或翻糖）工具组、喷水瓶、10cm × 10cm 馒头纸、电子秤、棒棒糖纸棍儿

面团

浅灰色 75g、深灰色 6g、粉红色 1g、黑色 1g

做法

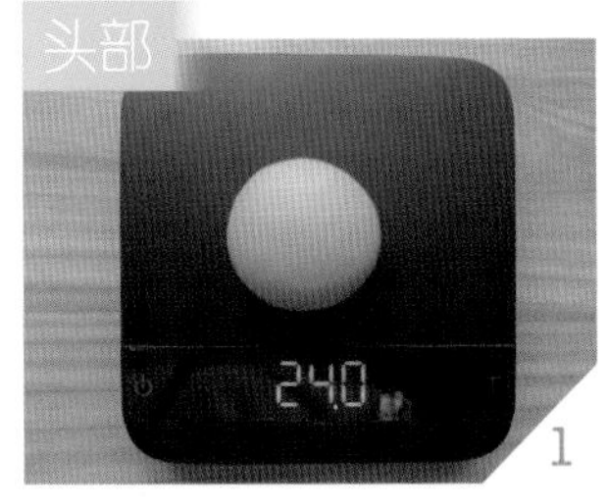

取浅灰色面团 24g，滚圆，面团收口朝下。

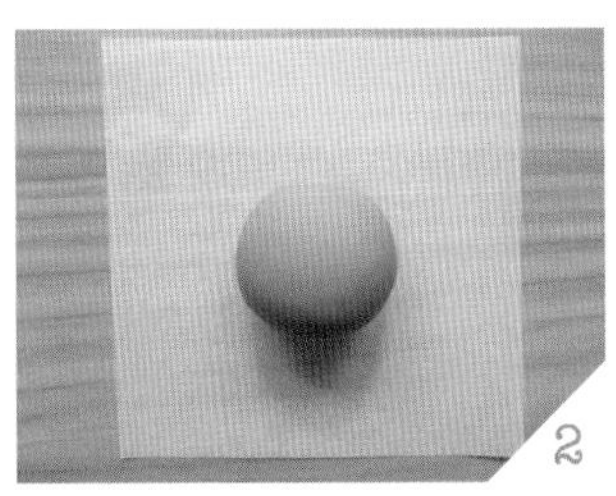

放在馒头纸上备用。

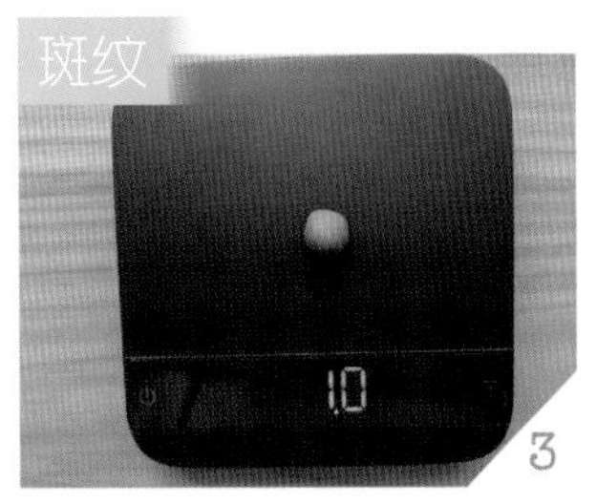

取深灰色面团 1g，捏圆。

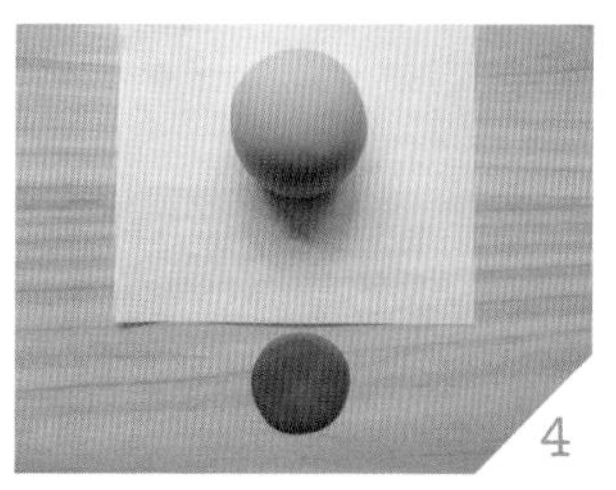

4

用手压扁。

5

喷水贴在头部。

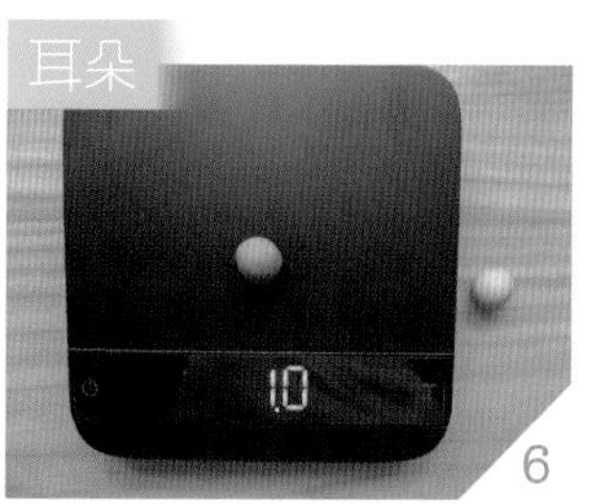

耳朵

6

取浅灰色面团 1g 和深灰色面团 1g，分别捏圆。

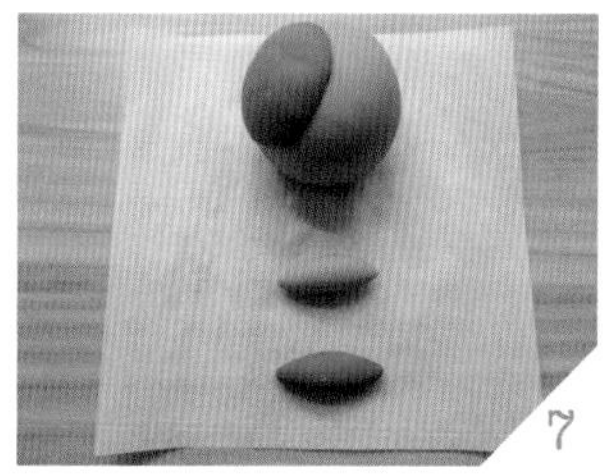

7

再分别搓成纺锤状。

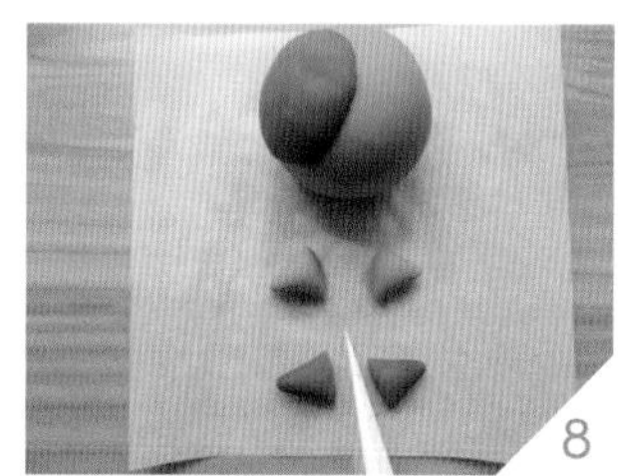

8

用工具将 2 个纺锤状面团都切半，形成 4 个三角锥。

9

2 色三角锥各取 1 个，蘸水贴在头部上方。

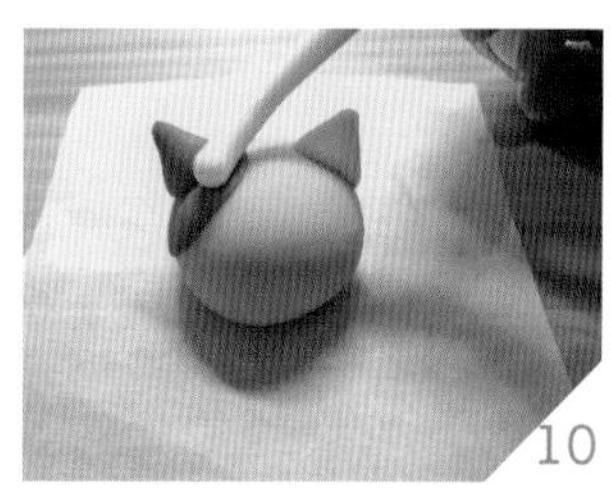

10

用圆头工具将交接处沿边压实，完成耳朵。

嘴巴

11

将黑色面团尾端搓成细线。

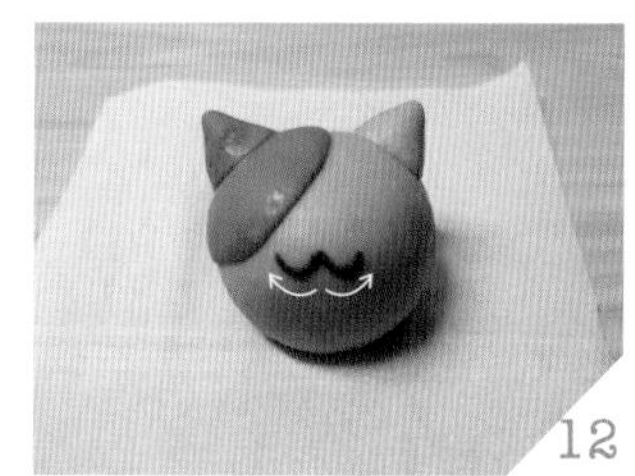

12

取适当长度后，蘸水贴在头部上，并调整弧度。

取黑色面团（约绿豆大小）2个，分别搓圆。

蘸水贴在头部上，完成眼睛。

取粉红色面团（约芝麻大小）2个，分别搓圆。

蘸水贴在眼睛下方，待发酵完成后，即可进行蒸制。

蒸好后，取些许面粉倒入滚水中，搅拌成黏稠的糊状（面粉：滚水＝1：1）。

以棒棒糖纸棍儿蘸少许面糊后，插入蒸好的馒头下方，完成。

棒棒糖纸棍儿

可于烘焙用品店购买，约15cm。

单个馒头说明图

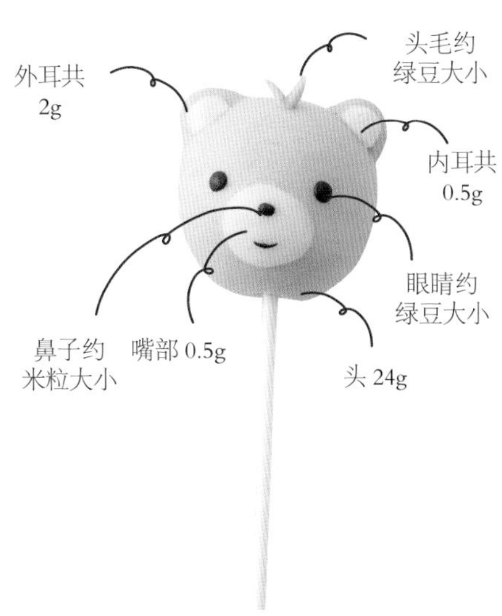

材料

中筋面粉 60g、牛奶 36g、酵母 0.6g、砂糖 7.2g、油 1g、色粉（紫、黑）适量

面团

紫色 79g、白色 3g、黑色 1g

工具

黏土（或翻糖）工具组、喷水瓶、10cm × 10cm 馒头纸、电子秤、棒棒糖纸棍儿

做法

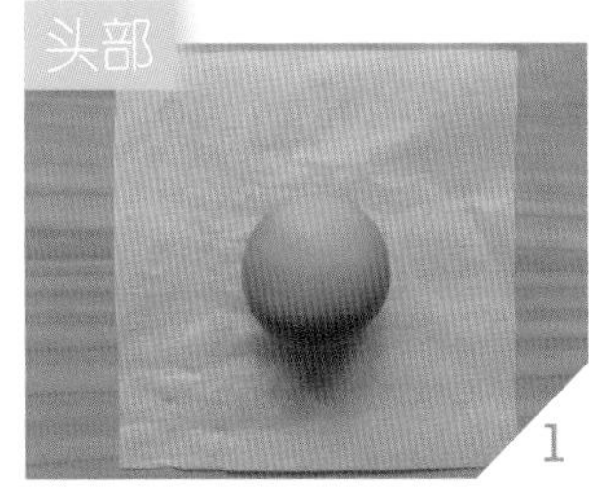

取紫色面团 24g，滚圆，面团收口朝下，放馒头纸上备用。

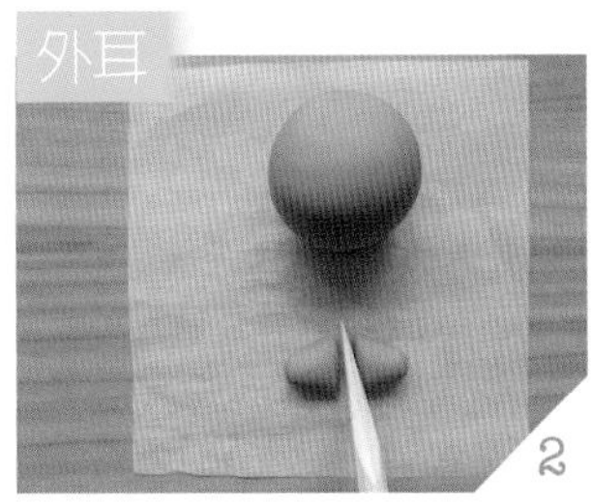

取紫色面团 2g，捏圆后搓成椭圆形，用工具切半。

蘸水贴在头部上方，并用圆头工具在接触面沿边压实，完成耳朵。

取白色面团0.5g，用手压扁成1个圆形。

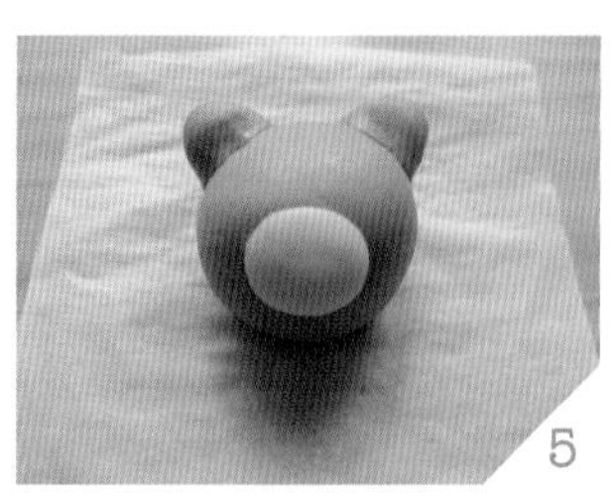

喷水贴在头部，完成嘴部。

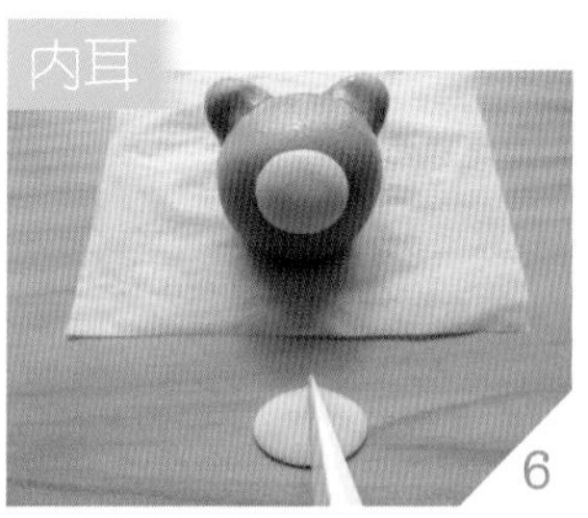

取白色面团0.5g，搓成椭圆形，用手压扁，并用工具切成两半。

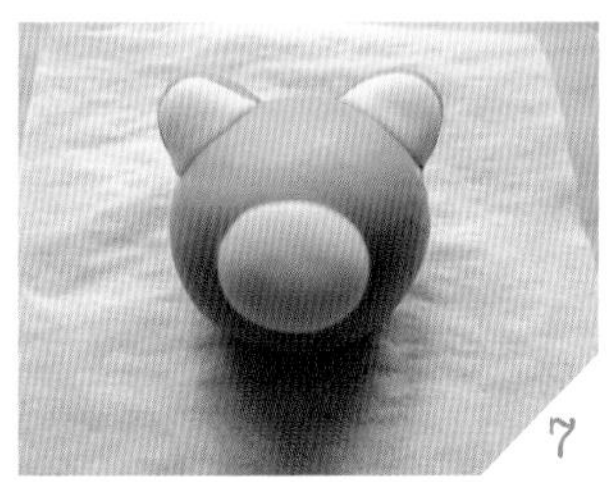

蘸水贴在步骤3完成的紫色耳朵上方，完成内耳。

取黑色面团（约米粒大小），搓成椭圆，蘸水贴在嘴巴上，完成鼻子。

取黑色面团（约绿豆大小），搓圆，蘸水贴在头部，完成眼睛。

取黑色面团，尾端搓成细线，截取适当长度，蘸水贴在鼻子下方，并调整弧度。

取紫色面团（约绿豆大小），搓圆。

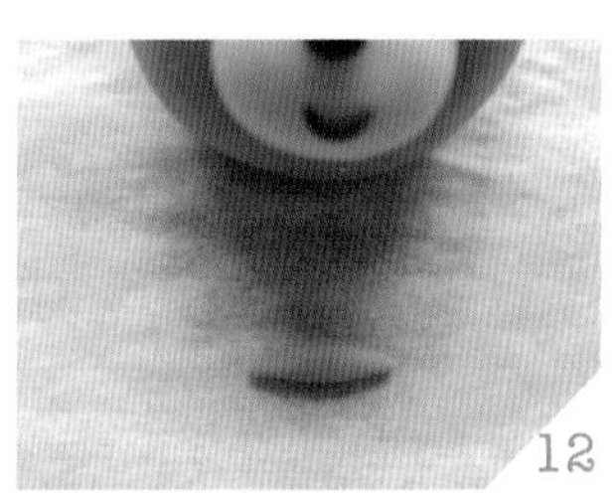

再搓成纺锤状。

蘸水将紫色面团贴在头顶。

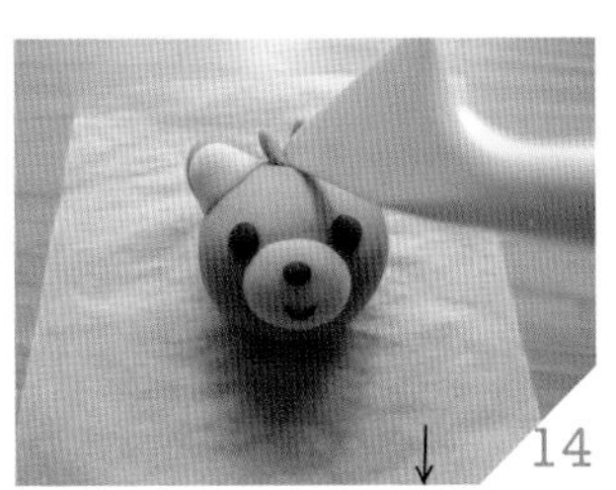

用工具按压中间点，让两端翘起，完成头毛，待发酵完成后，即可进行蒸制。

蒸好后，取些许面粉倒入滚水中，搅拌成黏稠的糊状（面粉：滚水＝1：1）。

以棒棒糖纸棍儿蘸少许面糊后，插入蒸好的馒头下方，完成。

完成图

小海豹玩球

单个馒头说明图

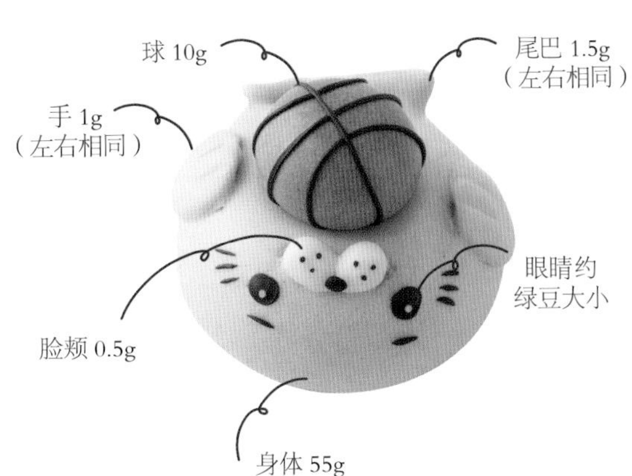

数量：3 个

材料

中筋面粉 140g、牛奶 84g、酵母 1.4g、砂糖 16.8g、油 1g、色粉（蓝、红、黑）适量

面团

蓝色 180g、白色 3g、黑色 3g、红色 30g

工具

黏土（或翻糖）工具组、喷水瓶、10cm × 10cm 馒头纸、2cm 圆形切模（或瓶盖）、电子秤

做法

身体

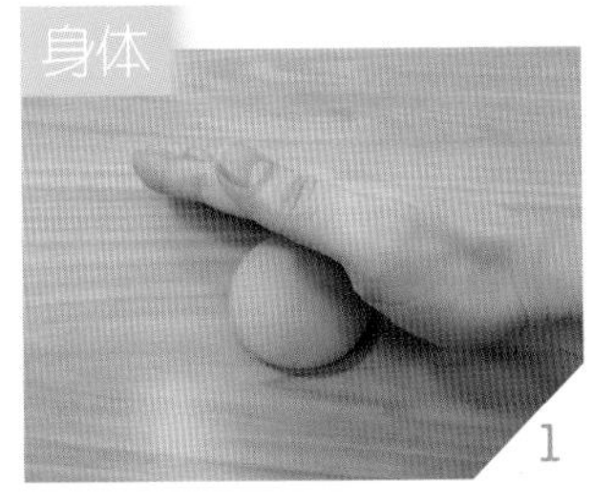

1 取蓝色面团 55g，滚圆，再用手轻轻按压，压成直径约 6cm 的圆形。

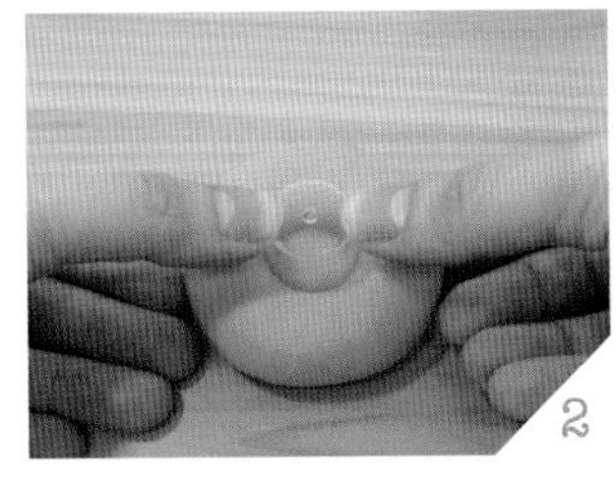

2 取 2cm 的圆形切模或瓶盖在正中央用力压下。

3 完成甜甜圈形状，放在馒头纸上备用。

双手

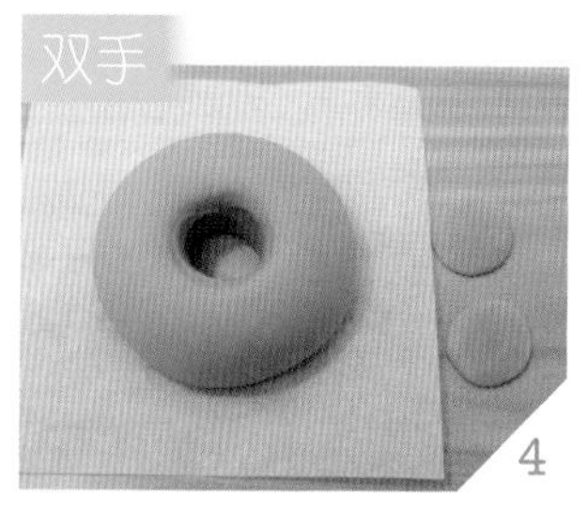

取蓝色面团 1g 共 2 个，分别捏圆并压扁。

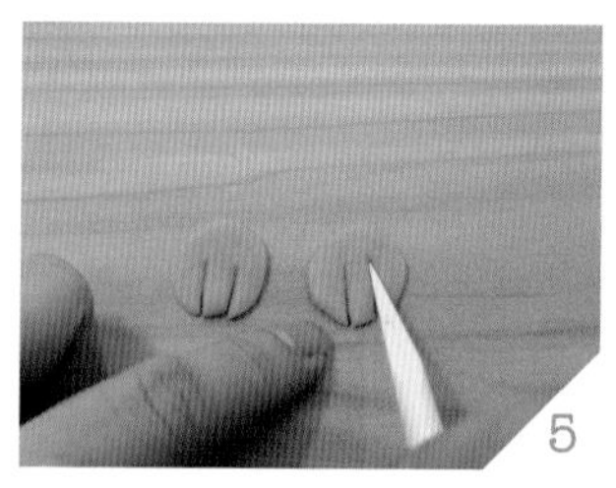

用工具在 2 个扁平的蓝色圆形上各压出 2 道纹路。

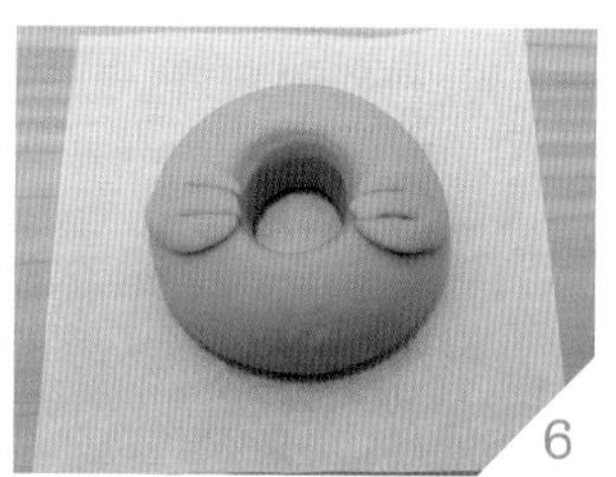

喷水贴在身体两侧。

尾巴

取蓝色面团 1.5g 共 2 个，分别捏圆之后再搓成纺锤状，长度约 2cm，用手压扁。

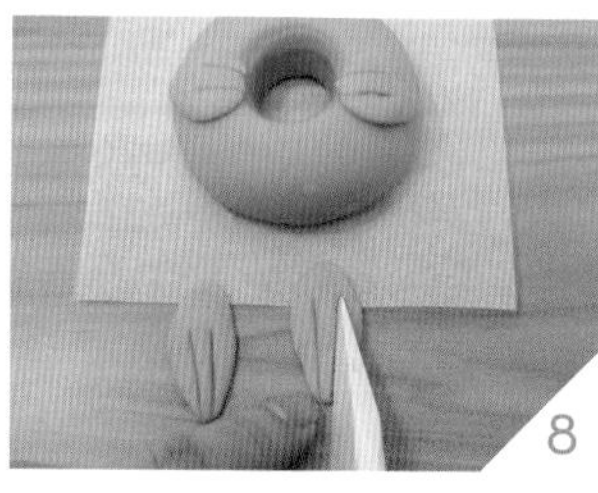

用工具各压出 2 道纹路。

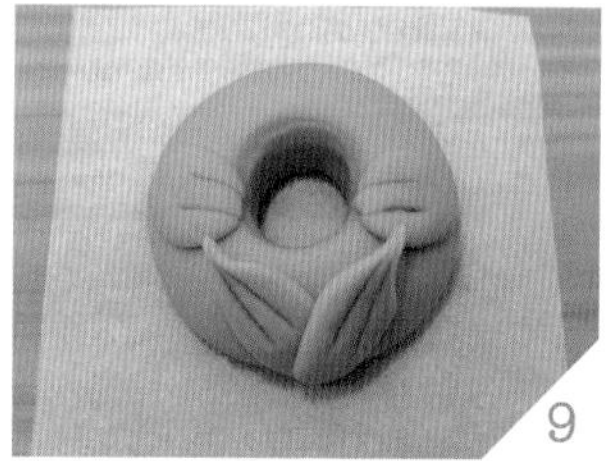

喷水贴在身体下方，尾端交叠，完成尾巴。

脸颊

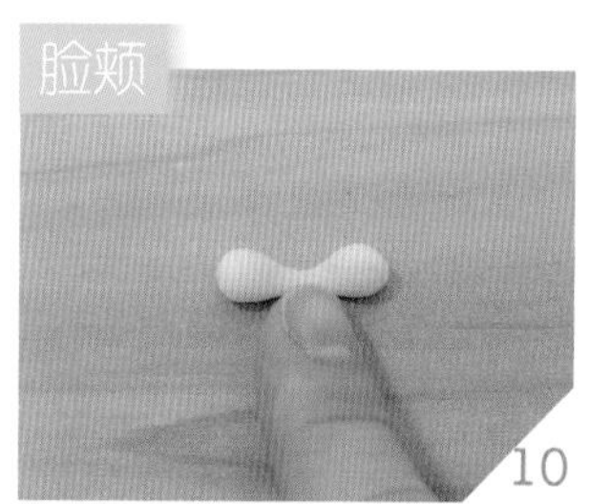

取白色面团 0.5g，捏圆，用手指搓揉圆面团中间。

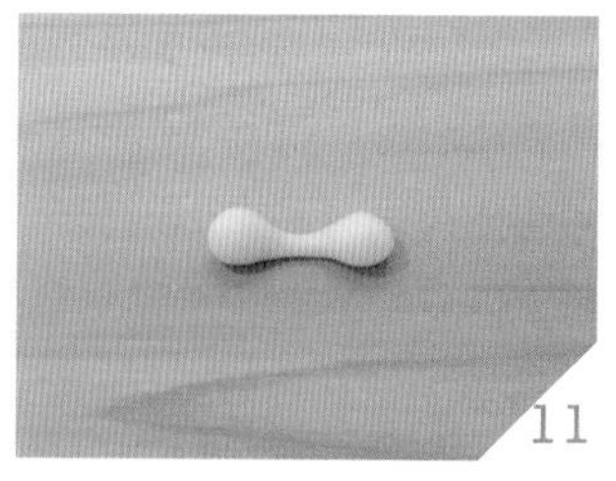

搓成骨头形状，中间细，两端胖。

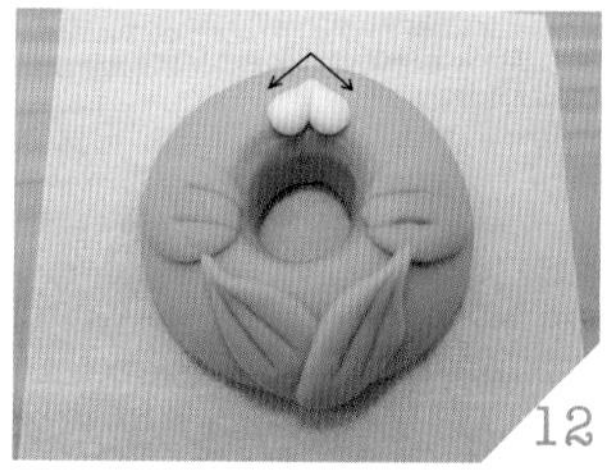

蘸水贴在身体上方，并稍微往下折。

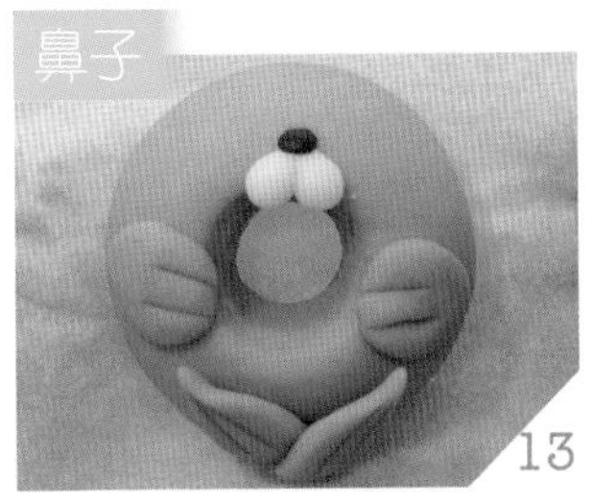

取黑色面团（约米粒大小），搓圆，蘸水贴在步骤12的脸颊上方，完成鼻子。

取黑色面团（约绿豆大小）共2个，捏圆后压扁，蘸水贴在鼻子上方两侧，完成眼睛。

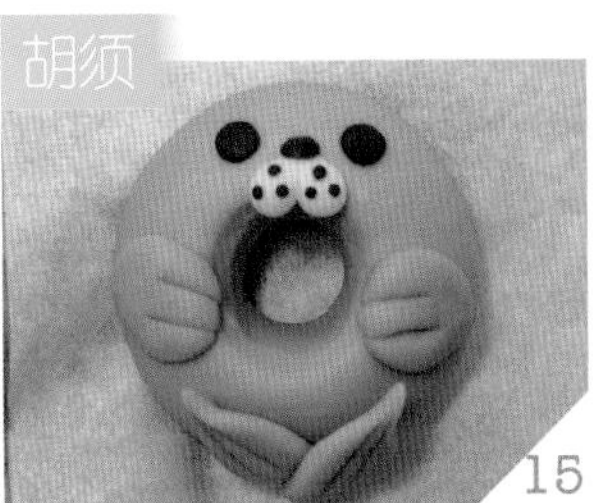

取黑色面团（约芝麻大小）共6个，分别搓圆后，蘸水贴在脸颊的白色部位。

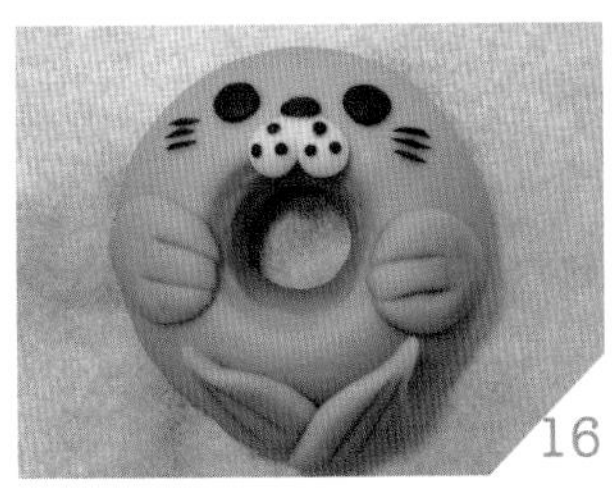

取黑色面团（约芝麻大小）共6个，分别搓成细线，蘸水贴在鼻子两侧，完成胡须。

取白色面团（约芝麻大小）共2个，蘸水贴在步骤16的眼睛上，完成眼珠。

取黑色面团（约芝麻大小）共2个，搓成长条状，贴在眼睛上方，完成眉毛。

取红色面团10g，捏圆，放在馒头纸上备用。

取黑色面团并将尾端搓成细线。

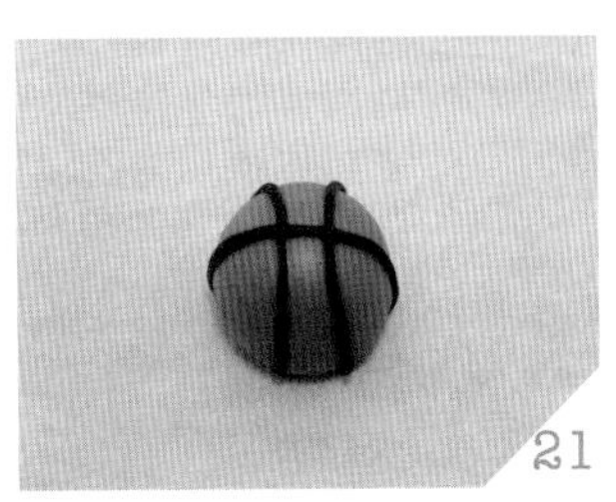

截取适当长度的细线，在红色面团上贴出线条，待发酵完成后，即可进行蒸制。

提示　海豹和球需分别放在两张馒头纸上，蒸熟后才可以组合（也可分开放），像一组玩具，可自由组合。

母鸡带小鸡

单个馒头说明图

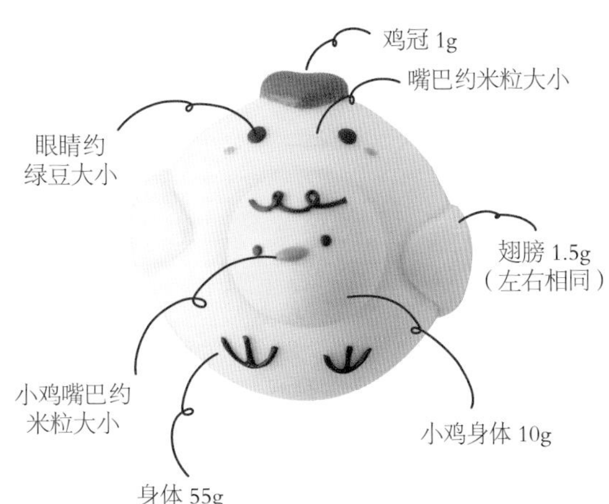

数量：3 个

材料

中筋面粉 140g、牛奶 84g、酵母 1.4g、砂糖 16.8g、油 1g、色粉（黄、黑、红）适量

面团

白色 174g、黄色 31g、黑色 3g、橘色 1g、红色 3g、粉红色 1g

工具

黏土（或翻糖）工具组、喷水瓶、10cm×10cm 馒头纸、2cm 圆形切模（或瓶盖）、电子秤

做法

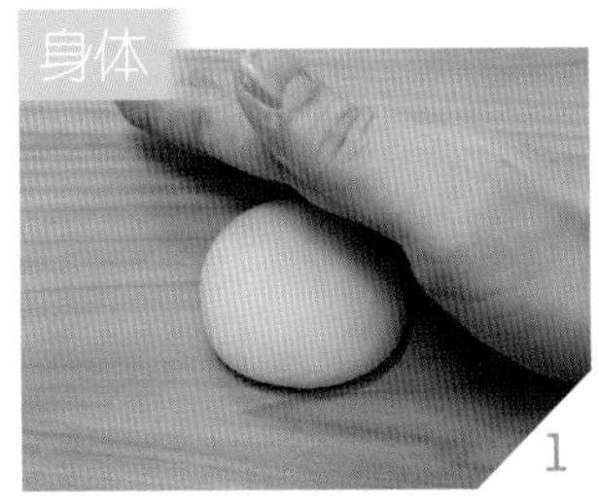

取白色面团 55g，滚圆，再用手轻轻按压，压成直径约 6cm 的圆形。

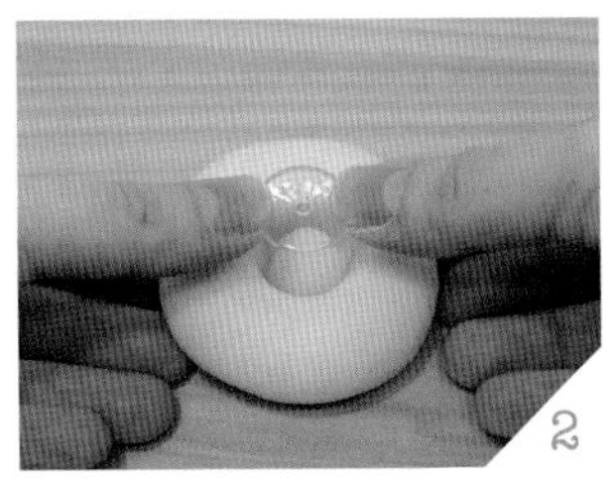

取 2cm 的圆形切模或瓶盖在正中央用力压下，切出圆洞，完成甜甜圈形状。

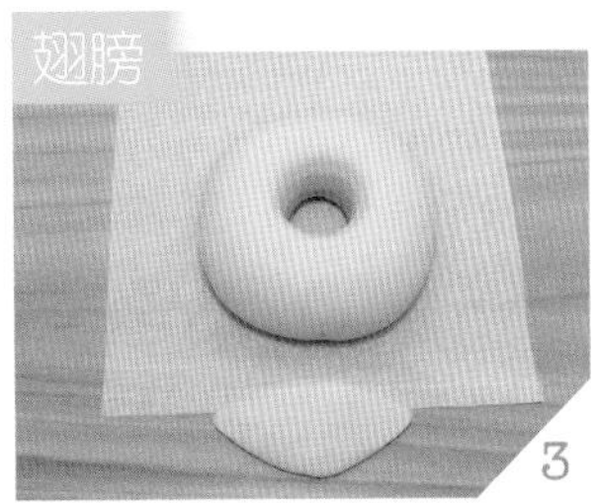

取白色面团 3g，捏圆后，搓成纺锤状并压扁。

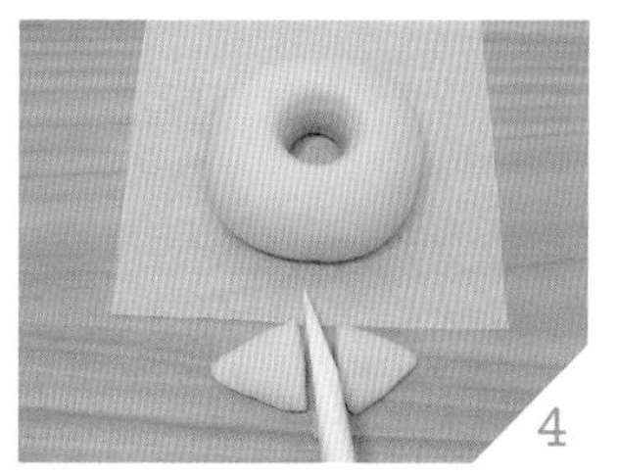

用工具切成两半。

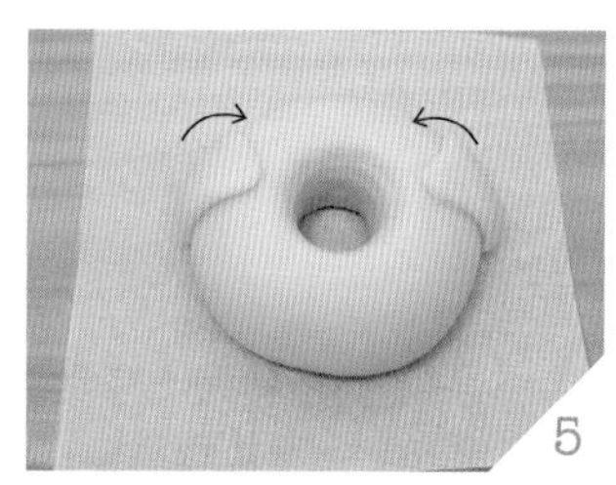

喷水贴在身体两侧，完成翅膀。

取红色面团 1g，并搓成水滴状。

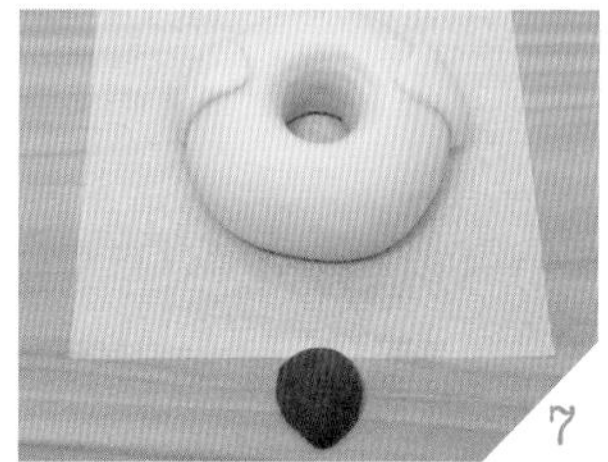

用手压扁，成为 1 个扇形。

用工具从扇形的圆弧中间点往内挤压，形成 1 个爱心。

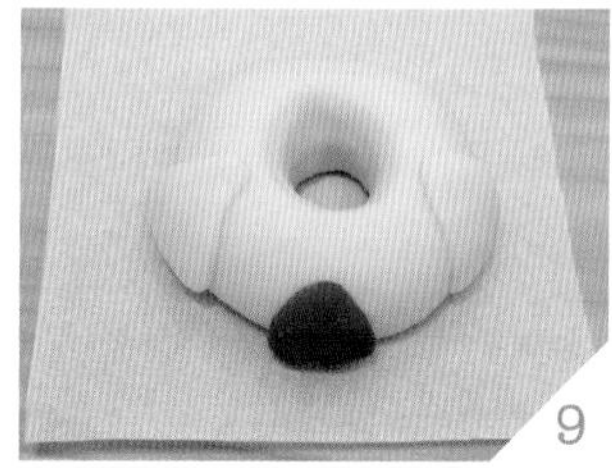

蘸水贴在身体上，完成鸡冠。

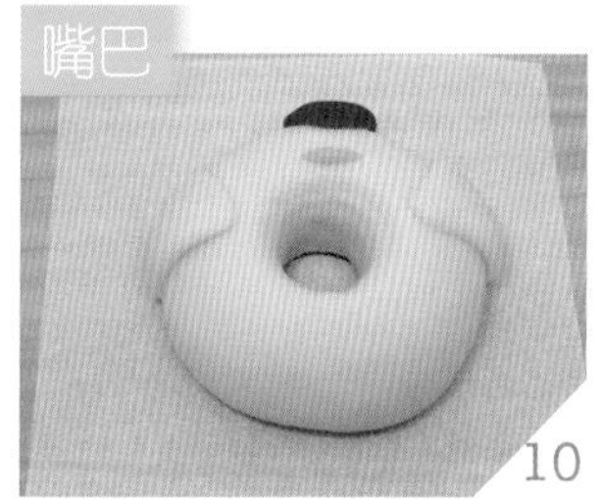

取黄色面团（约米粒大小），搓成纺锤状，贴在鸡冠下方，完成嘴巴。

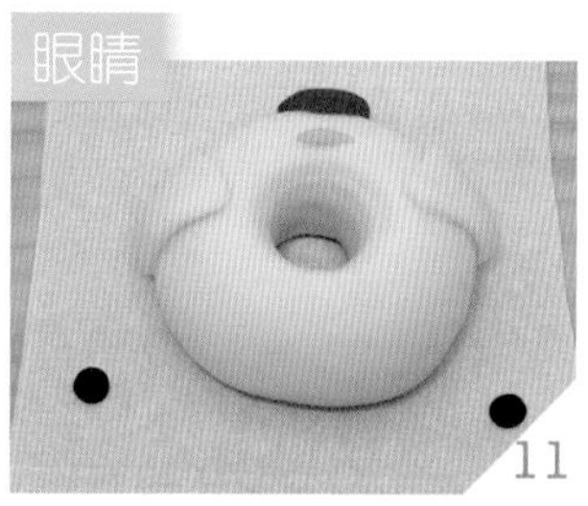

取黑色面团（约绿豆大小）共 2 个，搓圆后用手压扁。

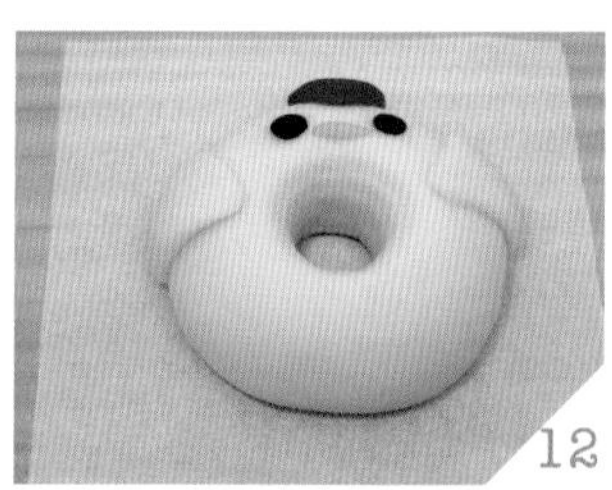

蘸水贴在嘴巴上方两侧。

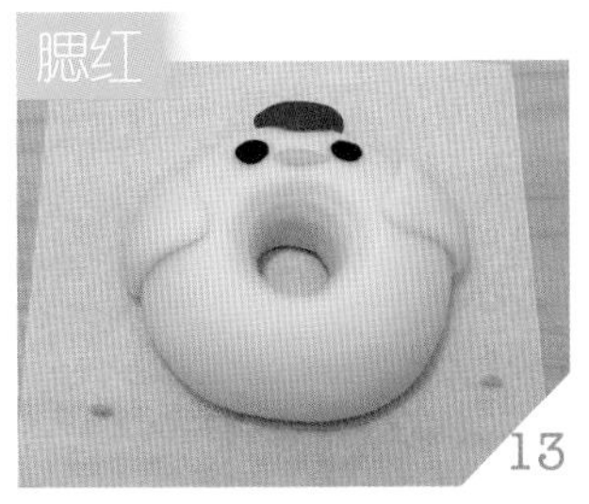

取粉红色面团（约芝麻大小）2个，搓成椭圆形。

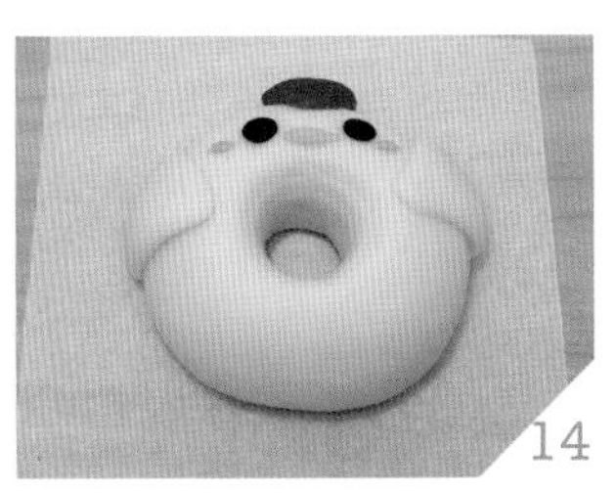

蘸水贴在眼睛外侧，完成腮红。

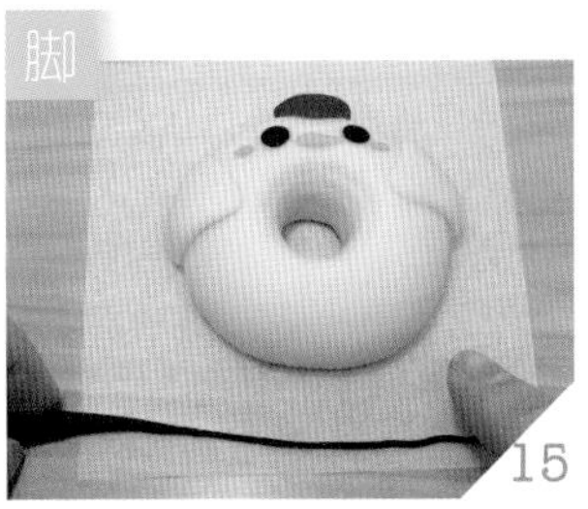

将黑色面团尾端搓成细线。

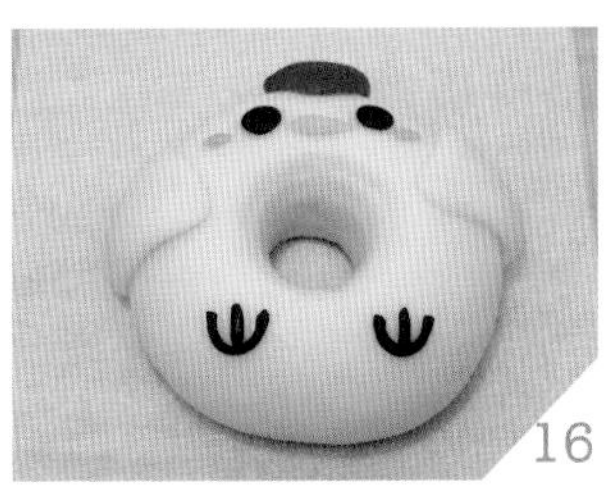

取适当长度，在身体下方贴出“W”状的细线。

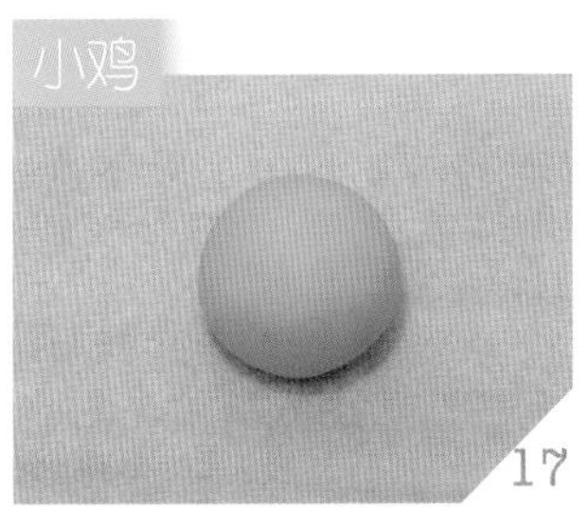

取黄色面团10g，捏圆后，放馒头纸上备用。

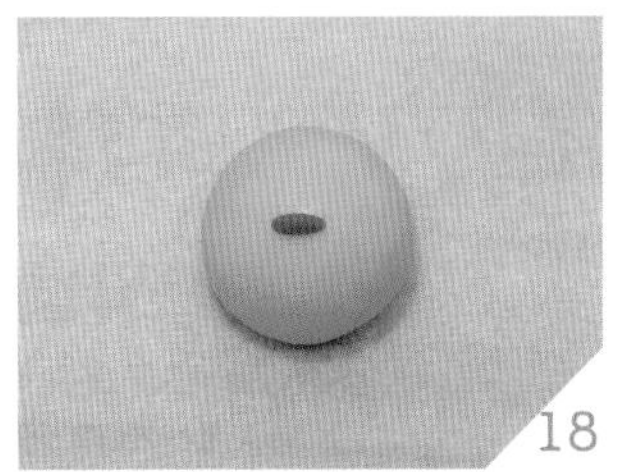

取橘色面团（约米粒大小），蘸水贴在黄色面团上。

取黑色面团（约米粒大小）共2个，搓圆后蘸水贴在嘴巴上方两侧，完成眼睛。

将黑色面团搓成细线，在眼睛上方贴出卷曲线条，待发酵完成后，即可进行蒸制。

提示 | 母鸡和小鸡需分别放在两张馒头纸上，蒸熟后才可以组合（也可分开放），像一组玩具，可自由组合。

水里的青蛙

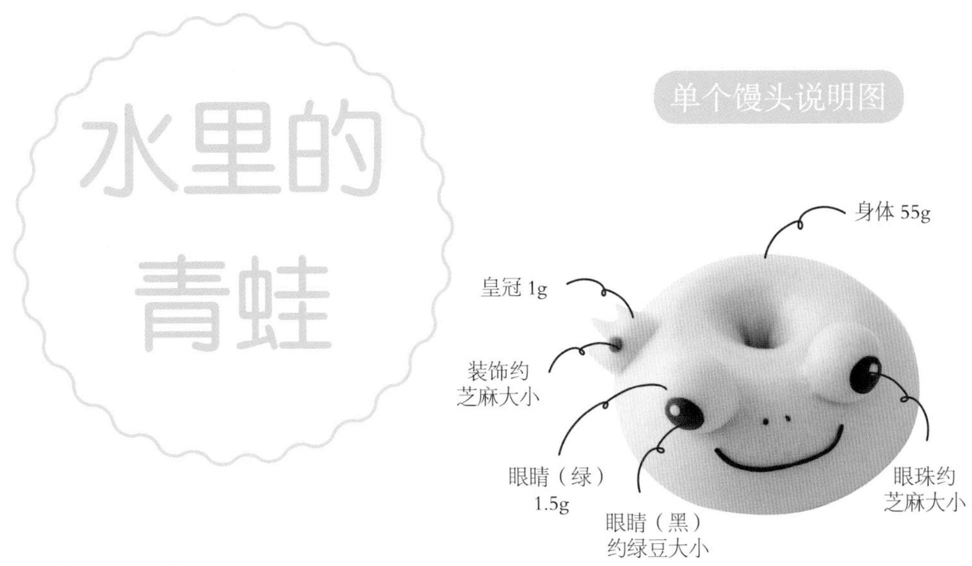

数量：3 个

材料

中筋面粉 120g、牛奶 72g、酵母 1.2g、砂糖 14.4g、油 1g、色粉（绿、黄、红、黑）适量

面团

绿色 174g、黄色 3g、黑色 2g、红色 1g、白色 1g

工具

黏土（或翻糖）工具组、喷水瓶、10cm × 10cm 馒头纸、2cm 圆形切模（或瓶盖）、电子秤

做法

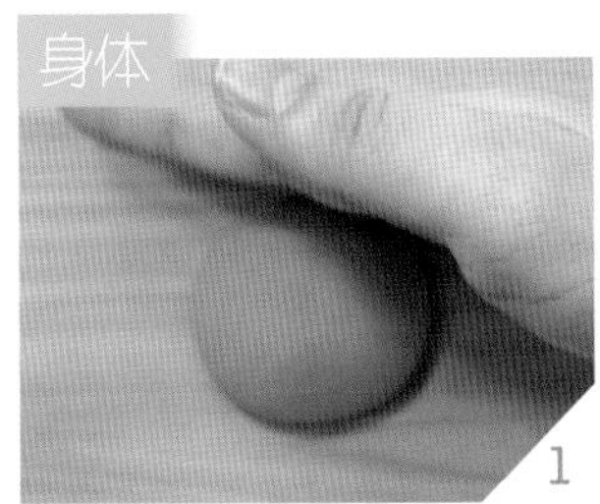

取绿色面团 55g，滚圆，再用手轻轻按压，压成直径约 6cm 的圆形。

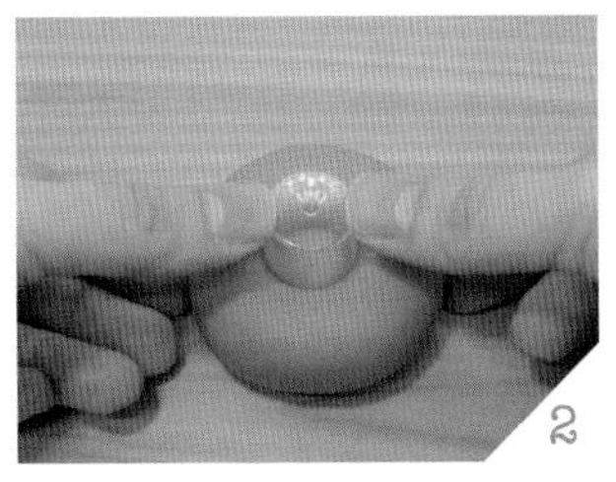

取 2cm 的圆形切模或瓶盖在正中央用力压下。

完成甜甜圈形状，放在馒头纸上备用。

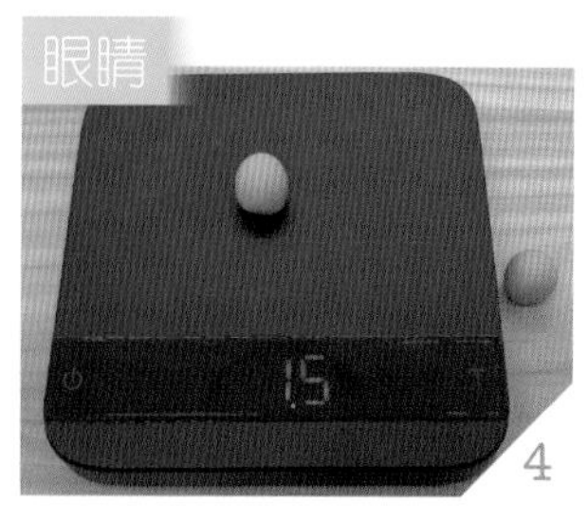

取绿色面团 1.5g 共 2 个，分别捏圆。

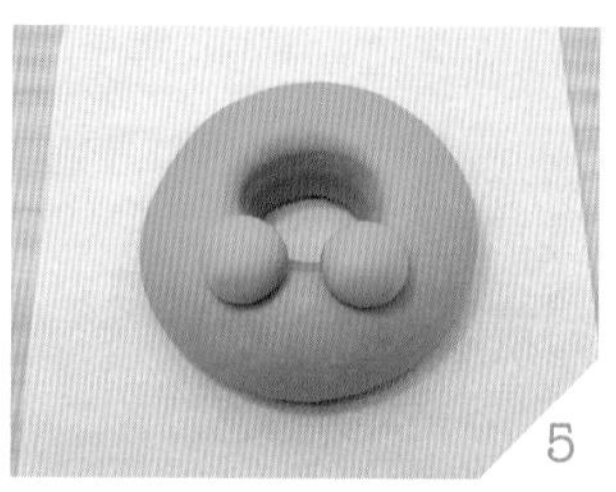

蘸水后贴在靠近甜甜圈中心的内侧。

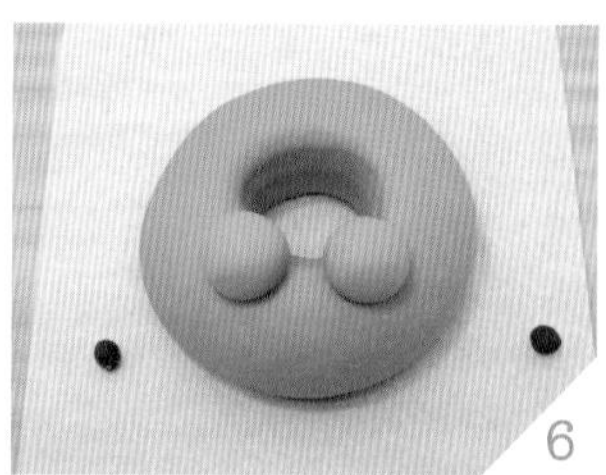

取黑色面团（约绿豆大小）共 2 个，分别搓圆。

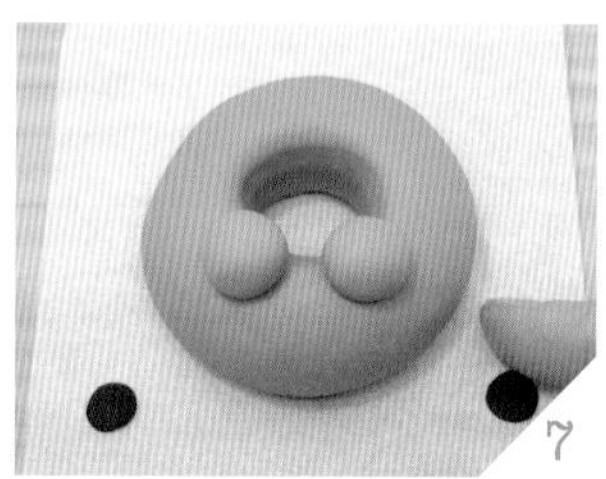

用手压扁。

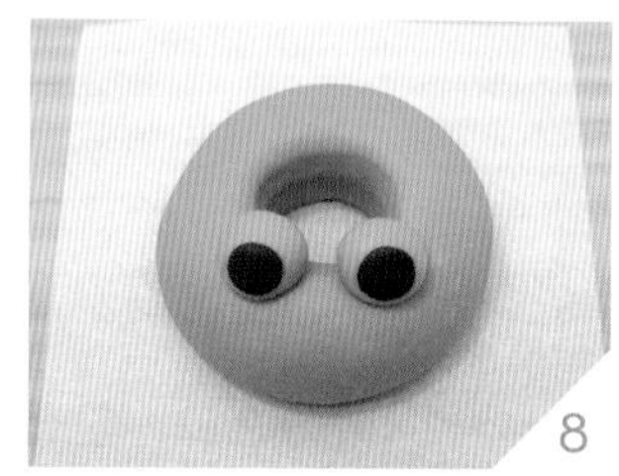

蘸水贴在步骤 5 的绿色面团上，完成眼睛。

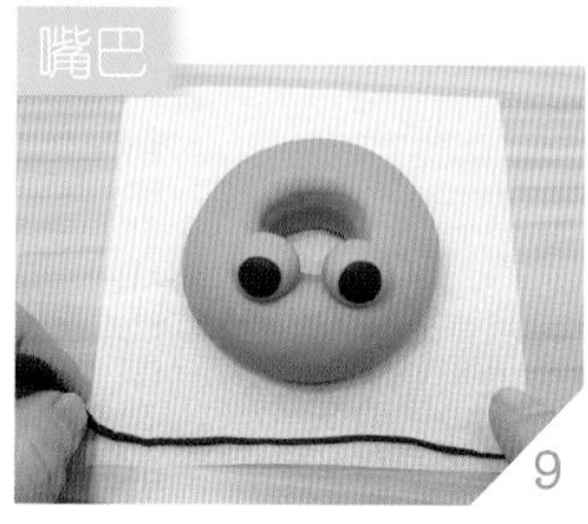

取黑色面团，并将尾端搓成细线。

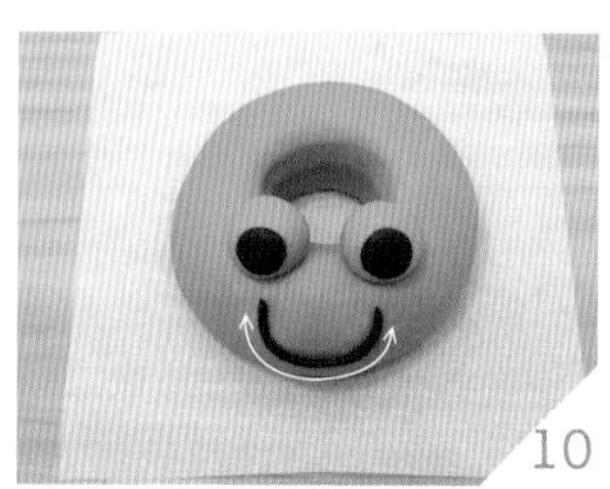

取适当长度，蘸水贴在眼睛下方并调整弧度。

取黑色面团（约芝麻大小）共 2 个，分别搓成椭圆形后，贴在嘴巴上方。

取白色面团（约芝麻大小）共 2 个，蘸水贴在步骤 8 的黑色面团上，完成眼珠。

皇冠

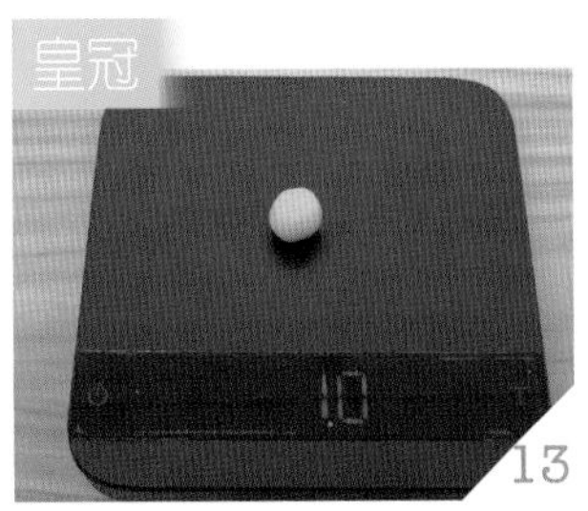

13

取黄色面团 1g，捏圆。

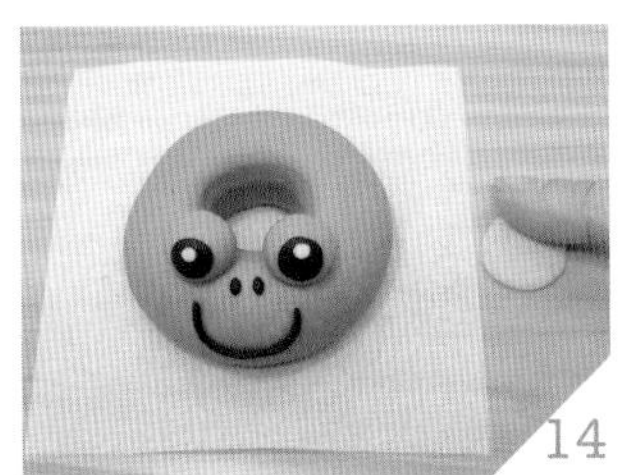
14

用手压扁。

15

用工具切出皇冠的形状。

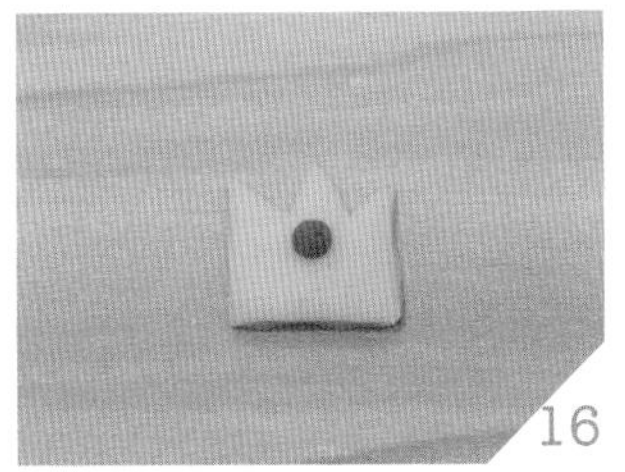
16

取红色面团（约芝麻大小），搓圆后蘸水贴在皇冠中心点。

17

在皇冠背后喷薄水，贴在青蛙脸部左上方。

18

用圆头工具将接触面沿边压实，待发酵完成后，即可进行蒸制。

完成图

单个馒头说明图

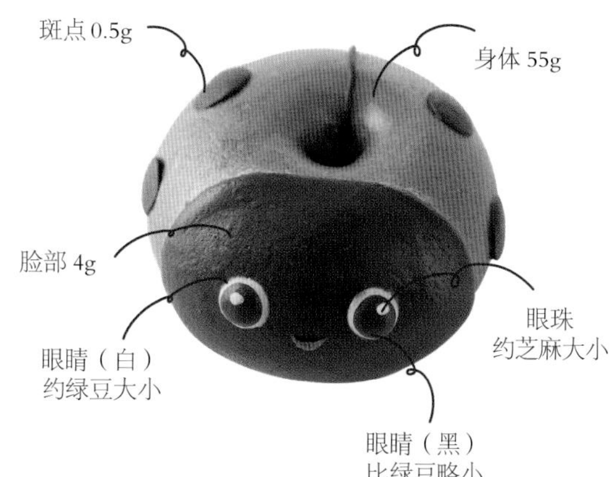

数量：3个

材料

中筋面粉 130g、牛奶 78g、酵母 1.3g、砂糖 15.6g、油 1g、色粉（红、黑）适量

面团

红色 166g、黑色 25g、白色 2g

工具

黏土（或翻糖）工具组、喷水瓶、10cm×10cm 馒头纸、2cm 圆形切模或瓶盖、电子秤、擀面杖

做法

取红色面团 55g，滚圆，再用手轻轻按压，压成直径约 6cm 的圆形。

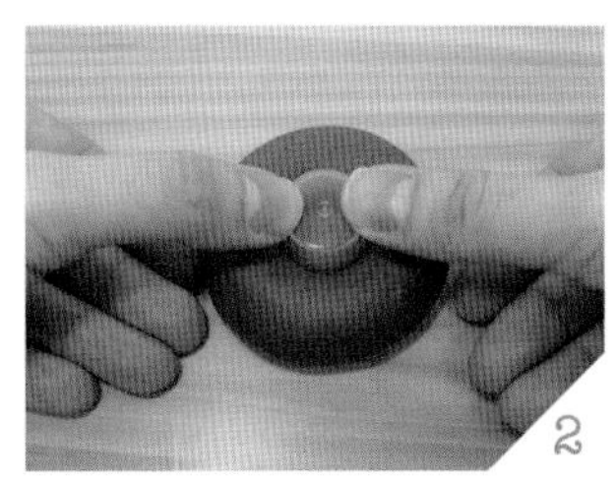

取 2cm 的圆形切模或瓶盖在正中央用力压下，切出圆洞，完成甜甜圈形状。

取黑色面团 4g，捏圆并搓成纺锤状。

将纺锤状面团横放，用擀面杖以相同方向擀成1张椭圆形面皮。

在身体下方喷薄水，贴上椭圆形面皮，多余部分往下收完成脸部。

将黑色面团尾端搓成细线。

取适当长度，蘸水贴在与脸部相对的位置上，将身体分成2个部分。

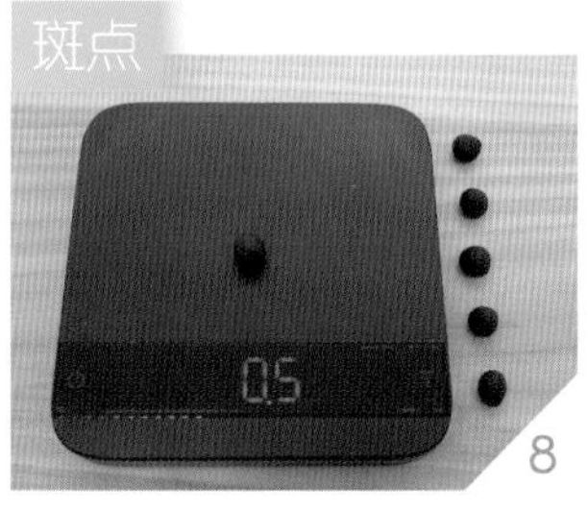

取黑色面团0.5g共6个，分别搓圆。

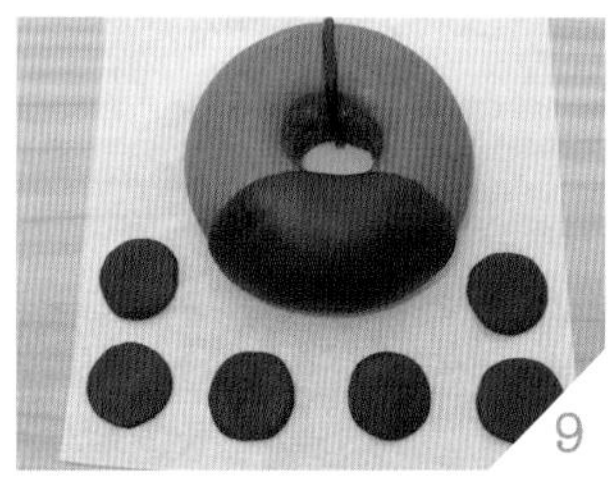

用手分别压扁。

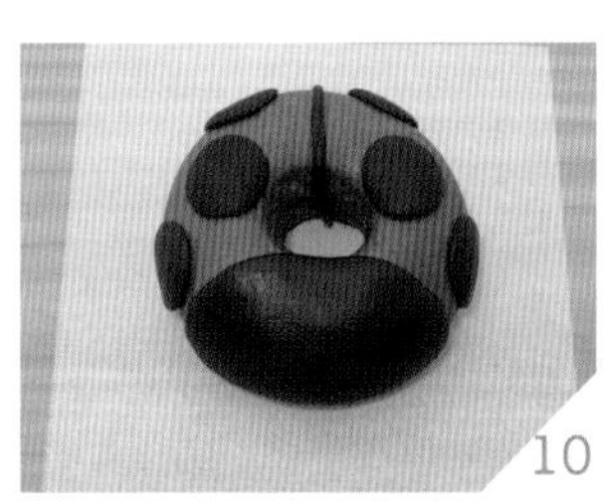

蘸水贴在身体上，每边贴3个，完成瓢虫斑点。

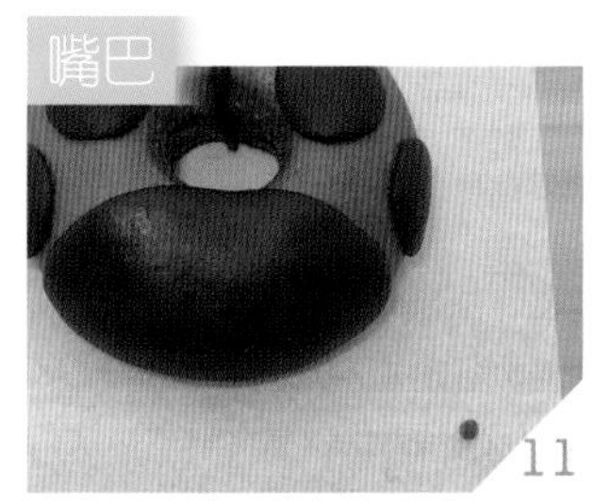

取红色面团（约芝麻大小）。

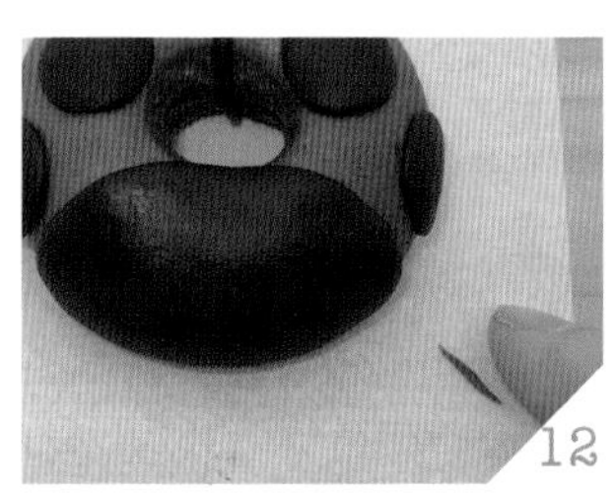

用手搓成细线。

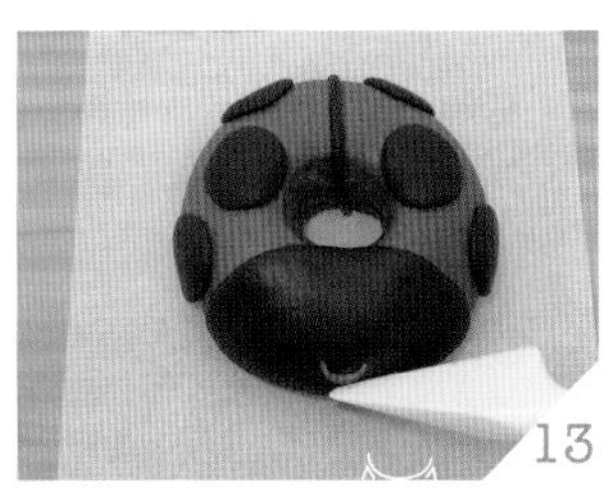

蘸水贴在脸部上，调整弧度，完成嘴巴。

眼睛

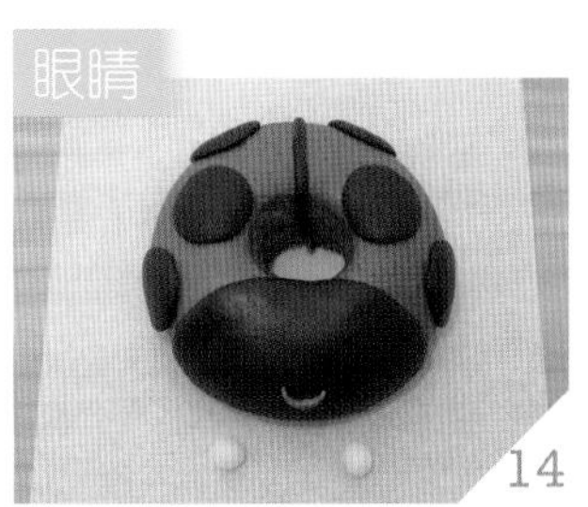

取白色面团（约绿豆大小）2 个，搓圆。

用手压扁。

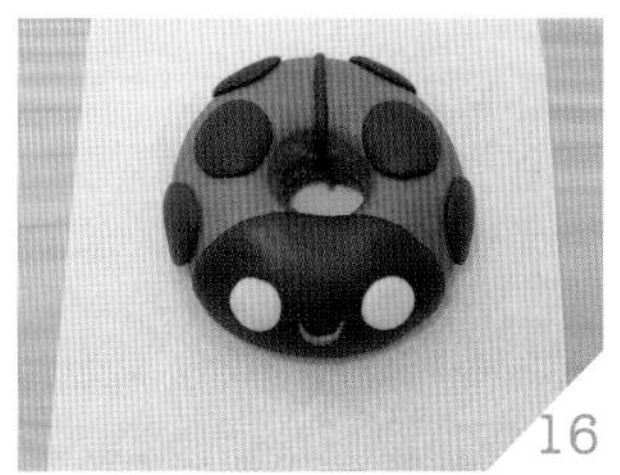

蘸水贴在嘴巴两侧。

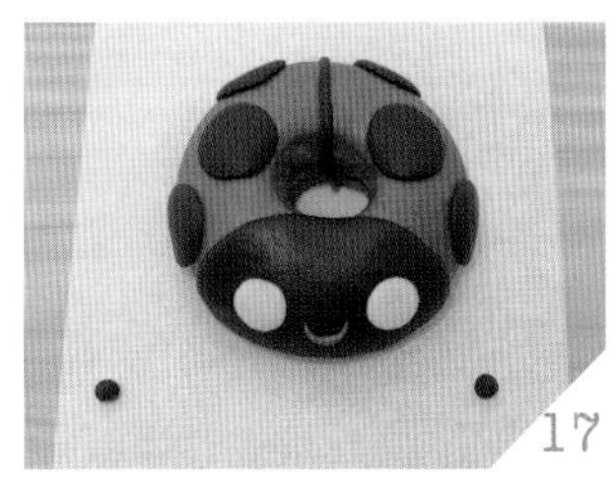

取黑色面团（比绿豆略小）2 个，搓圆。

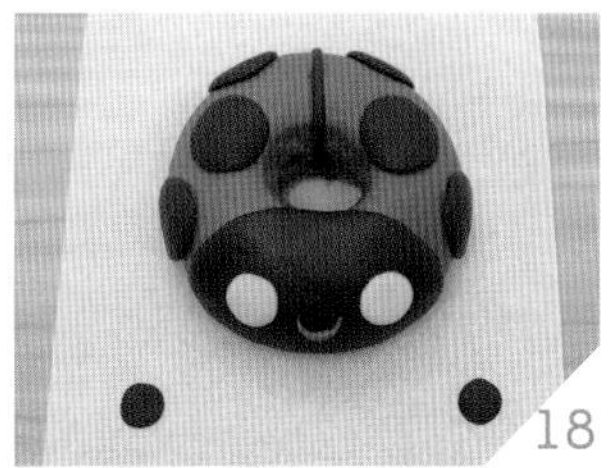

用手压扁。

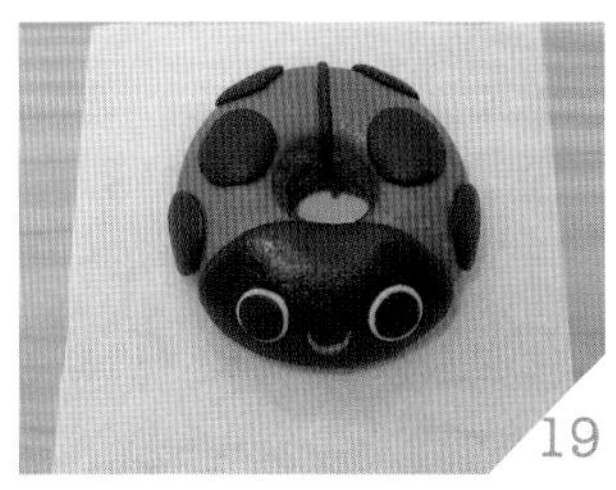

蘸水贴在步骤 17 的白色圆形上。

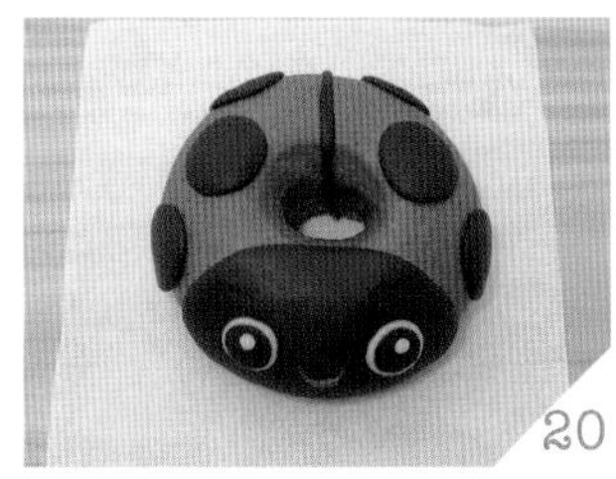

取白色面团（约芝麻大小）2 个，搓圆后贴在黑色圆形上，待发酵完成后，即可进行蒸制。

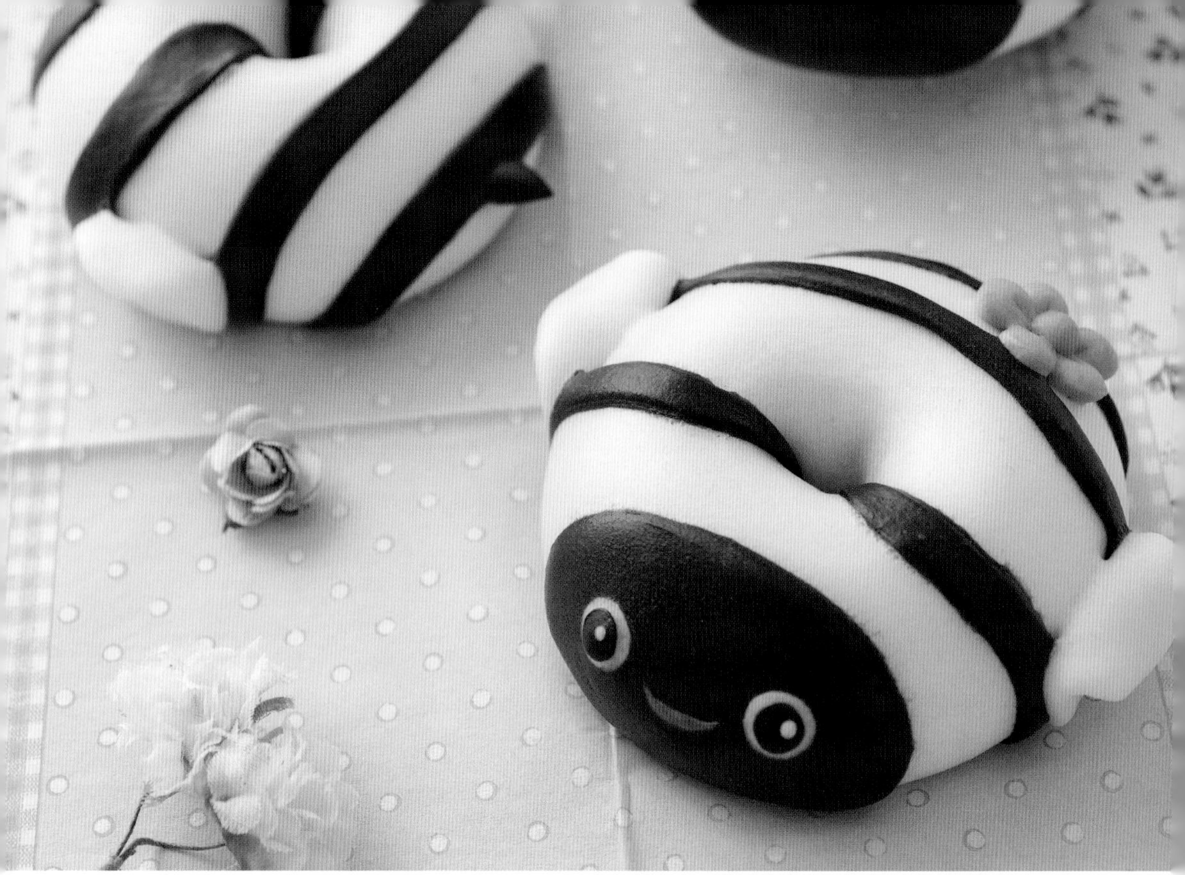

嗡嗡小蜜蜂

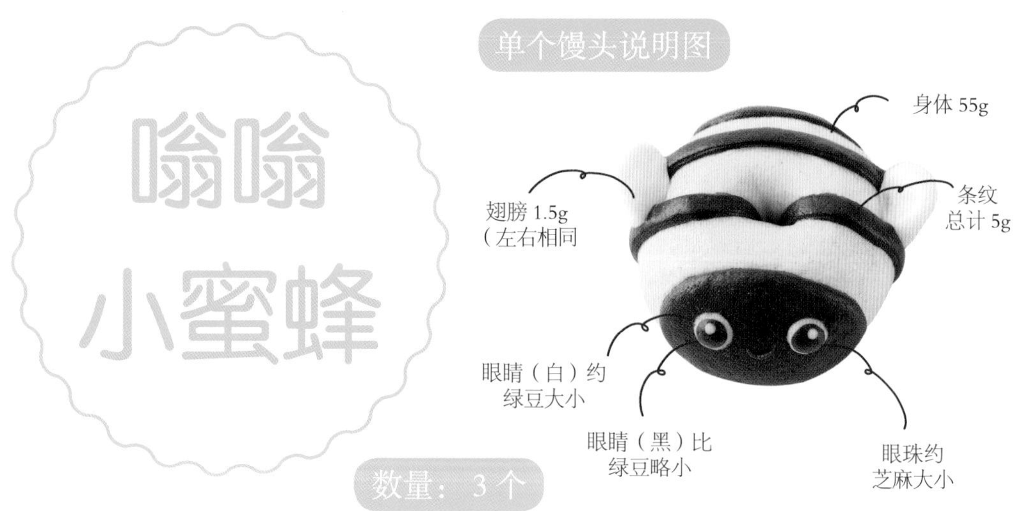

数量：3 个

材料

中筋面粉 130g、牛奶 78g、酵母 1.3g、砂糖 15.6g、油 1g、色粉（黄、黑、红）适量

面团

黄色 165g、黑色 27g、白色 12g、红色 1g

工具

黏土（或翻糖）工具组、切面板、喷水瓶、10cm×10cm 馒头纸、2cm 圆形切模（或瓶盖）、电子秤、擀面杖

做法

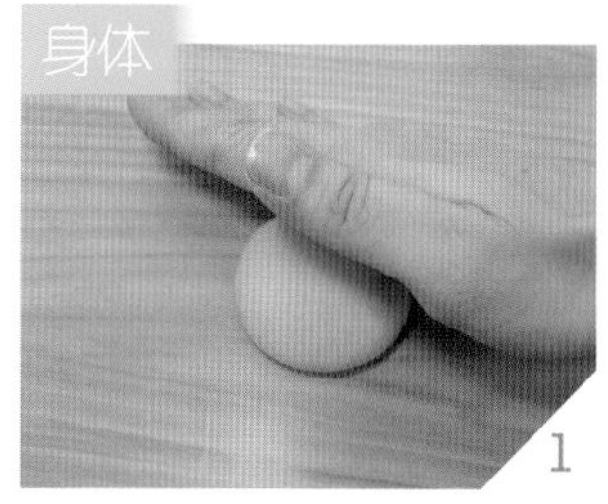

取黄色面团 55g，滚圆，再用手轻轻按压，压成直径约 6cm 的圆形。

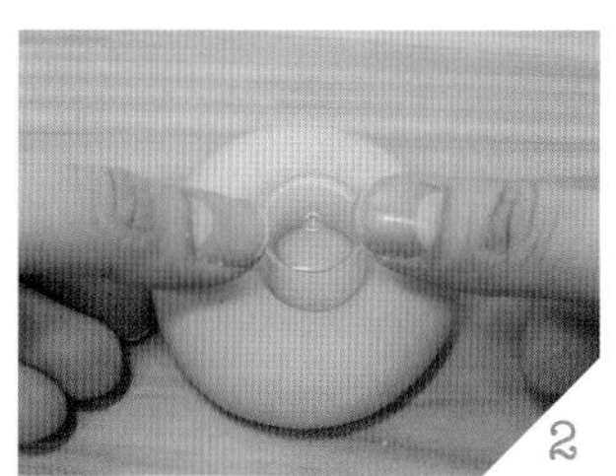

取 2cm 的圆形切模或瓶盖在正中央用力压下，切出圆洞，完成甜甜圈形状。

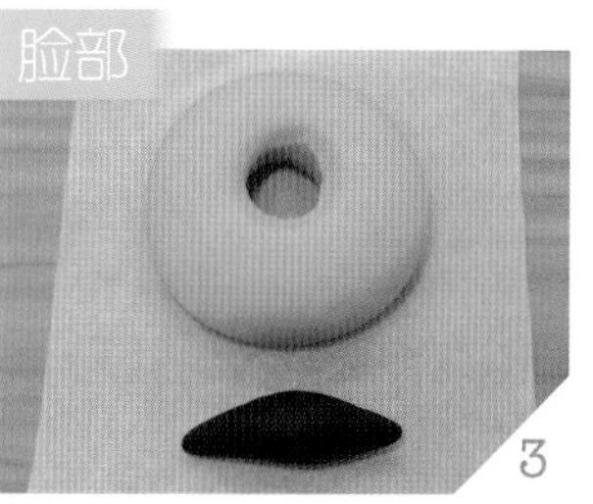

取黑色面团 4g，捏圆后，再搓成纺锤状。

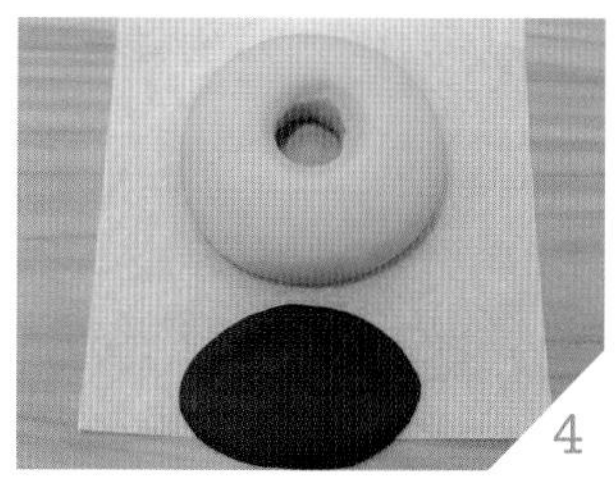

将纺锤状面团横放，用擀面杖朝同样方向擀成 1 张椭圆形面皮。

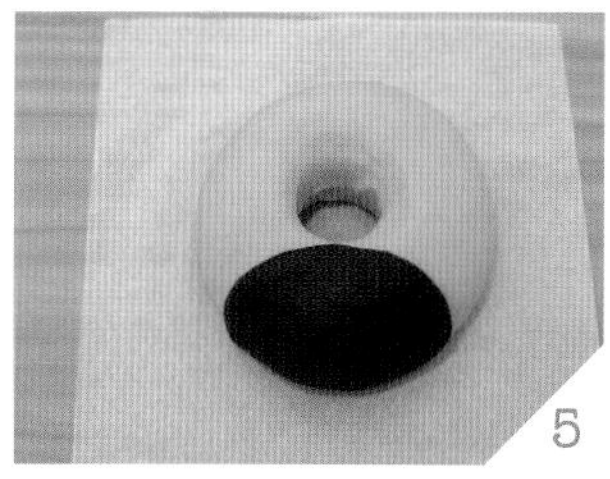

在身体下方喷薄水，贴上椭圆形面皮，多余的部分往下收，完成脸部。

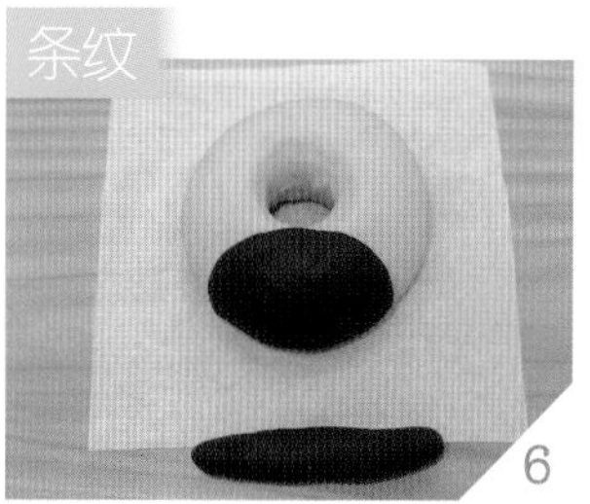

取黑色面团 5g，并搓成长条状，长度约 6cm。

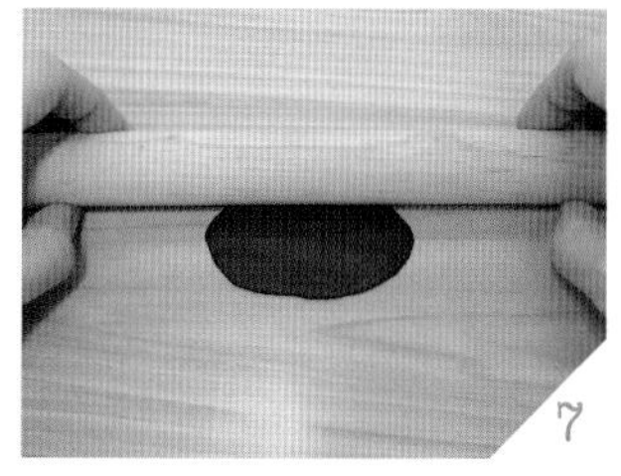

将面团横放，用擀面杖朝同样方向擀成 1 张椭圆形面皮。

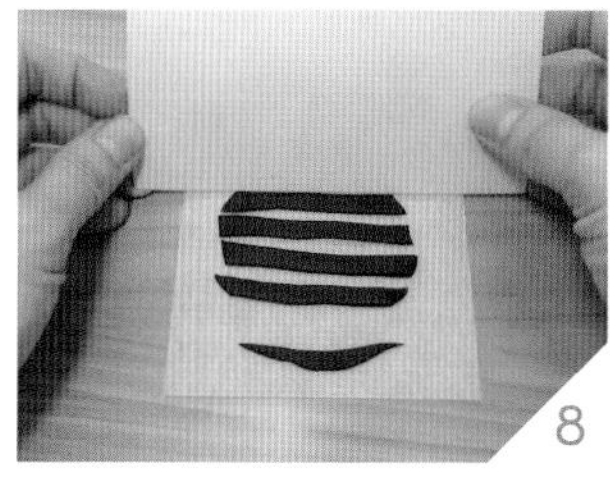

用切面板切出 4 条长条，每条宽度约 1cm。

蘸薄水，将长条面团贴在身体上，完成条纹。

取白色面团 1.5g 共 2 个，捏成椭圆后，再用手压扁。

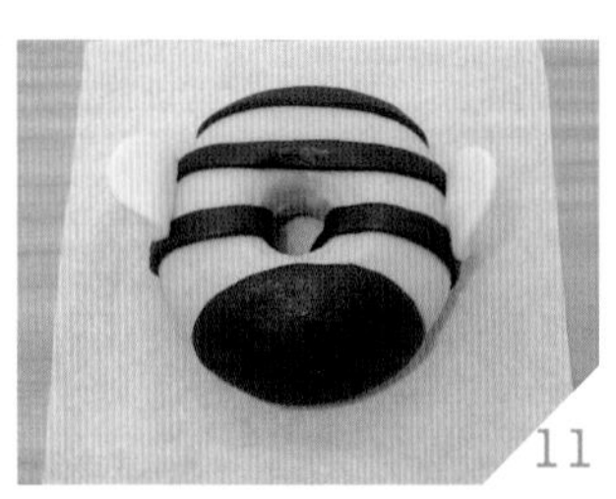

贴在身体两侧，完成翅膀。

取红色面团（约芝麻大小）并搓成细线。

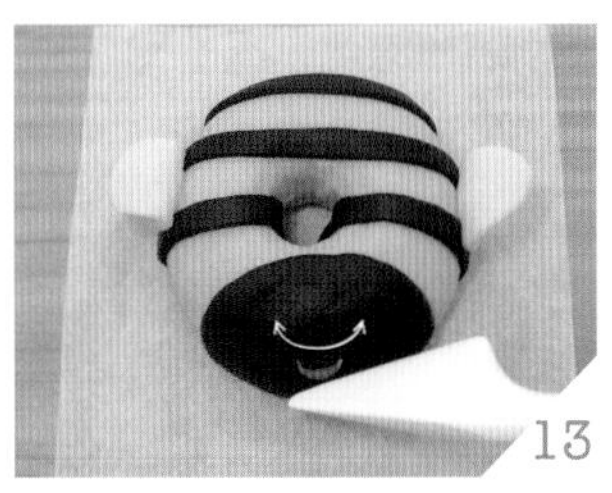

蘸水贴在脸部上，调整弧度，完成嘴巴。

取白色面团（约绿豆大小）共 2 个，搓圆后再压扁。

蘸水贴在脸上。

取黑色面团（比绿豆略小）共 2 个，搓圆后再压扁。

蘸水贴在步骤 15 的白色面团上。

取白色面团（约芝麻大小）共 2 个，搓圆后贴在步骤 17 的黑色面团上，待发酵完成后，即可进行蒸制。

第七章

Chapter

7

一生一次的时刻

造型饼干甜腻有色素，
吃了容易造成身体负担。
现在你有更棒的选择，
一起亲自为孩子动手，
做出健康又好吃的馒头吧！

Love
Love
Love

充满爱的心

数量：3个

材料

中筋面粉60g、牛奶36g、酵母0.6g、砂糖7.2g、油0.6g、色粉（蓝、红、黑）适量

面团

蓝色90g、黄色5g、红色2g

工具

黏土（或翻糖）工具组、喷水瓶、10cm×10cm馒头纸、爱心模型、吸管、电子秤、擀面杖

做法

爱心

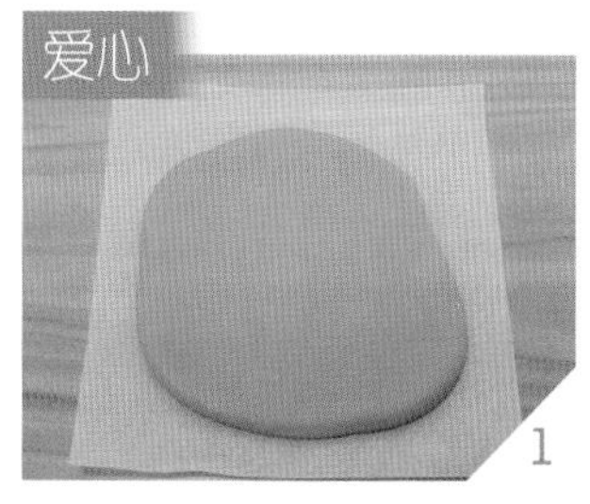

1 取蓝色面团30g，捏圆后用擀面杖擀平，面积稍微超过爱心模型即可，厚度0.2～0.3cm，勿过大，避免面团太薄。

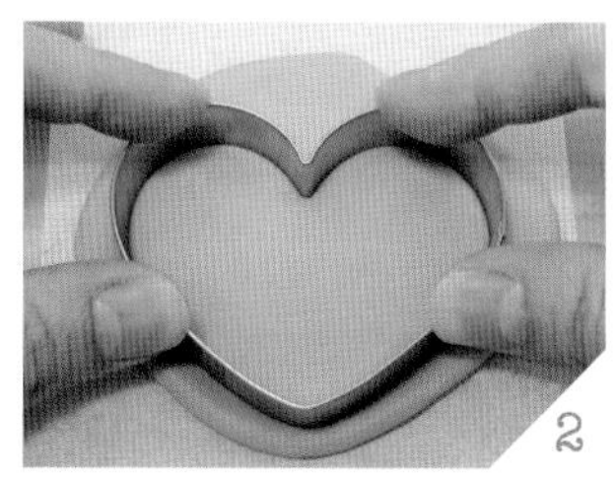

2 将爱心模型放在面团上用力压下，切出爱心形状。

文字

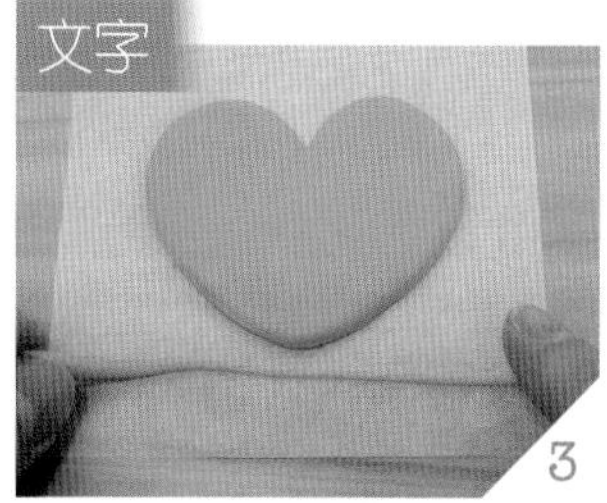

3 将黄色面团尾端搓成细线，取适当长度于爱心上方贴上喜爱的文字。

装饰

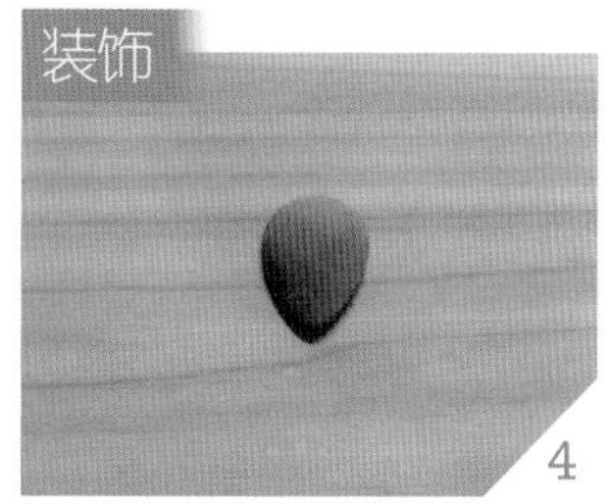

4 取红色面团（约黄豆大小），搓成水滴状后再压扁，变成扇形。

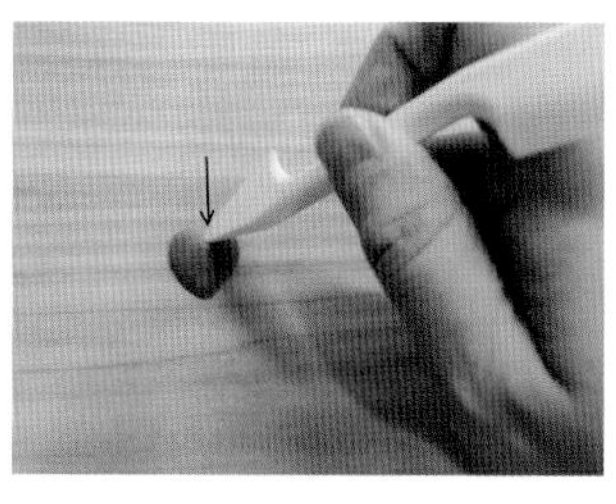

5 用工具自圆弧处向内推，推成爱心形状，并喷水贴在蓝色爱心上。

6 用吸管在上方压出两个孔洞，待发酵完成后，即可进行蒸制。

可爱小奶瓶

单个馒头说明图

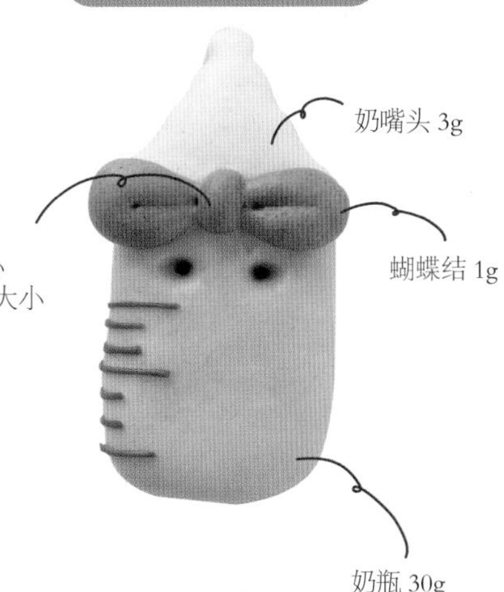

数量：3 个

材料

中筋面粉 70g、牛奶 42g、酵母 0.7g、砂糖 8.4g、油 0.7g、色粉（蓝、红）适量

工具

黏土（或翻糖）工具组、喷水瓶、10cm×10cm 馒头纸、奶瓶模型、吸管、切面板、电子秤、擀面杖

面团

蓝色 90g、白色 9g、粉红色 9g、深蓝色 3g

做法

奶瓶

取蓝色面团 30g，滚圆。

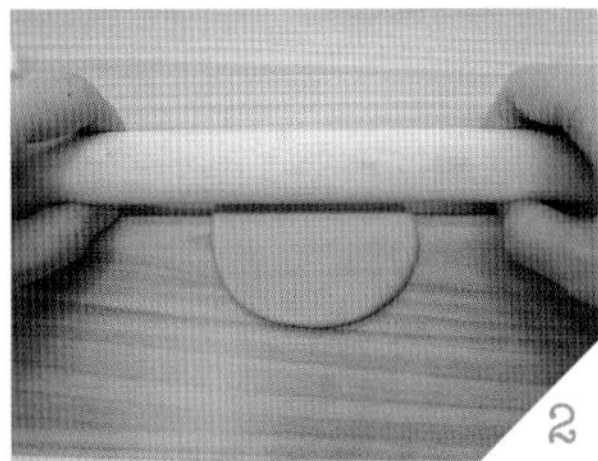

用擀面杖擀平，面积只要超过奶瓶模型的大小即可，面团厚度 0.2 ~ 0.3cm，勿过大以避免面团太薄。

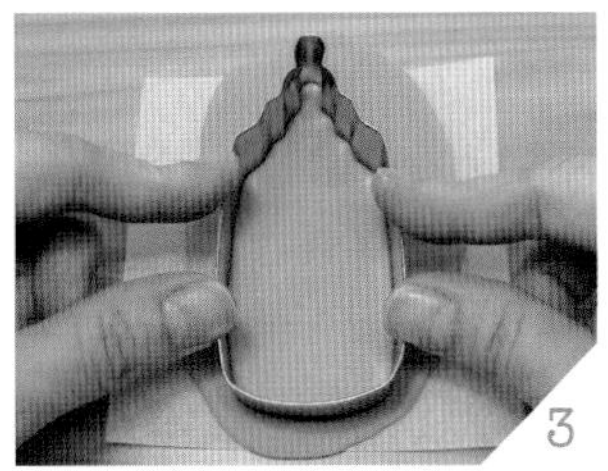

用奶瓶模型用力压下，压出奶瓶形状。

取白色面团3g，捏圆。

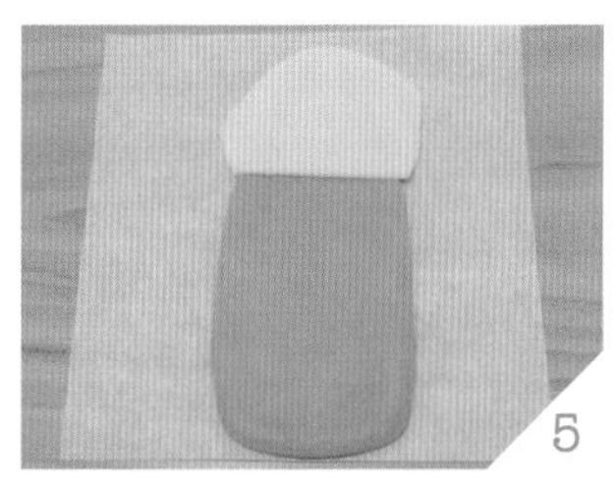

用擀面杖擀平，底部用切面板切出直线，喷水贴在奶瓶顶端的奶嘴部位。

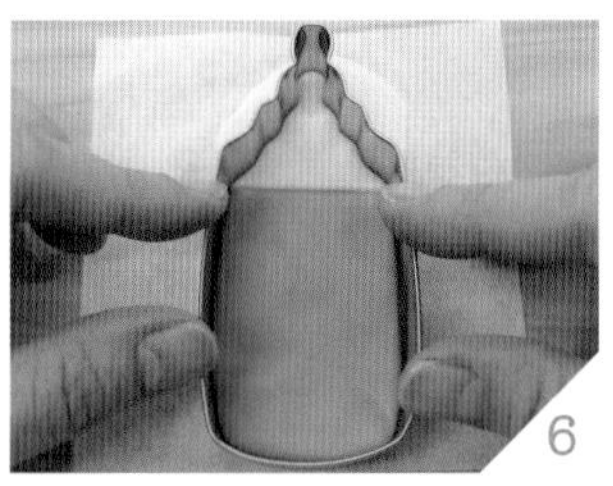

用奶瓶模型对准后再度压下，裁去多余面皮。

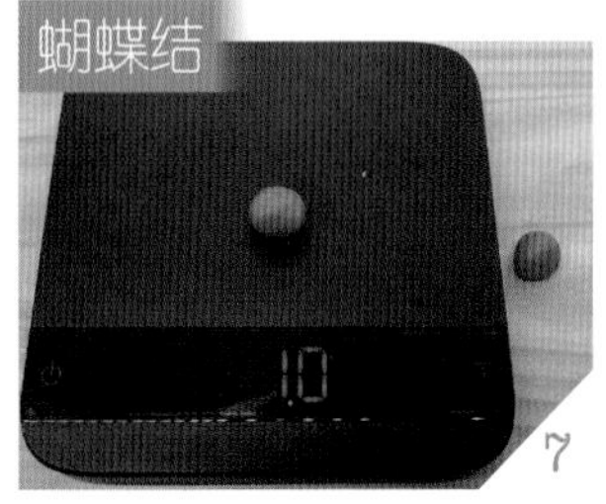

取粉红色面团1g共2个，分别捏圆。

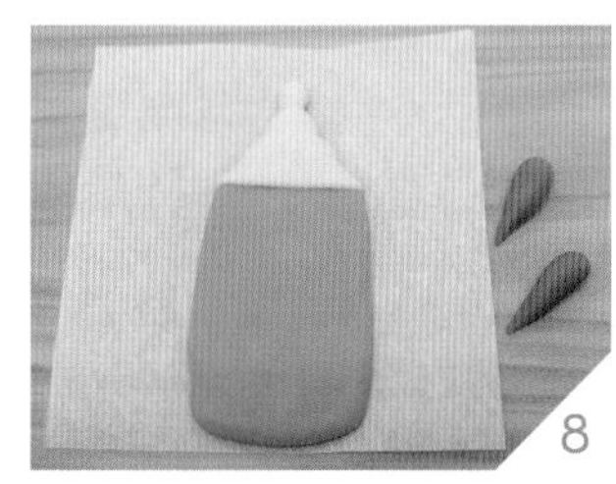

分别搓成水滴状。

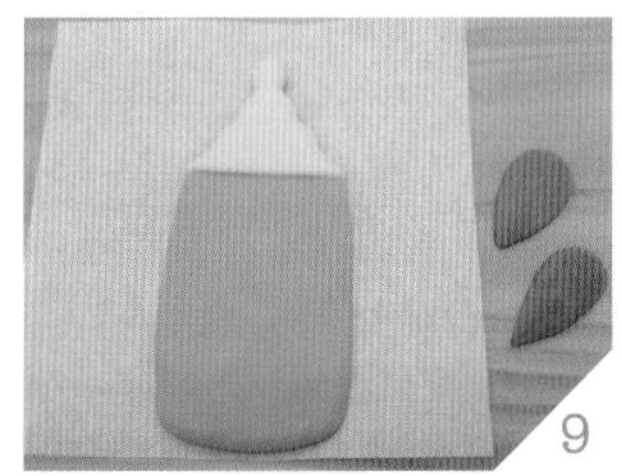

用手压扁，形成扇形。

用工具于扇形的尖端压出皱褶。

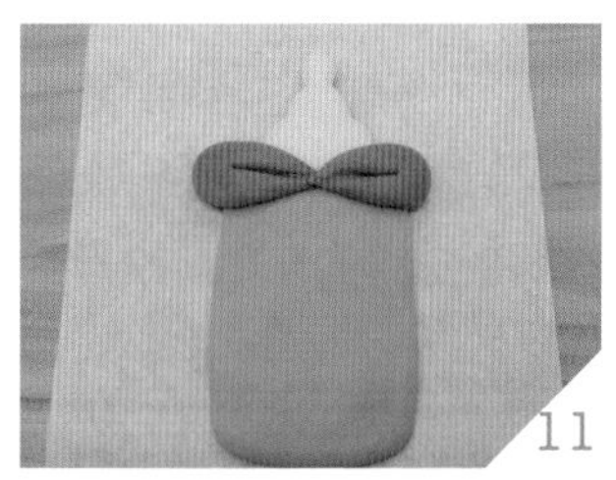

蘸水，将两个水滴状粉红色面团贴在奶瓶上，尖端朝中间并稍微重叠。

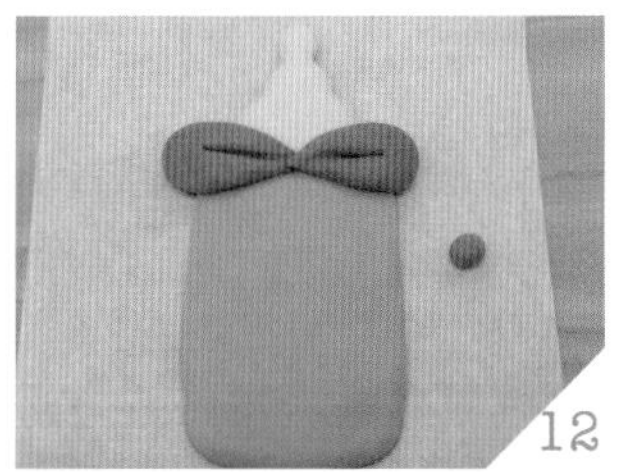

取粉红色面团（约黄豆大小），搓圆。

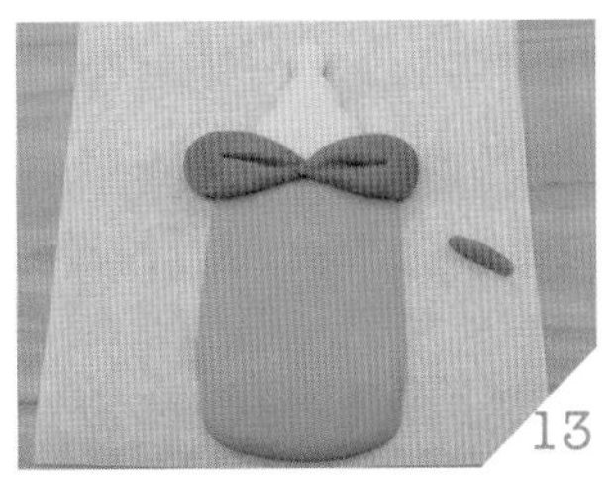

再搓成长条状。

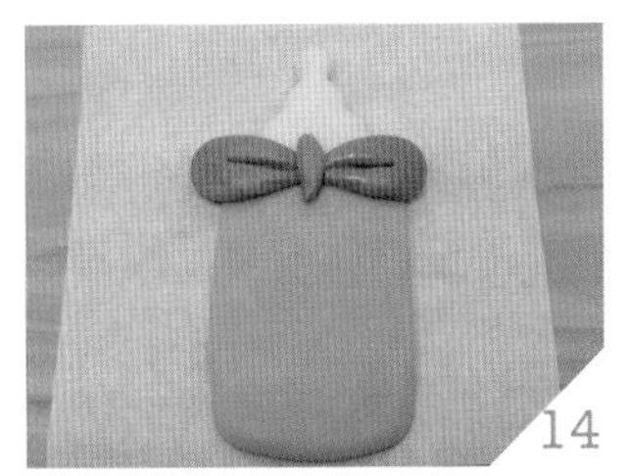

蘸水贴在步骤 11 的尖端交叠处。

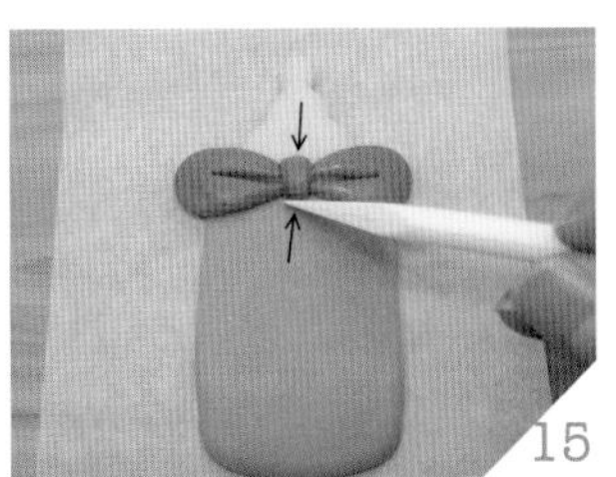

用工具将上下多余的面皮往下收，完成蝴蝶结。

刻度

取深蓝色面团，并将尾端搓成细线。

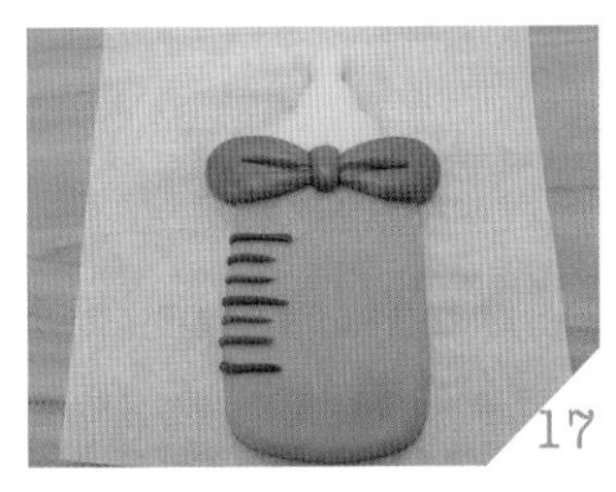

取适当长度，于奶瓶瓶身贴上刻度线条。

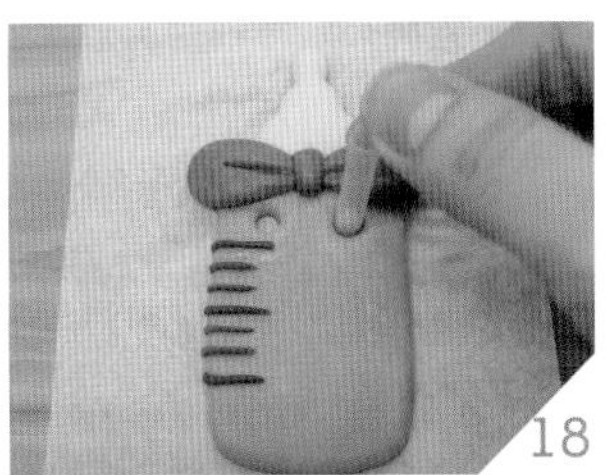

用吸管在奶瓶身上按出 2 个孔洞，待发酵完成后，即可进行蒸制。

完成图

小巧婴儿服

单个馒头说明图

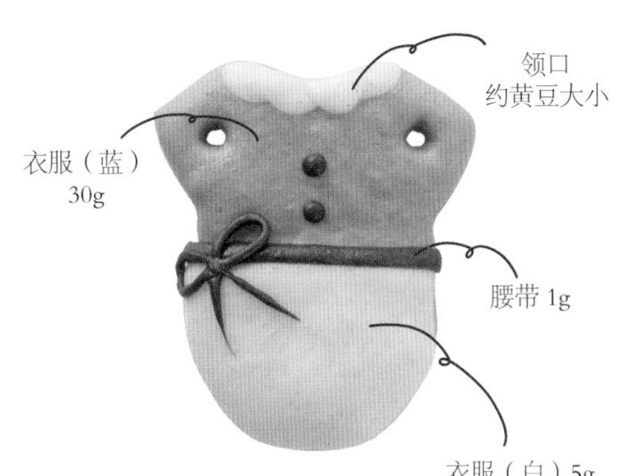

数量：3个

材料

中筋面粉 70g、牛奶 42g、酵母 0.7g、砂糖 8.4g、油 0.7g、蓝色色粉适量

面团

蓝色 90g、深蓝色 3g、白色 15g

工具

黏土（或翻糖）工具组、喷水瓶、10cm × 10cm 馒头纸、切面板、衣服模型、吸管、电子秤、擀面杖

做法

衣服

取蓝色面团 30g，滚圆。

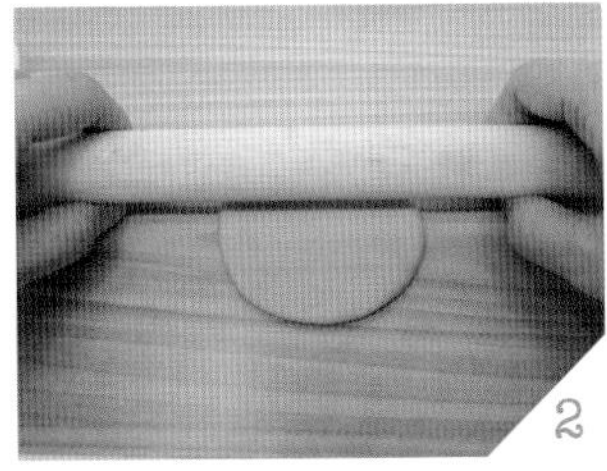

用擀面杖擀平，面积只要超过衣服模型的大小即可，面团厚度 0.2 ~ 0.3cm。

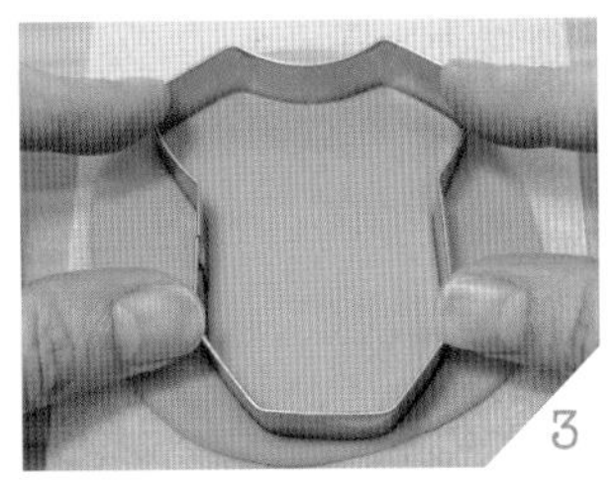

用衣服模型压下。

取白色面团 5g，捏圆。

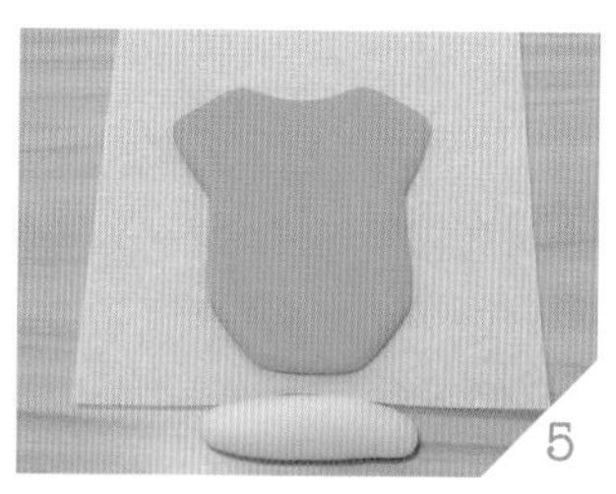

搓成长条状。

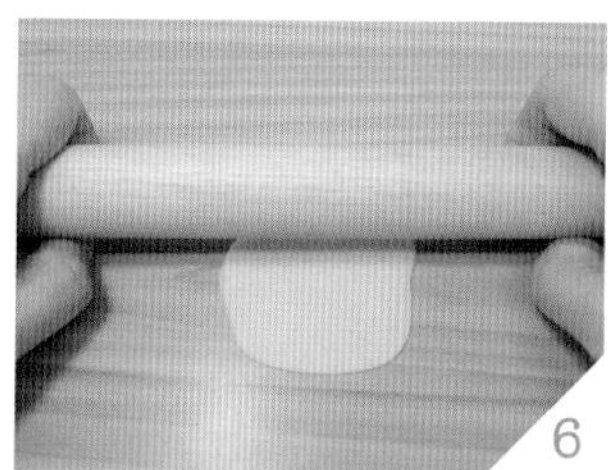

擀平。

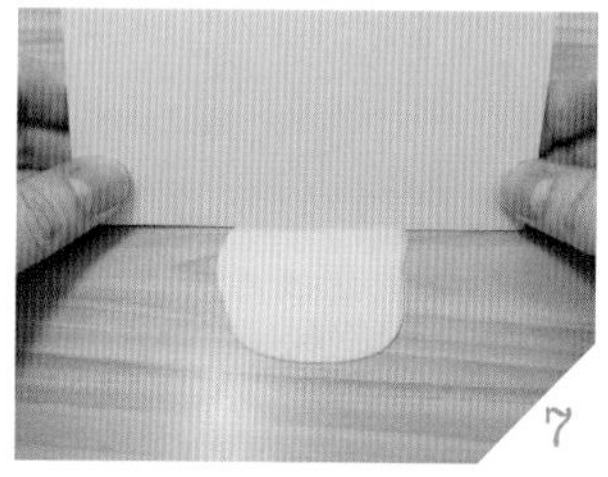

用切面板在擀平的白色面皮上方切出 1 条直线。

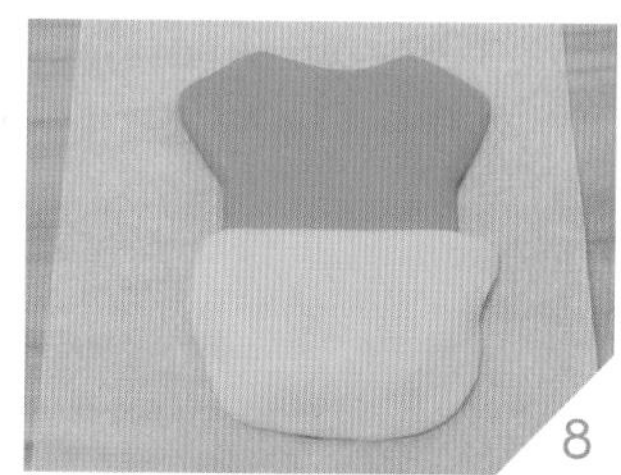

喷水后贴在步骤 3 完成的衣服下方，需盖住一半。

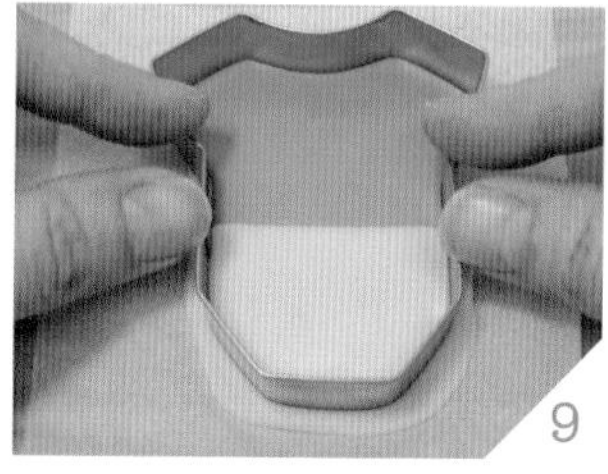

用衣服模型对准后再次压下，裁去多余面皮。

领口

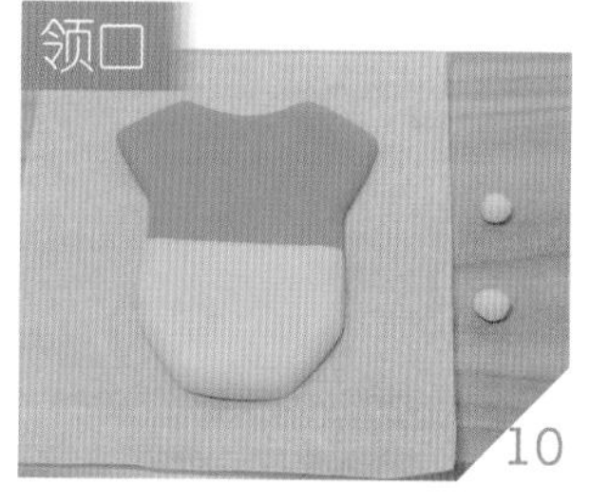

取白色面团（约黄豆大小）共 2 个，搓圆。

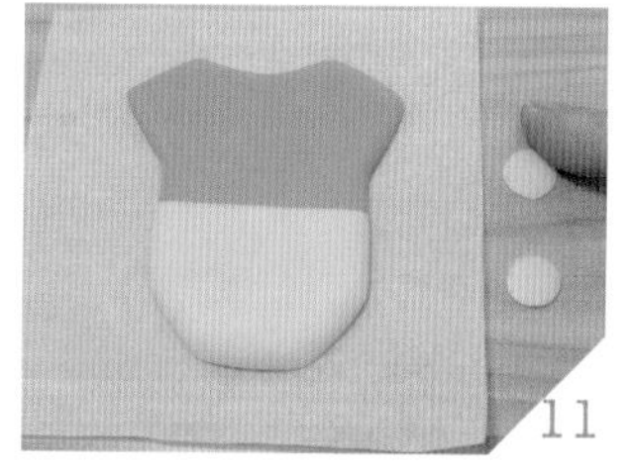

用手压扁。

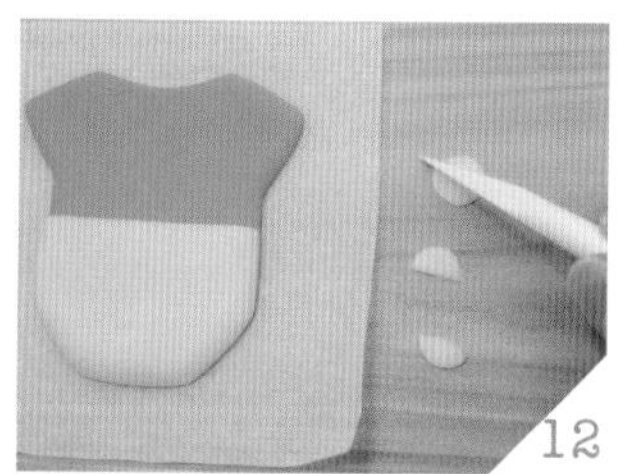

用工具分别切成两半，获得 4 个半圆。

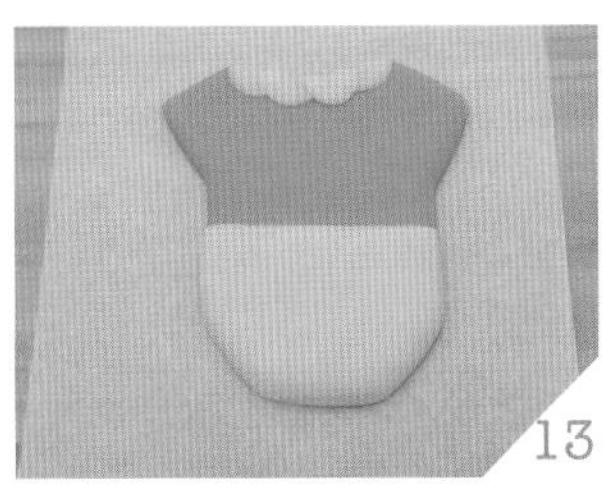

将 4 个半圆蘸水贴在衣服的领口处，稍微交叠，完成领口装饰。

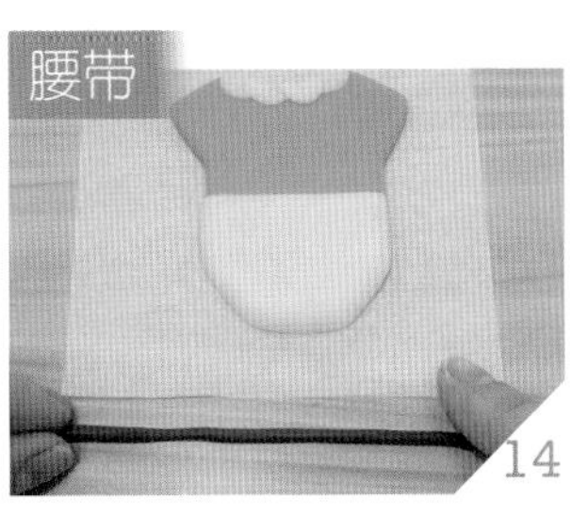

取深蓝色面团 1g 搓成细线。

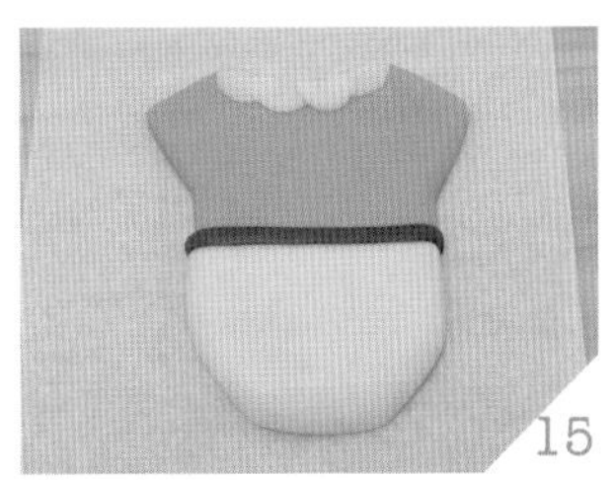

取适当长度，蘸水贴在衣服的蓝白交接处。

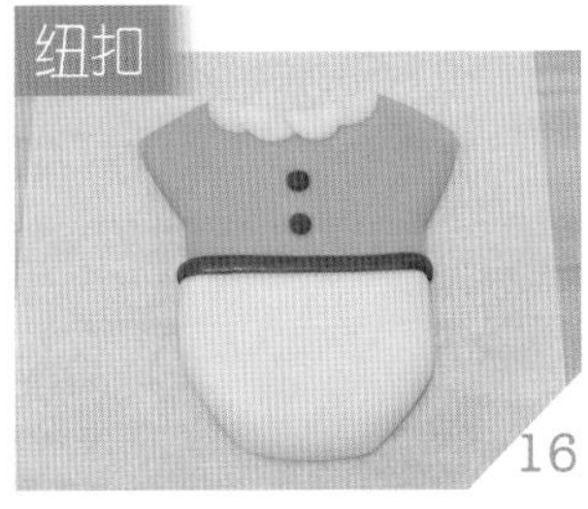

取深蓝色面团（约米粒大小）共 2 个，搓圆后蘸水贴上，完成纽扣。

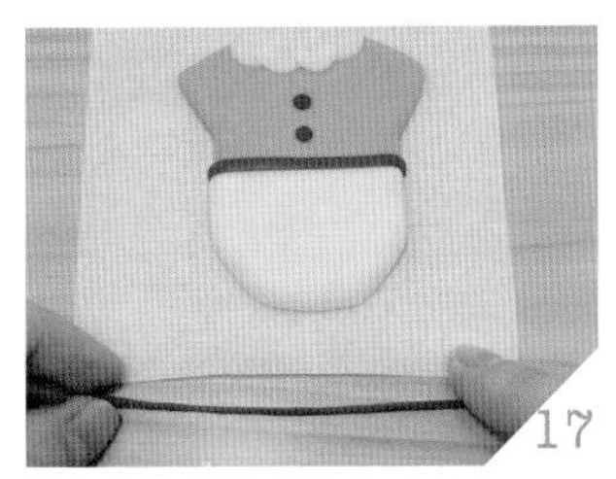

取深蓝色面团，搓成细线。

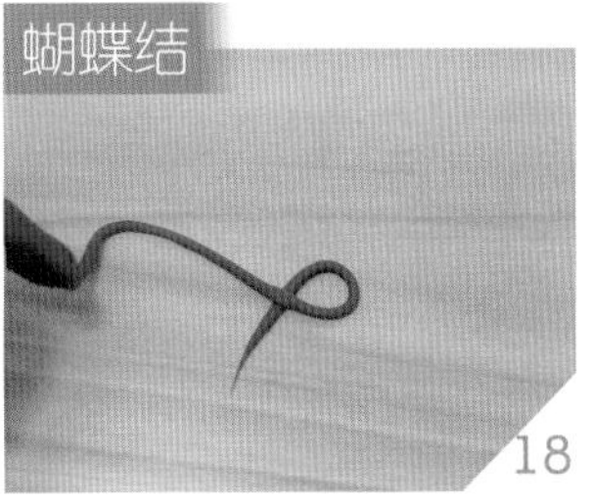

将深蓝色细线尾端绕出一个圈。

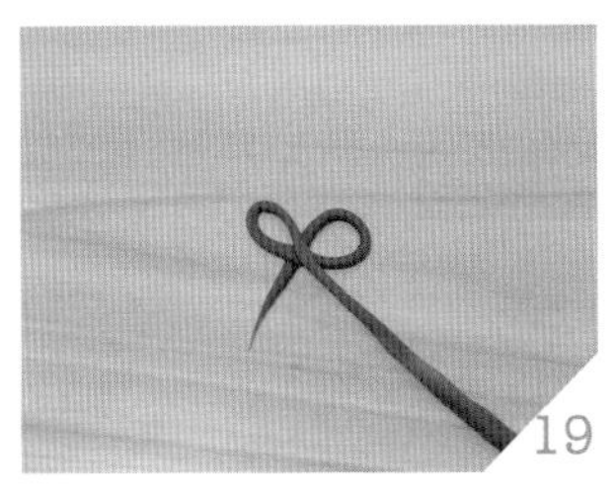

再绕一个圈，两个圆圈相靠，形成蝴蝶结后裁下。

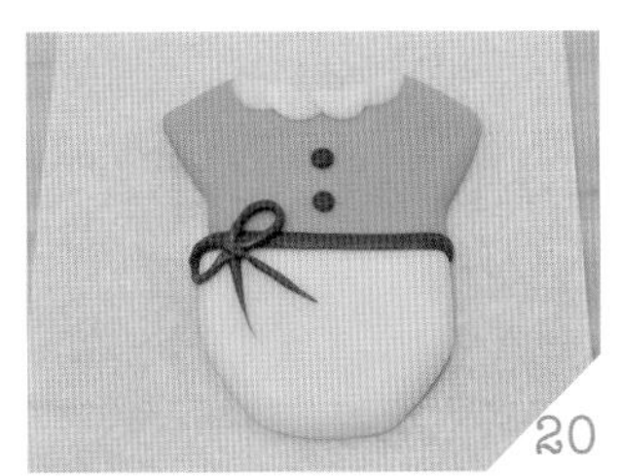

蘸水贴在衣服上方。

用吸管在衣服上方按出 2 个孔洞，待发酵完成后，即可进行蒸制。

造型
围兜兜

数量：3 个

材料

中筋面粉 70g、牛奶 42g、酵母 0.7g、砂糖 8.4g、油 0.7g、色粉（蓝、黑）适量

面团

白色 90g、蓝色 12g、深蓝色 3g、黑色 3g

工具

黏土（或翻糖）工具组、喷水瓶、10cm×10cm 馒头纸、围兜模型、吸管、电子秤、擀面杖

单个馒头说明图

围兜（蓝）4g

鼻子约米粒大小

装饰约芝麻大小

眼睛约绿豆大小

围兜（白）30g

做法

取白色面团 30g，滚圆。

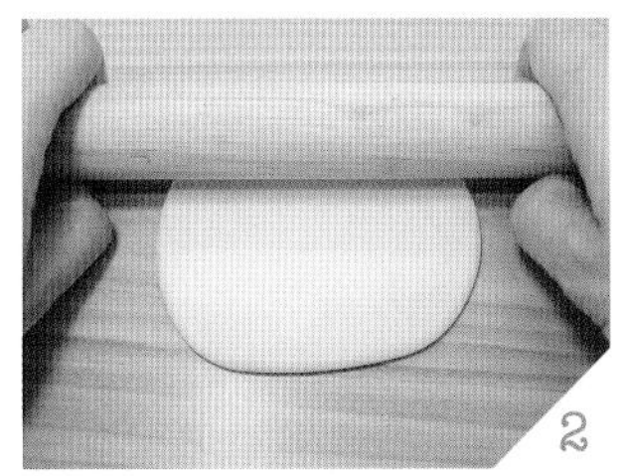

用擀面杖擀平，面积超过围兜大小即可，面团厚度 0.2 ~ 0.3cm，勿过大，避免面团太薄。

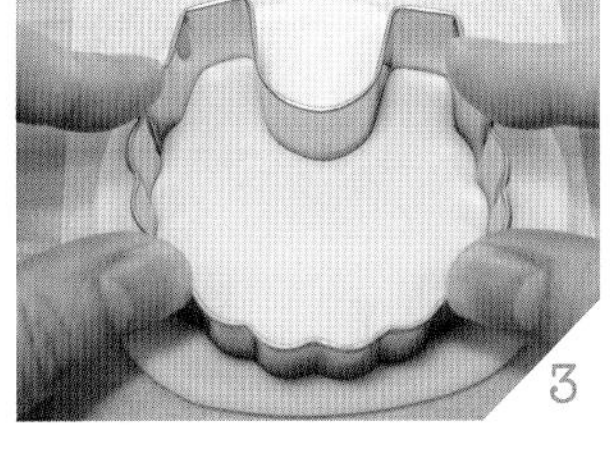

用围兜模型用力压下，压出围兜外形。

取蓝色面团 4g，捏圆。

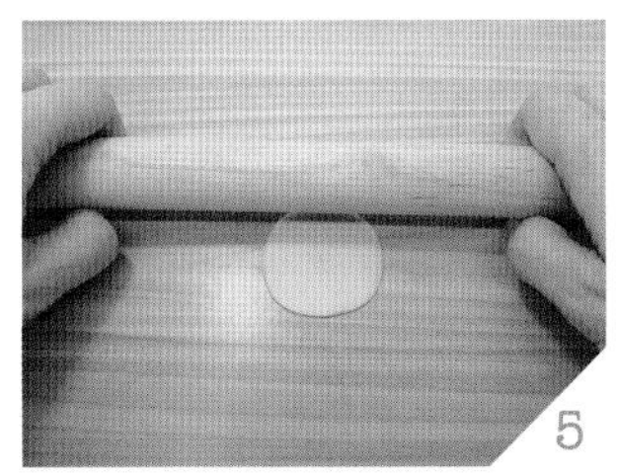

用擀面杖擀成扁平的圆形，直径 3 ~ 4cm。

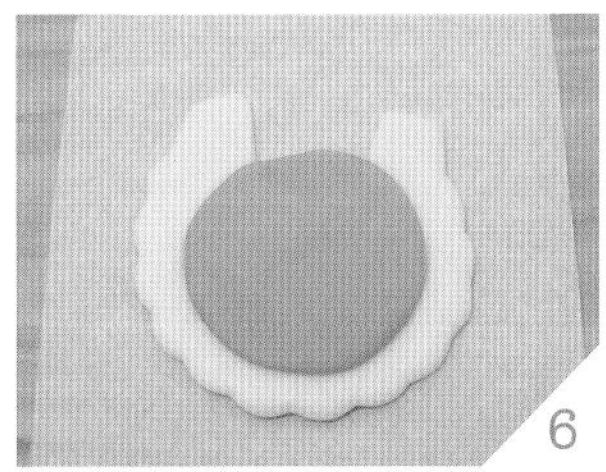

喷水贴在步骤 3 完成的白色围兜中间。

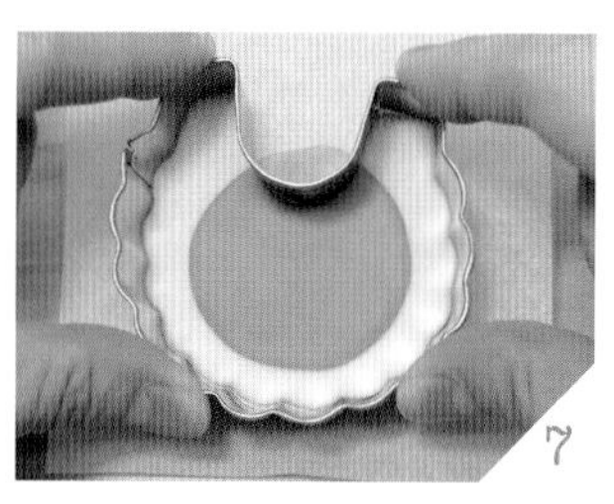

将围兜模型对准后，再次压下，裁去多余面皮。

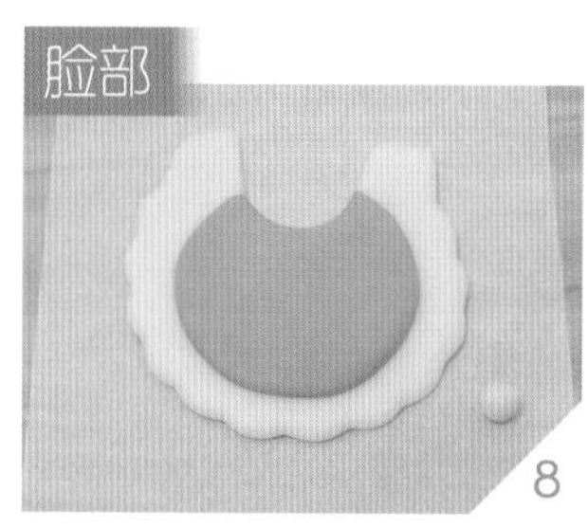

取白色面团（约黄豆大小），搓圆。

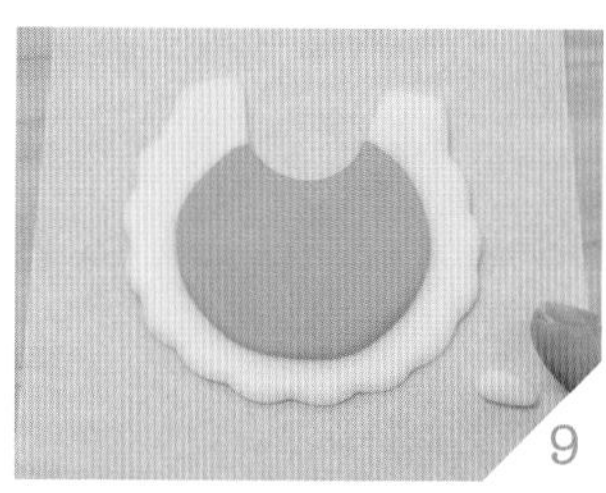

再搓成椭圆形。

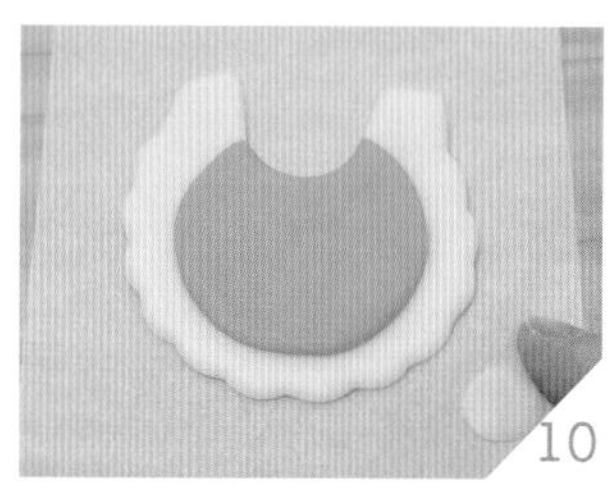

用手压扁。

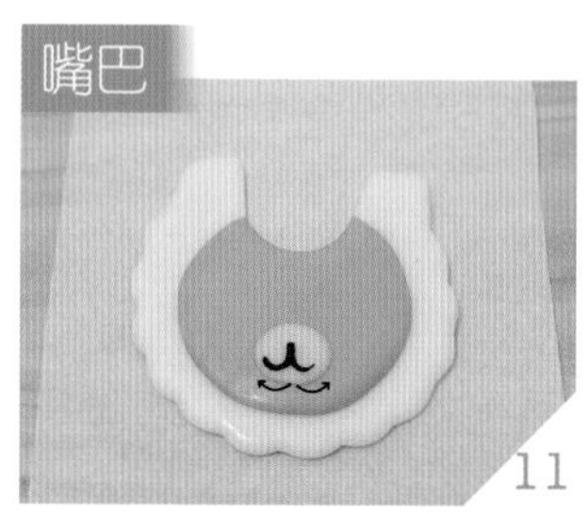

蘸水贴在蓝色圆形上，完成脸部。将黑色面团尾端搓成细线，并用工具取适当长度在脸部贴出嘴巴线条。

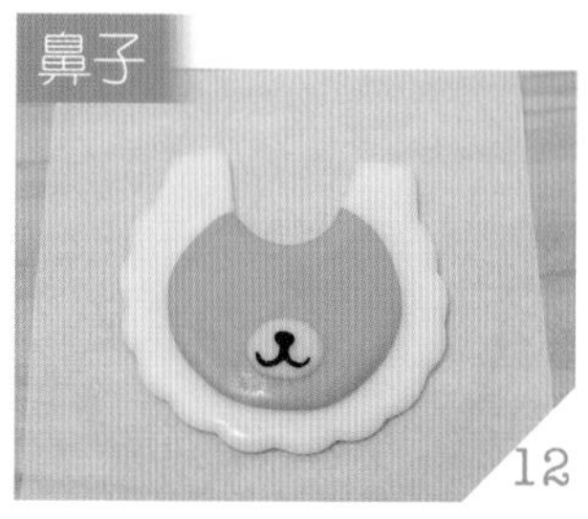

取黑色面团（约米粒大小），搓圆后蘸水贴在嘴巴上方，完成鼻子。

取黑色面团（约绿豆大小）共 2 个，分别搓圆后贴在脸部上，完成眼睛。

取深蓝色面团（约芝麻大小）共 12 个，搓圆后蘸水平均贴在周围，完成装饰。

用吸管在做好的围兜上按出 2 个孔洞，待发酵完成后，即可进行蒸制。

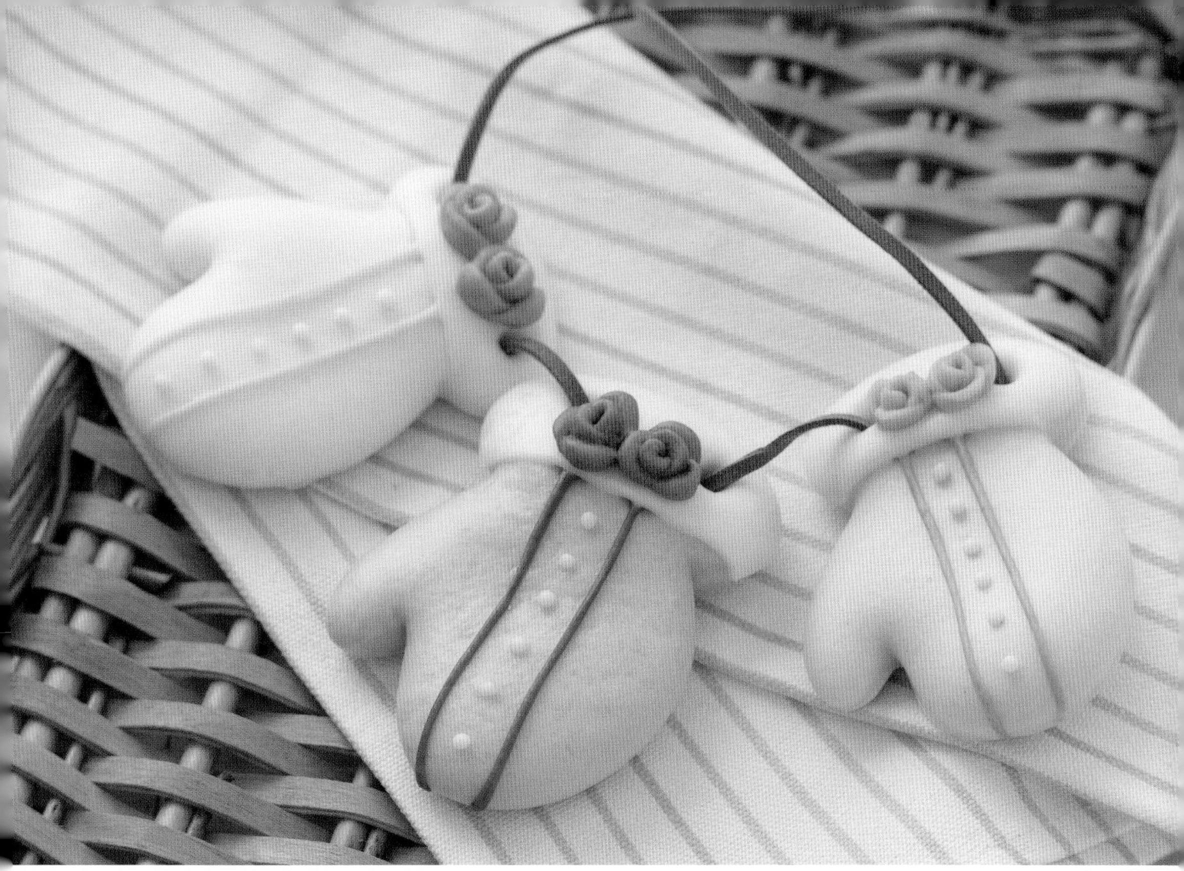

暖乎乎手套

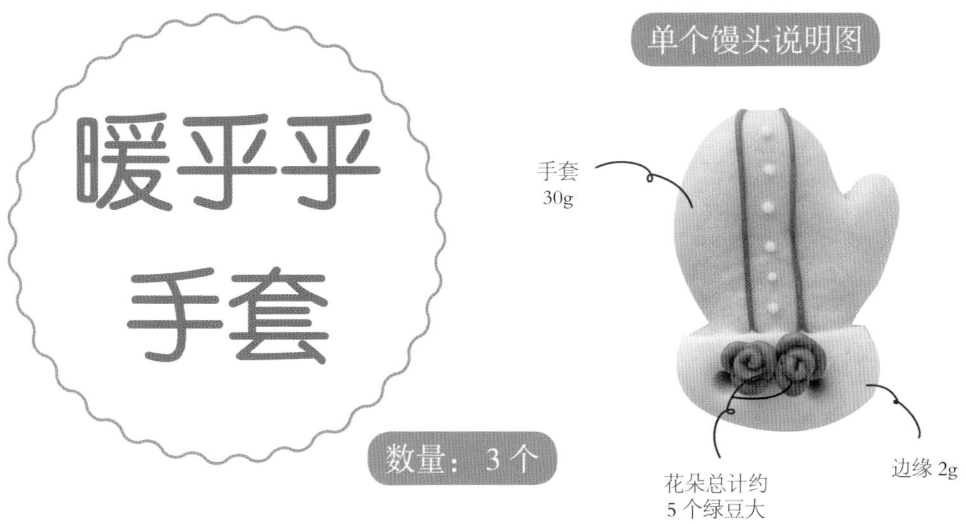

数量：3个

单个馒头说明图

材料

中筋面粉 70g、牛奶 42g、酵母 0.7g、砂糖 8.4g、油 0.7g、色粉（蓝、红、黑）适量

面团

蓝色 90g、深蓝色 3g、粉红色 5g、白色 8g

工具

黏土（或翻糖）工具组、喷水瓶、10cm × 10cm 馒头纸、手套模型、吸管、电子秤、擀面杖

做法

手套

取蓝色面团 30g，滚圆。

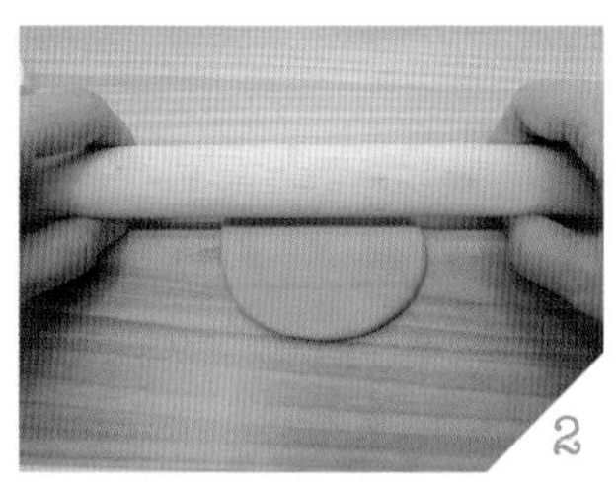

用擀面杖擀平，面积超过手套模型的大小即可，面团厚度 0.2 ~ 0.3cm，勿过大以避免面团太薄。

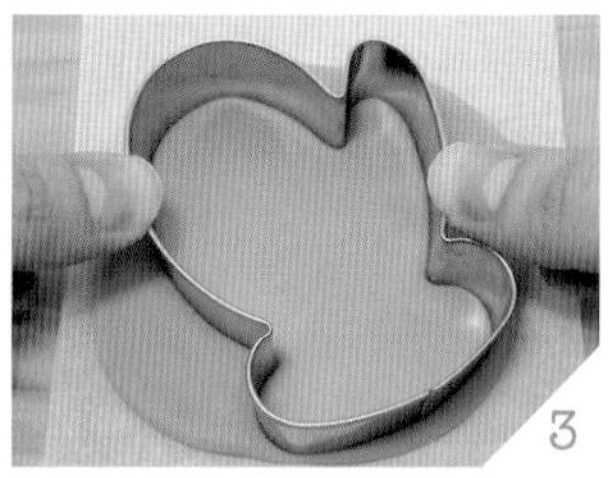

放在馒头纸上，以手套模型用力压下。

装饰

取深蓝色面团 1g，并搓成细线。

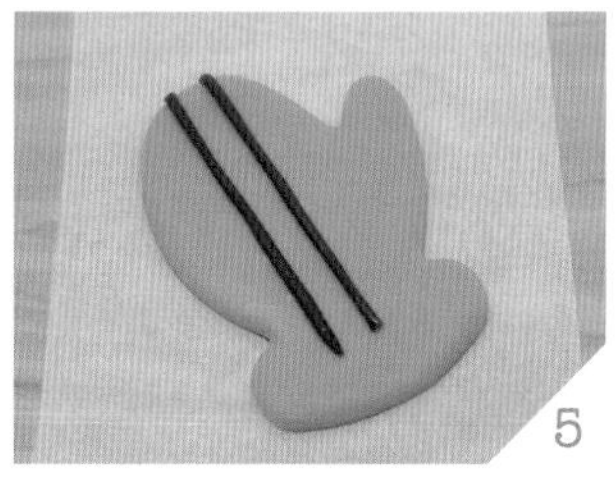

用工具裁成一半后，分别贴在手套上进行装饰。

取白色面团 2g，捏圆。

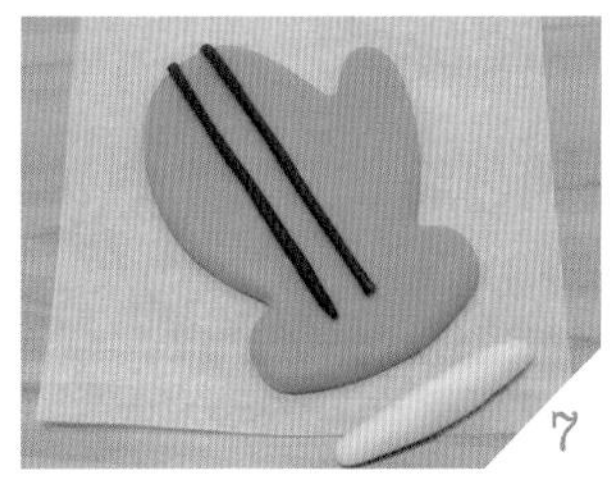

将白色面团搓成长条，长度与手套底部相同即可。

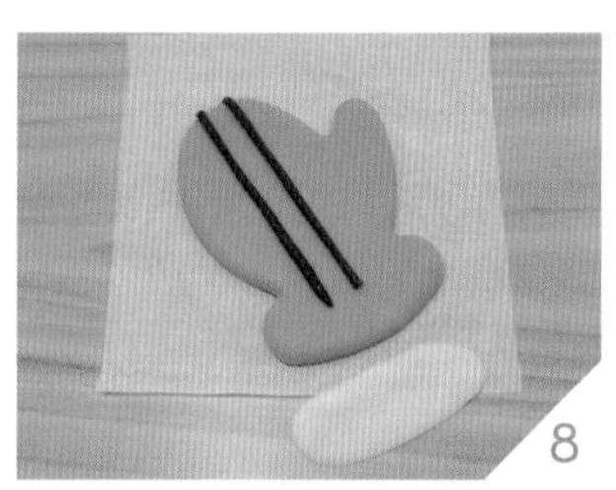

用手压扁。

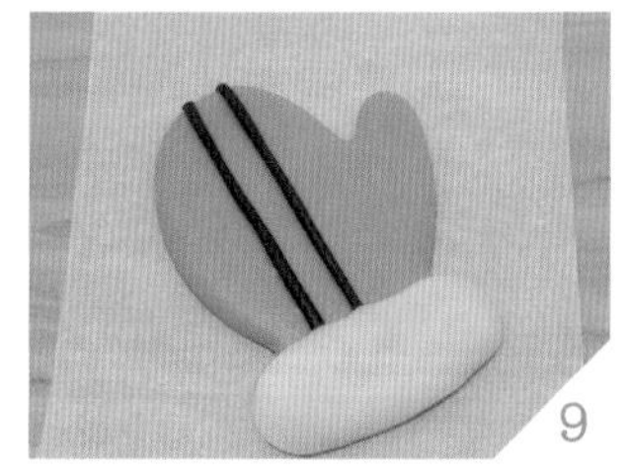

喷水贴在手套下方。

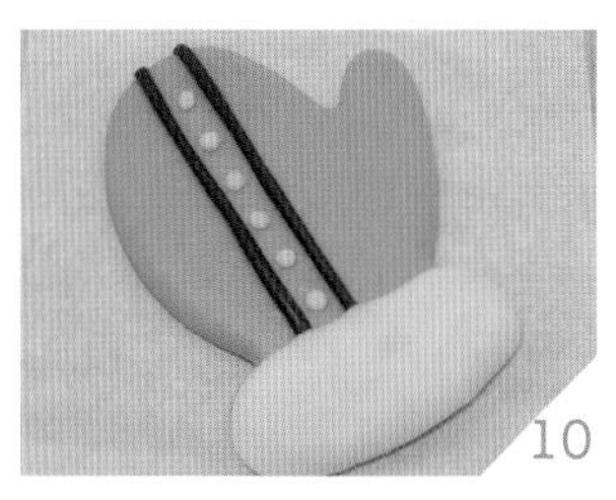

取白色面团（约芝麻大小）共6个，搓圆后蘸水贴在深蓝线条中间。

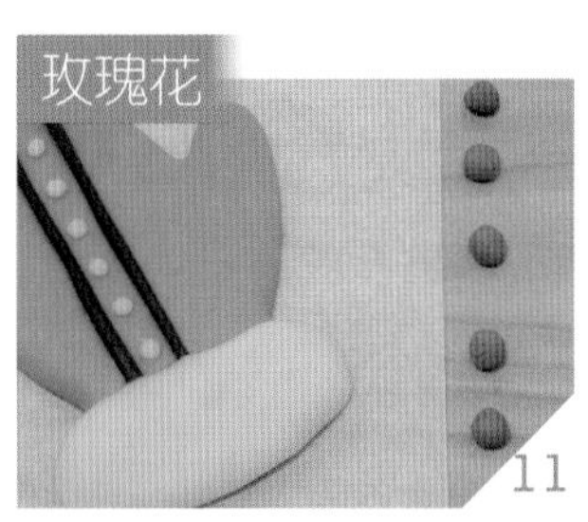

取粉红色面团（约绿豆大小）共5个，分别搓圆。

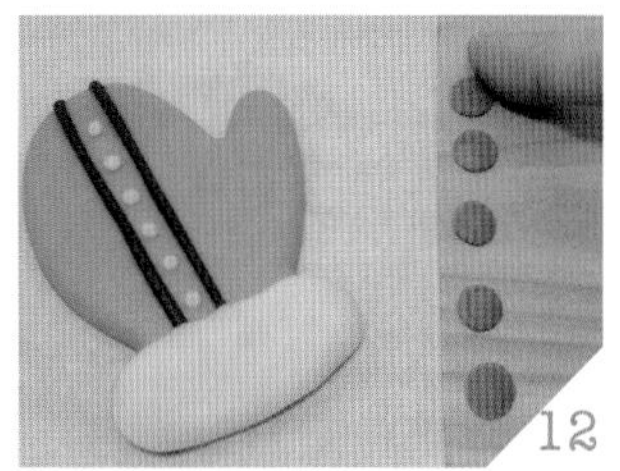

用手压扁。

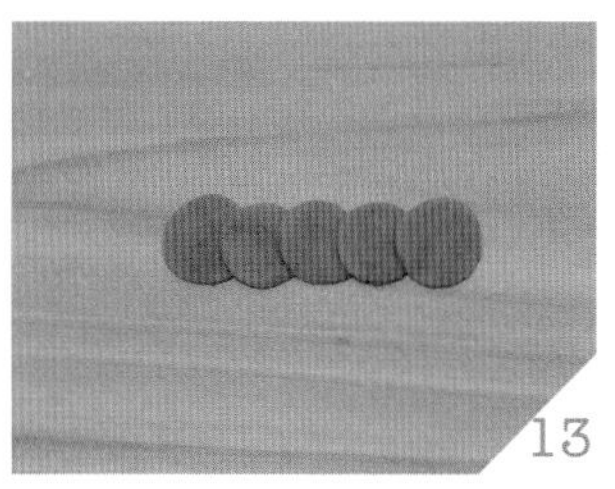

将5个圆形排成一列，每个圆形相互重叠约1/3个圆。

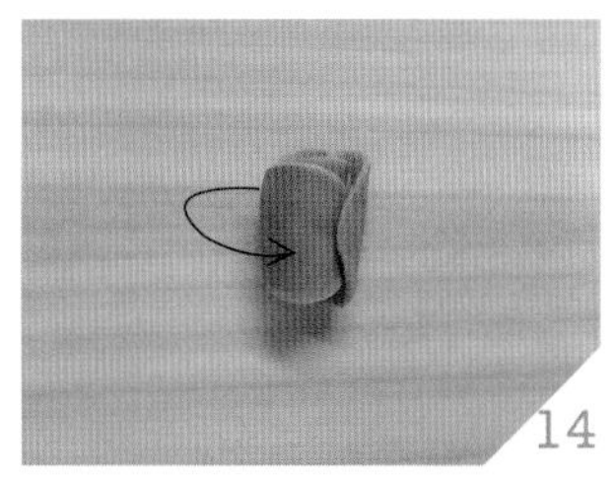

将重叠的粉红色面团从一端卷起。

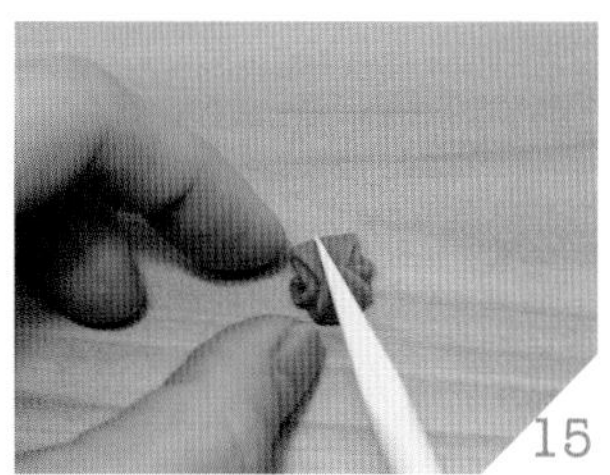

用工具将卷起的粉红色面团从中间切半。

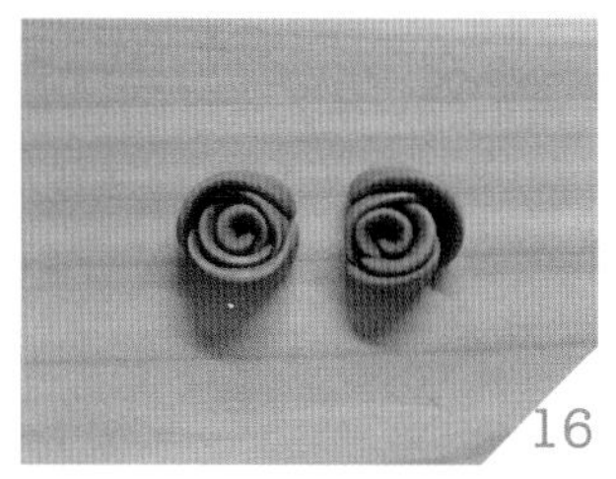

完成2朵玫瑰花。

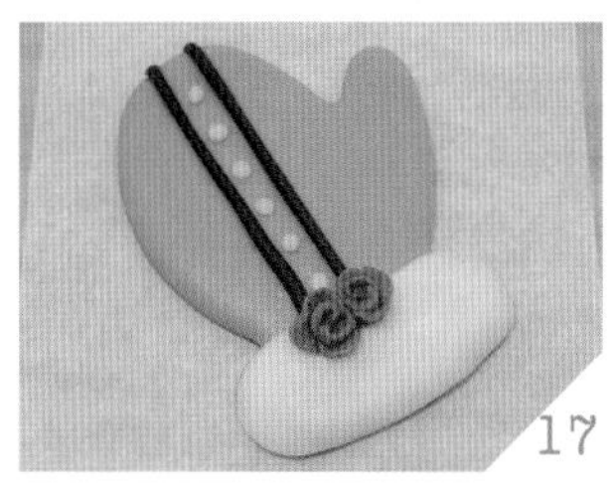

蘸水贴到手套上方装饰。

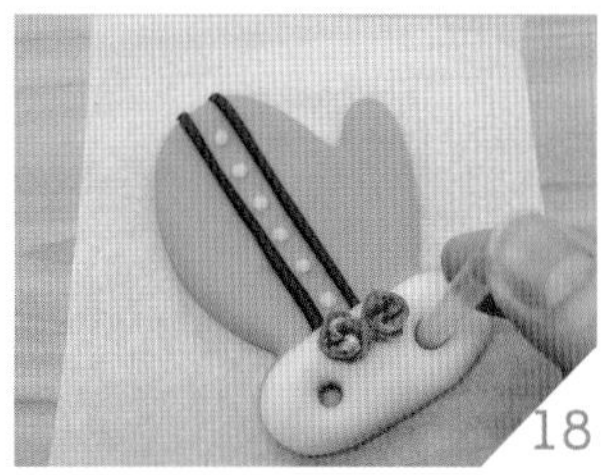

用吸管在手套上按出2个孔洞，待发酵完成后，即可进行蒸制。

敞篷
婴儿车

单个馒头说明图

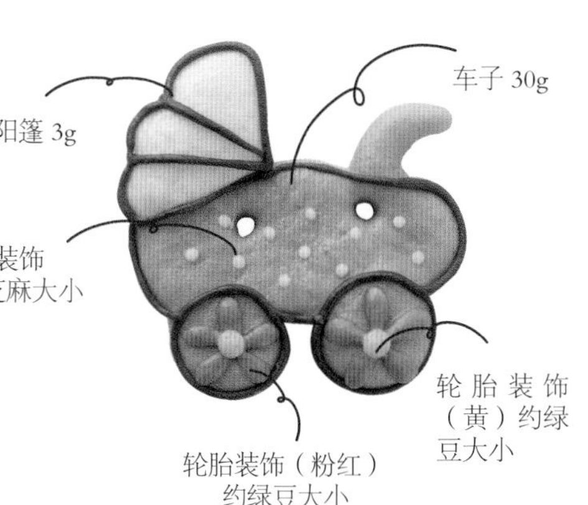

数量：3 个

材料

中筋面粉 70g、牛奶 42g、酵母 0.7g、砂糖 8.4g、油 0.7g、色粉（蓝、红、黄）适量

面团

白色 9g、蓝色 90g、深蓝色 5g、粉红色 8g、黄色 2g

工具

黏土（或翻糖）工具组、喷水瓶、10cm × 10cm 馒头纸、婴儿车模型、吸管、切面板、电子秤、擀面杖

做法

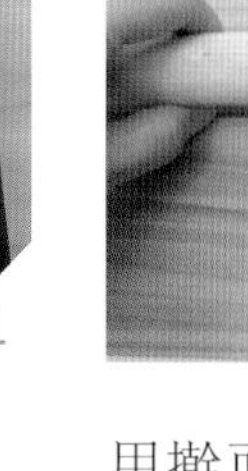

取蓝色面团 30g，滚圆。

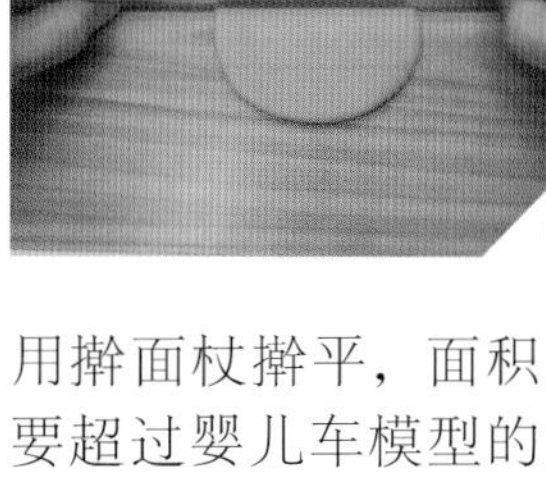

用擀面杖擀平，面积只要超过婴儿车模型的大小即可，面团厚度 0.2 ~ 0.3cm。

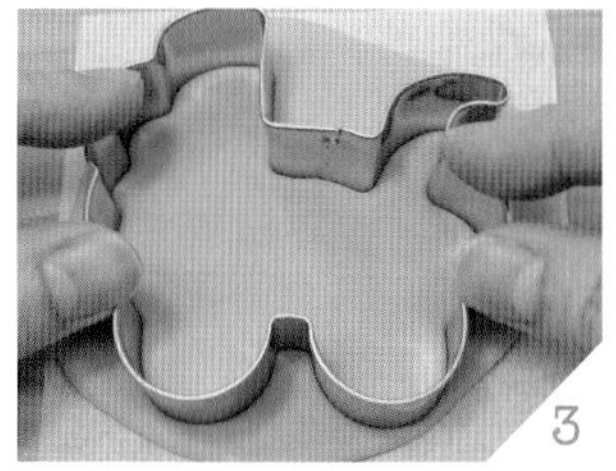

用婴儿车模型压下，裁出婴儿车外形。

取粉红色面团（约绿豆大小）共 10 个，分别搓成水滴状。

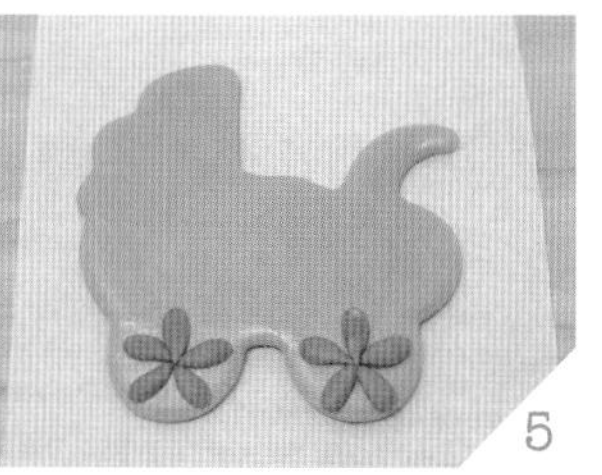

将 5 个粉红色水滴面团以尖端朝内的方式，分别蘸水呈放射状贴在车轮位置，共可完成 2 个车轮。

取黄色面团（约绿豆大小）共 2 个，搓圆后分别蘸水贴在 2 个车轮的中心点。

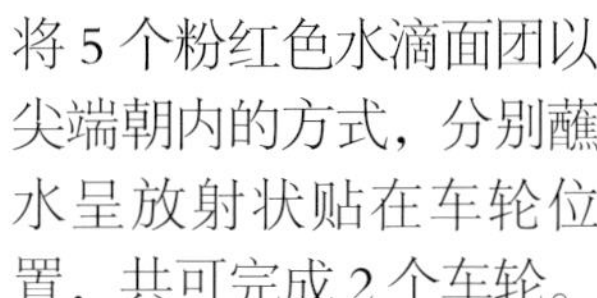

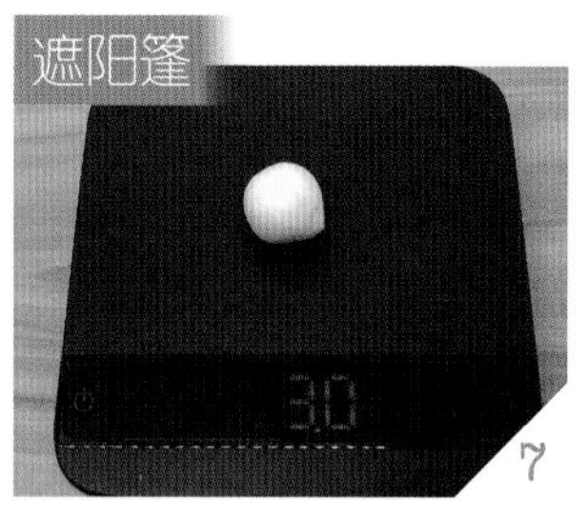

取白色面团 3g，捏圆。

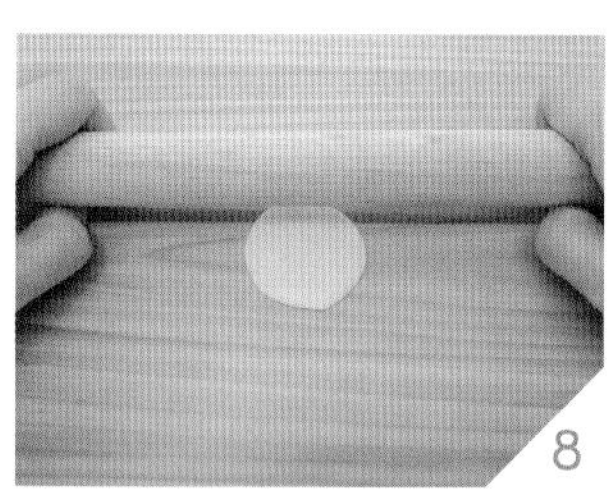

以擀面杖擀平。

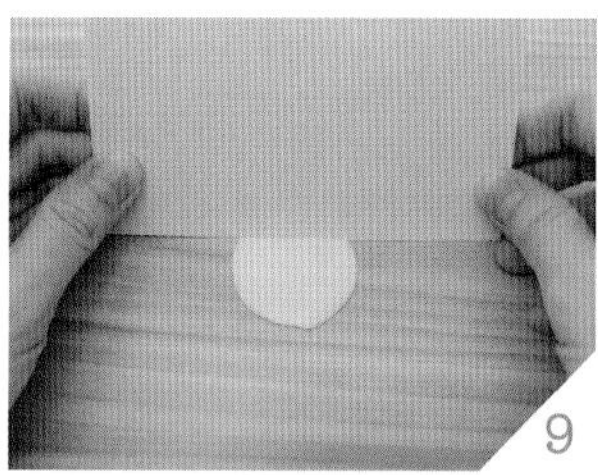

利用切面板将白色圆形上方切出 1 条直线。

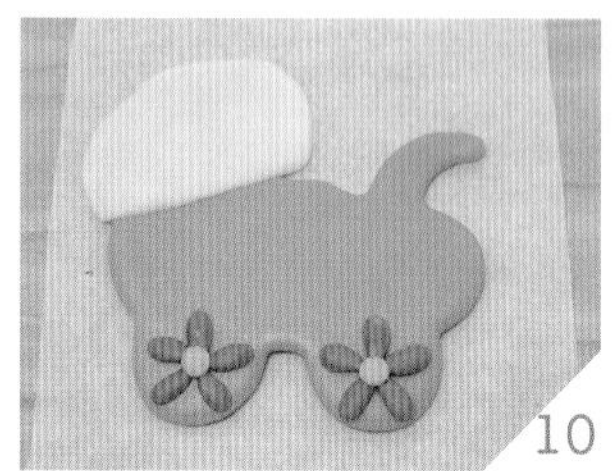

喷水后，将直线朝内，贴在婴儿车左上方。

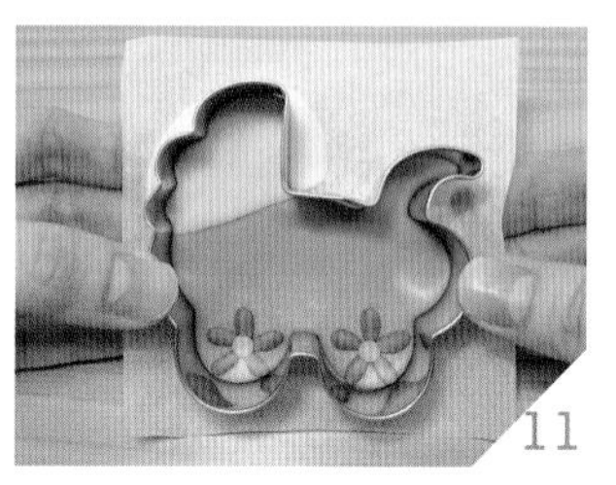

将婴儿车模型对准后，再次压下，裁去多余面皮。

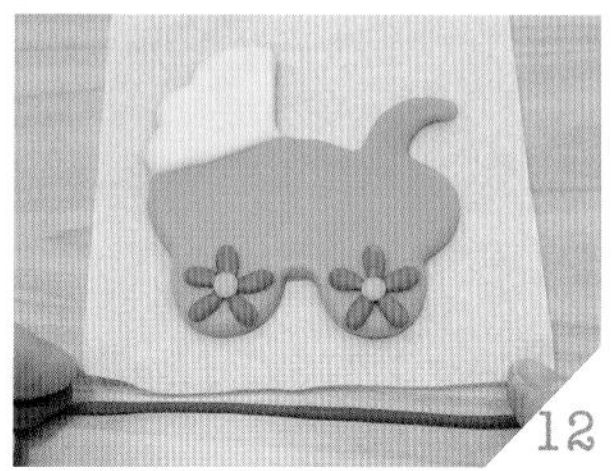

取深蓝色面团 3g，搓成细线。

用工具取适当长度后，蘸水贴在婴儿车的轮廓（车子外形、轮胎）上，并将遮阳篷的线条勾勒出来。

取白色面团（约芝麻大小）数个，搓圆后蘸水，平均贴在车体上方装饰。

用吸管按出 2 个孔洞，待发酵完成后，即可进行蒸制。

提示

本书使用市售糖霜饼干模型制作馒头，使用模型可快速裁切形状，极为方便。若无模型，也可使用雕刻刀裁切出任何形状，只要注意擀平的面皮厚度不要低于 0.2cm，以免面皮太薄发不起来。

第八章

Chapter

8

学会小装饰 轻松变大师

学好了基本造型，
让我们来学进阶装饰，
蝴蝶结、帽子、小花……
一起来帮造型馒头们，
增添更可爱的小配饰吧！

花朵任你变

材料

中筋面粉 5g、牛奶 3g、酵母 0.1g、砂糖 0.6g、色粉（黄）适量

面团

黄色 2g、粉色适量

工具

黏土（或翻糖）工具组、喷水瓶、10cm×10cm 馒头纸、切面板、电子秤、擀面杖

五瓣花

做法

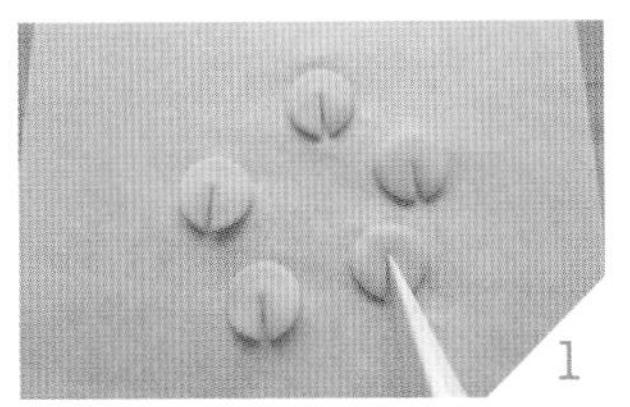

取黄色面团 1g，分成 5 等份，分别搓圆后再压扁，并用工具切半刀。

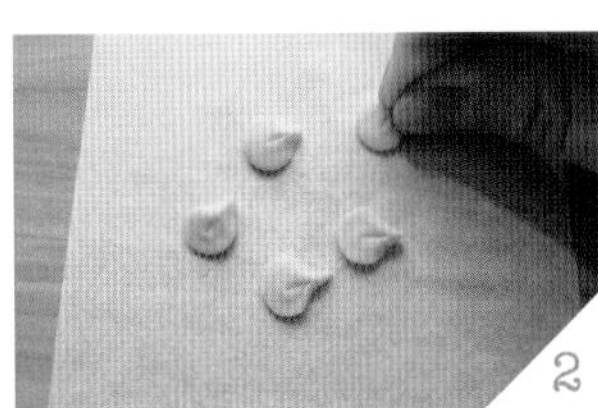

用手将切口处捏紧，完成花瓣外形。

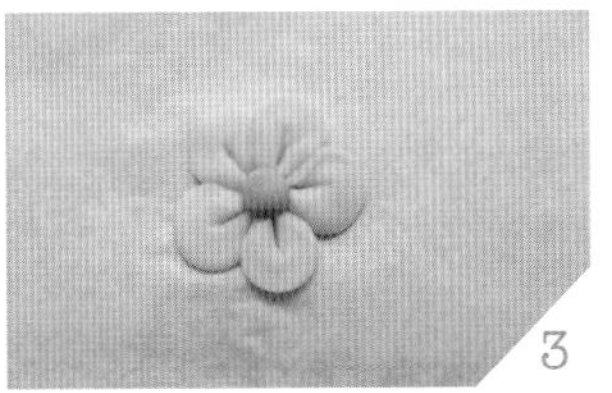

切口处朝内，以放射状组合成花朵，再取粉色面团（约绿豆大小），搓圆后喷水贴在中心点，待发酵完成后，即可进行蒸制。

球状花

做法

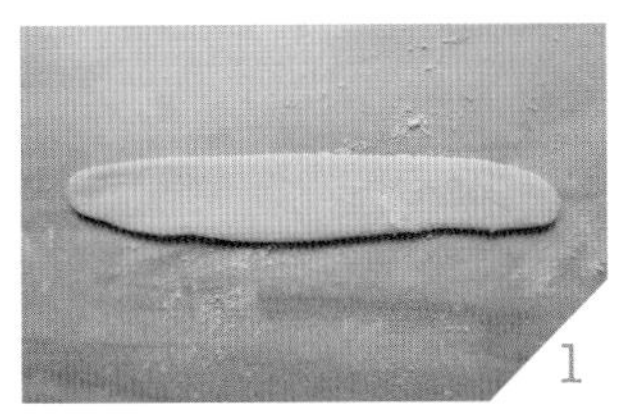

取黄色面团 1g，搓成长条状，长度约 6cm，擀平后，用切面板将其中一条长边切平。

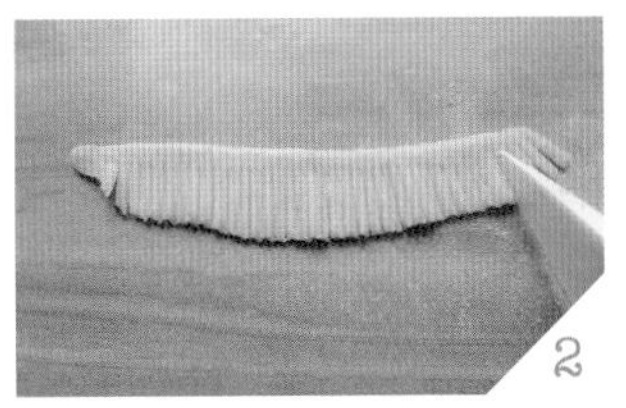

撒上面粉后，用工具切出流苏状。

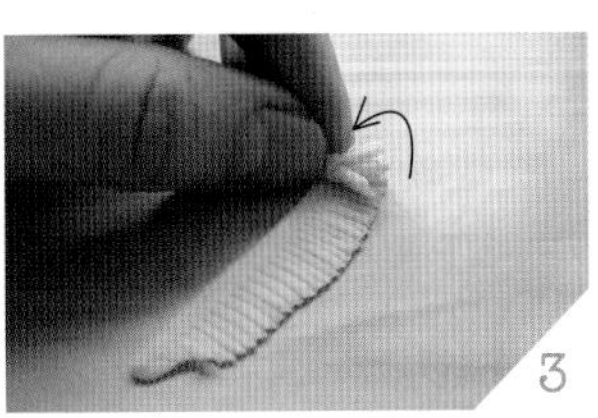

用手将未切断的长边卷起，待发酵完成后，即可进行蒸制。

材料

中筋面粉 5g、牛奶 3g、酵母 0.1g、砂糖 0.6g、色粉（蓝、黄、红）适量

面团

蓝色 3g、黄色 4g、红色 1g

工具

黏土（或翻糖）工具组、喷水瓶、10cm × 10cm 馒头纸、电子秤

画家帽

做法

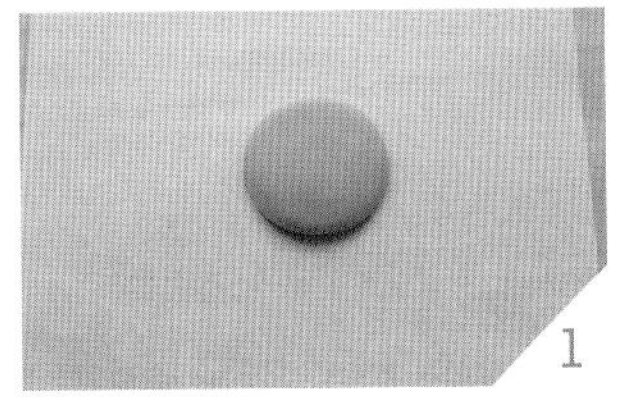

取蓝色面团 2g，搓圆后压扁。

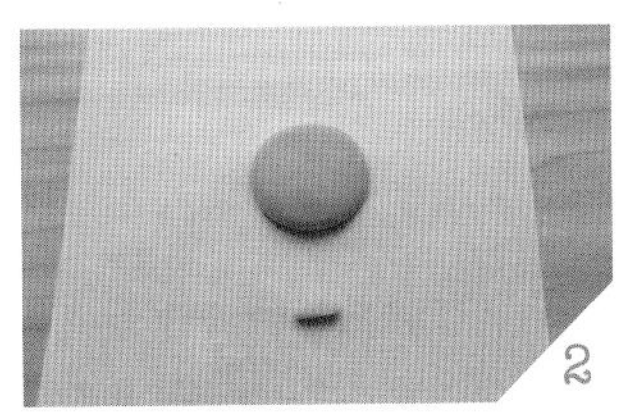

取蓝色面团（约米粒大小），搓长。

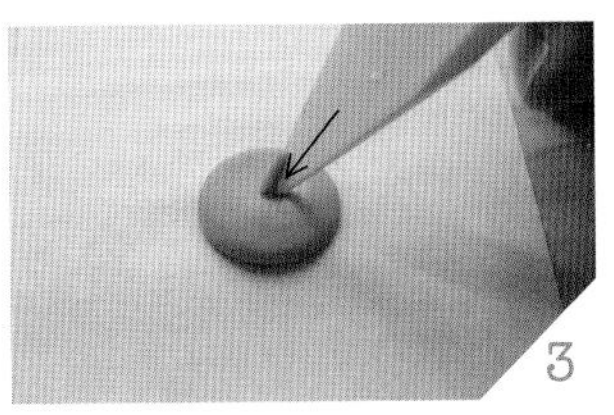

用工具把米粒大的蓝色面团刺入蓝色圆形面团中，待发酵完成后，即可进行蒸制。

淑女帽

做法

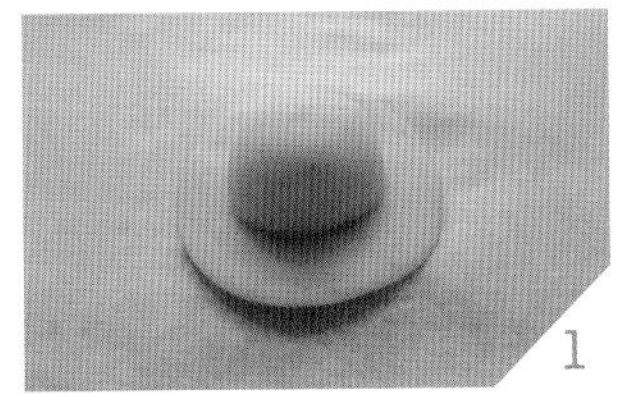

取黄色面团 2g 共 2 个，1 个搓圆后压扁，1 个搓成椭圆形后切半，喷水粘到压扁的圆形上。

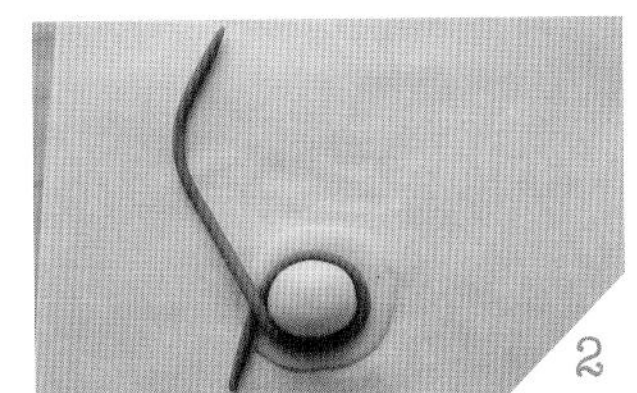

取红色面团 1g，搓成细线后沿步骤 1 的凸起椭圆形绕 1 圈，交叉点用工具按压一下固定。

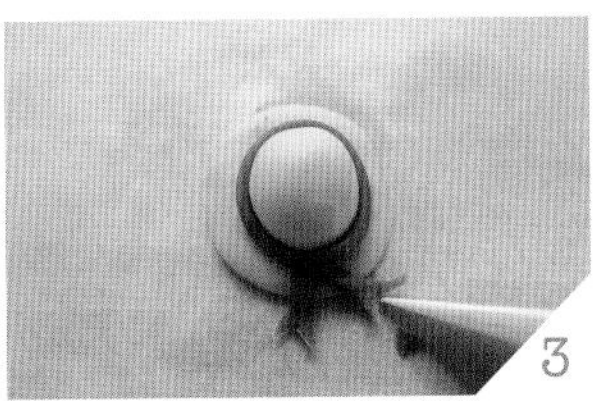

将多余线段裁短后，尾端裁出小三角形，待发酵完成后，即可进行蒸制。

三种蝴蝶结

材料

中筋面粉 5g、牛奶 3g、酵母 0.1g、砂糖 0.6g、红色色粉适量

面团

红色 8g

工具

黏土（或翻糖）工具组、喷水瓶、10cm × 10cm 馒头纸、电子秤、擀面杖、切面板

水滴形

做法

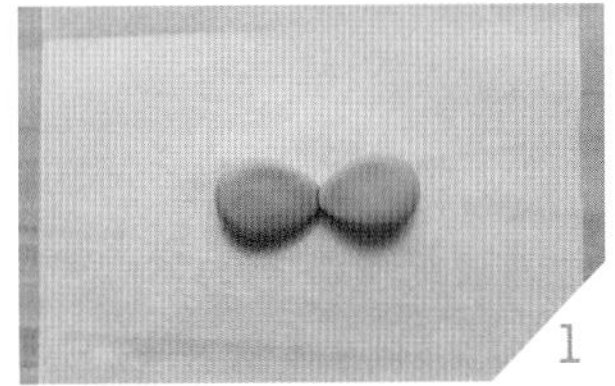

取红色面团 1g 共 2 个，分别搓成水滴状后压扁，蘸水，将尖端重叠组装。

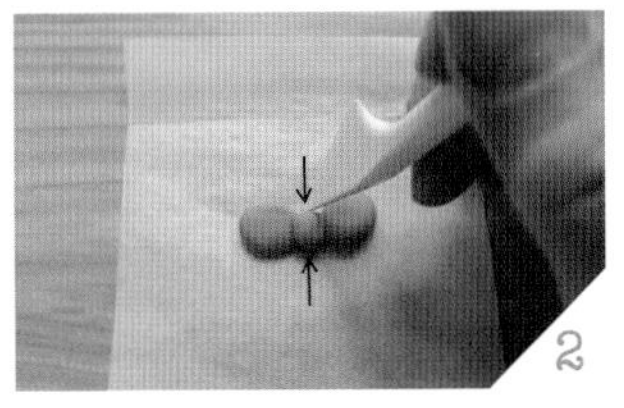

取红色面团（约黄豆大小），搓成椭圆形后，蘸水贴在中心处，并将多余部分往下收。

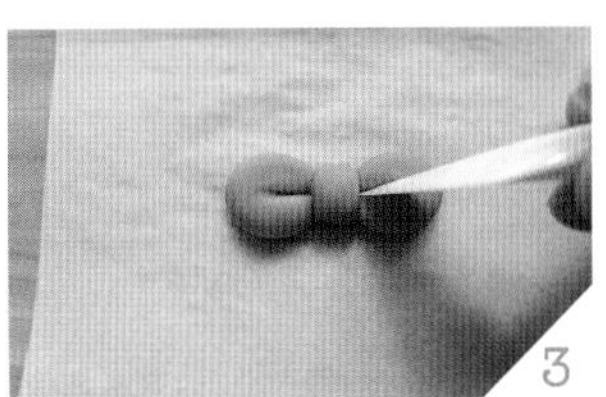

用工具压出蝴蝶结皱褶，待发酵完成后，即可进行蒸制。

提示 若将水滴形的圆弧处用工具往内拉，就完成爱心形蝴蝶结。

百褶形

做法

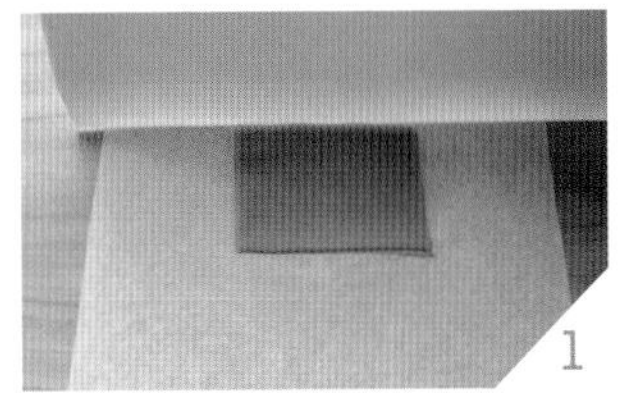

取红色面团 3g，搓长，长度约 4cm，擀平，再用切面板切成长 4cm、宽 3cm 的面皮。

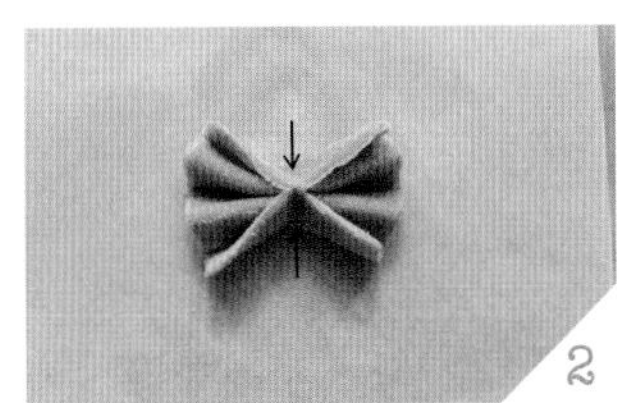

正反面都蘸上面粉后，将面皮折成百褶形，中间用手捏紧。

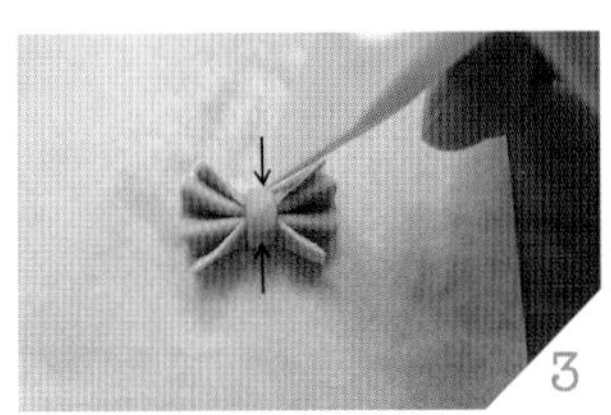

取红色面团（约黄豆大小），搓成椭圆形后喷水贴在中心处，多余部分往下收，待发酵完成后，即可进行蒸制。

提示

1. 如果想要做单色的小围巾，则可用 3 条同颜色的面团制作！
2. 另一种围巾的做法可参考 P.94—95。

三股辫围巾

材料

中筋面粉 5g、牛奶 3g、酵母 0.1g、砂糖 0.6g、色粉（红、蓝）适量

面团

蓝色 2g、红色 2g、白色 2g

工具

黏土（或翻糖）工具组、电子秤

做法

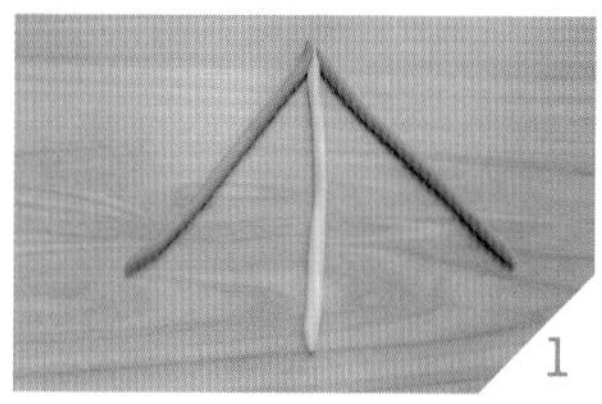

1

取蓝色、红色、白色面团各 2g，分别搓成长度相同的长条状后，将一端并拢捏紧。

2

以三股辫的方式进行围巾编织。

3

结尾处收拢后，用工具切出流苏状，待发酵完成后，即可进行蒸制。

新手常见十大问题

❶ 馒头发酵要多长时间？

发酵没有绝对的标准时间，与发酵的速度最有关联的是“环境温度”，温度越高发酵越快，温度越低发酵越慢。同样造型的馒头，在冬天和夏天制作的发酵速度绝对不一样。冬天寒流来的时候，可能做完造型，馒头仍然原封不动，一点儿都没膨胀；夏天做馒头，可能造型才进行到一半，馒头就发酵完成，该进炉蒸了。最适宜的发酵判断，可参照 P.20。

❷ 面团可以一次打多一点儿，没用完的放冰箱吗？

建议面团要现打现用，放冰箱的面团虽然可以推迟发酵速度，但面团仍然持续进行发酵，再拿出来用时，会需要花更长的时间把面团内的气泡排干净再做造型。建议做多少馒头打多少面团，节省排气泡的时间。

❸ 馒头可以不加糖吗？

可以，若想制作无糖馒头，酵母就使用“低糖酵母”。

❹ 馒头可以不加油吗？

加油的目的是推迟面团的老化及增加面团的延展度，但即使完全不加油，也是可以成功做出馒头的。

❺ 为什么我做的馒头皮肤皱皱的？

做馒头是一个环环相扣的连续过程，每一个环节都要精准掌握，成品才会漂亮。如果成品有问题，必须仔细检视哪一个制作过程出了问题，例如整形时面团没有光滑、发酵不足或发酵过头、蒸的时候滴到水、出炉太快掀盖等，都会导致馒头不完美，需要经验累积来判断出错的原因。

❻ 馒头放凉为什么会变硬？

本书配方无任何添加物，馒头冷却后变硬是正常的。建议大家馒头出炉放凉后即密封保存，即使常温的馒头，要吃之前也要再蒸热一下，温热的馒头口感松软Q弹。

❼ 馒头为什么会粘牙？

发酵过头或是蒸的时候火力不足，就容易造成馒头粘牙。

❽ 一次做 10 个造型馒头，会不会有的馒头已经发酵好了，有些还没呢？

如果制作速度较慢，第一个制作的馒头与最后一个完成时间落差太大，可能先做的会先发酵完成。此时可以分批蒸馒头，已经发酵好的先蒸，避免过发导致前功尽弃。

❾ 做好的馒头一定要马上蒸吗？不能放冰箱吗？

正确来说是“发酵好”的馒头一定要马上蒸，继续放下去就会发酵过度，导致成品皱皮、气孔粗大或是出现酸味（酒精味）。此外发酵中的馒头表皮敏感脆弱，如不小心触碰，就会导致成品受伤影响外观，只有蒸熟的馒头才真正定形。

❿ 夏天做馒头，有没有方法推迟发酵速度？

夏天做馒头建议开冷气，除此之外能冰的材料都先冰过，例如面粉、搅拌缸都可以冰过再使用，也可以尝试减少酵母的用量，由 1%减至 0.7%。

作者：许毓仁

著作权合同登记号：第 06-2019-142 号。

图书在版编目（CIP）数据

造型馒头：新手也能做出超萌馒头 / 许毓仁著. —沈阳：辽宁科学技术出版社，2020.5

ISBN 978-7-5591-1515-7

Ⅰ. ①造… Ⅱ. ①许… Ⅲ. ①面食—制作—中国 Ⅳ. ① TS972.132

中国版本图书馆 CIP 数据核字 (2020) 第 014335 号

出版发行：辽宁科学技术出版社

（地址：沈阳市和平区十一纬路 25 号 邮编：110003）

印 刷 者：辽宁新华印务有限公司

经 销 者：各地新华书店

幅面尺寸：170 mm × 240mm

印　　张：10.5

字　　数：150 千字

出版时间：2020 年 5 月第 1 版

印刷时间：2020 年 5 月第 1 次印刷

责任编辑：康　倩

封面设计：袁　舒

版式设计：袁　舒

责任校对：黄跃成　王春茹

书　　号：ISBN 978-7-5591-1515-7

定　　价：49.80 元

联系电话：024-23284367

邮购热线：024-23284502

E-mail:987642119@qq.com

造型
新手也能做出超萌馒头
馒头
许毓仁　著　　杨志雄　摄影
财

作者序

小馒头带我进入大世界

由于儿子是对鸡蛋过敏无法食用面包的体质，几年前我开始研究材料单纯、天然的馒头制作，一开始是为了吸引孩子的目光，将馒头制作成可爱的外观，成功地让挑食的儿子开心吃下妈妈的手作心意。

很快，我便深陷面团的魔力中无法自拔，我非常享受做馒头的时光，借此抒发释放日常生活的压力。造型变化与创作更满足我内心的童真，呈现出我眼里看到的世界，每一次成品出炉，都让我非常满足。

逐渐地，我的作品受到越来越多人的关注与喜爱；我接到许多手作教室的邀请，让我有机会传递手作幸福的温度。除了教大人们如何使用天然食材制作造型馒头，我也致力于推广亲子课程，让孩子通过自己动手做的过程认识食材，亲手揉捏、调色、组装面团做造型，这不仅仅是烘焙，更是黏土、色彩与美学的结合，进而使孩子们学会爱惜食物。

这本书收录了我最喜爱的自创造型、各种制作秘诀小笔记，以及最受学员欢迎的课程内容和教学中最常见的同学提问，希望能够带给大家一点儿小小的助益，同享手作馒头的乐趣。

谢谢此时此刻正在阅读这本书的你，谢谢一路上鼓励我的家人、朋友，谢谢每一位参与过课程的同学和给予我支持的手作教室，谢谢出版社给予的肯定与协助……有太多的感激与感动。

今后我仍然会努力地学习，也会继续沉迷在迷人的烘焙世界里。

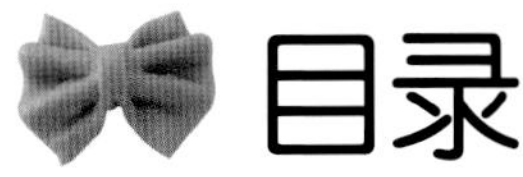

目录

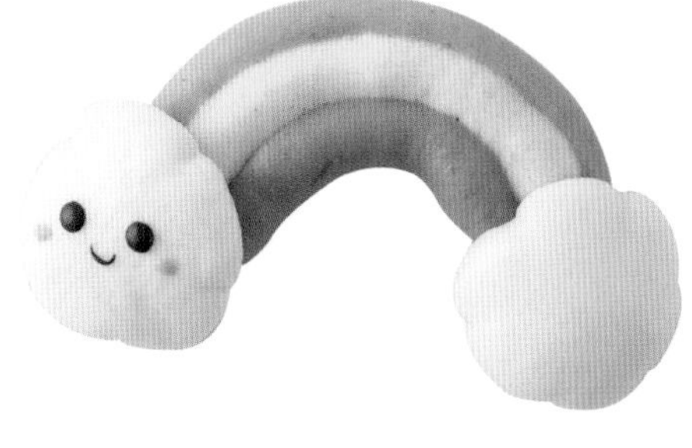

第一章 Chapter 1 事前准备最重要

第二章 Chapter 2 先从可爱动物开始吧

第三章 Chapter 3 跟孩子一起做出萌萌世界

第四章 Chapter 4 缤纷节日少不了你

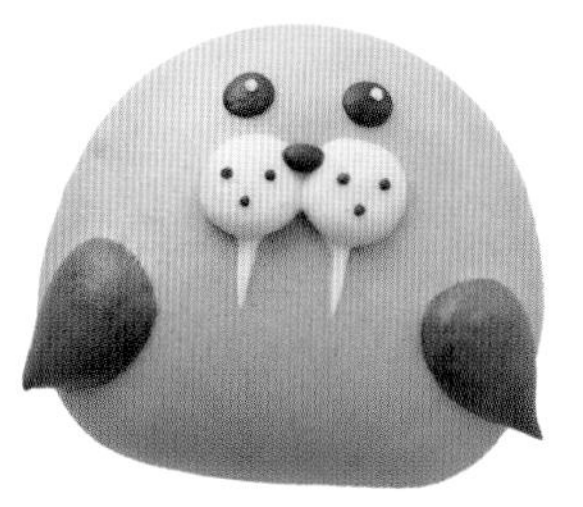

第五章 Chapter5
史上最可爱的刈包

第六章 Chapter6
最健康的甜甜圈与棒棒糖

第七章 Chapter7
一生一次的时刻

第八章 Chapter8
学会小装饰轻松变大师